基于项目的嵌入式系统简明教程

何文学　刘应开　徐卫华　编著
景艳梅　杨卫平

科学出版社
北京

内 容 简 介

本书以项目的方法讲述多种不具有 MMU（内存管理单元）管理能力的嵌入式系统的应用技术开发。这类 MCU 微处理器就是通常所说的单片机，各有其特点。本书共 5 篇，第 1 篇讲述用 AD 软件制作印制板的方法；第 2 篇重点介绍 ATmega MCU 应用；第 3 篇重点阐述 MSP430 低功耗 MCU 应用；第 4 篇主要阐述 C2000 DSP 应用；第 5 篇重点讲解 Cortex-M3 MCU 的应用。本书结合实例应用，系统地介绍多种不同型号的微处理器，是一本学习无MMU 管理的嵌入式系统的简明综合教程。

本书适合高等院校电子信息类及相关专业教学使用，也可作为电子类专业工程技术人员的培训和自学指导书。

图书在版编目（CIP）数据

基于项目的嵌入式系统简明教程 / 何文学等编著. —北京：科学出版社，2015.3

ISBN 978-7-03-043771-6

Ⅰ. ①基… Ⅱ. ①何… Ⅲ. ①微型计算机－系统设计－高等学校－教材 Ⅳ. ①TP360.21

中国版本图书馆 CIP 数据核字 (2015) 第 051368 号

责任编辑：潘斯斯 张丽花 / 责任校对：桂伟利
责任印制：徐晓晨 / 封面设计：迷底书装

科 学 出 版 社 出版
北京东黄城根北街 16 号
邮政编码：100717
http://www.sciencep.com

北京中石油彩色印刷有限责任公司 印刷
科学出版社发行 各地新华书店经销
*

2015 年 3 月第 一 版 开本：787×1092 1/16
2018 年 9 月第三次印刷 印张：20 1/2
字数：486 000

定价：62.00 元
（如有印装质量问题，我社负责调换）

本书编委会

主　编　何文学

副主编　（按姓名拼音排序）

侯德东　练　硝　刘应开　毛慰明

王顺英　徐卫华　杨卫平

编　委　（按姓名拼音排序）

陈久毅　淡玉婷　董　麟　高　波

葛静燕　何琪琪　何贤国　金　争

景艳梅　李华福　刘丽娅　王　景

王琼辉　王砚生　杨　富　杨为民

张　仁　张　云　张志越

前　言

众所周知，嵌入式微处理器根据应用需求分为带 MMU 和不带 MMU 功能的两大类，如 C51 系列、ATmaga 系列、MSP430 系列单片机和 C2000 系列 DSP 及 Cortex-M3 系列微处理器，均为无 MMU 的微处理器（MCU）。同样，嵌入式操作系统也可分为用 MMU 的和不用 MMU 的两种，用 MMU 的有 WinCE、嵌入式 Linux、Android 等，不用 MMU 的有 FreeRTOS、VxWorks、µcOS 等。

无 MMU 的嵌入式广泛应用于仪器仪表、家用电器、医用设备、航空航天、专用设备的智能化管理及过程控制等领域，几乎很难找到哪个领域没有嵌入式的踪迹。

本书只讲述不带 MMU 功能的微处理器的应用，关于带 MMU 功能的微处理器的内容可参考《嵌入式系统简明教程》（何文学编著）。

本书从印制板制作开始，以实例方式讲述目前主流教学和实际应用的嵌入式应用。书中所介绍的实例，均为作者在教学中指导开发的项目，对学生具有较高的实训性。本书简明扼要地阐述无 MMU 的 MCU 的主要特点，并以一款特定的 MCU 设计嵌入式应用。有关 MCU 的深入学习可参考其他的书籍，本书只起抛砖引玉的作用。

本书由何文学担任主编，编委会的其他同志不同程度地参与了本书的编写和实验验证工作；其中第 1 篇由侯德东、杨富、何琪琪、徐卫华（楚雄师范学院）编写；第 2 篇由高波、徐卫华、金争、何贤国编写；第 3 篇由何文学、淡玉婷、景艳梅、董麟编写；第 4 篇由何文学、陈久毅、葛静燕（上海电力学院）、张仁、张云、练硝、王顺英编写；第 5 篇由王砚生、刘应开、李华福、毛慰明、王琼辉（昆明学院）、刘丽娅（昆明理工大学）。全书由何文学统编定稿。本书得到了国家自然科学基金（11164034）、云南省应用基础研究计划重点项目（2013FA035）、云南省高校本科实践教学能力提升工程建设项目、云南省教育厅科学研究基金项目（ZD2011010）以及国家大学生创新训练计划项目（201210681006）的出版资助，在此一并表示衷心的感谢。

由于嵌入式技术发展迅猛，内容更新很快，加之作者水平有限，书中若存在不妥之处，敬请广大读者批评指正。联系地址：wendell31132@hotmail.com。

何文学

2014 年 10 月

目　　录

第3篇　基于 MSP430 MCU 的设计

第 4 篇　基于 C2000 DSP 的设计

第 5 篇　基于 STM32 MCU 的设计

第 1 篇

Altium Designer 10电路设计

第 1 章　印制电路板概述

随着电子技术的飞速发展和印制电路板加工工艺不断提高，大规模和超大规模集成电路的不断涌现，现代电子线路系统已经变得非常复杂。同时电子产品在向小型化发展，在更小的空间内实现更复杂的电路功能，因此，对印制电路板的设计和制作要求也越来越高。快速、准确地完成电路板的设计对电子线路工作者而言是一个挑战，同时也对设计工具提出了更高要求，像 Cadence、PowerPCB 以及 Protel 等电子线路辅助设计软件应运而生。其中 Protel 在国内使用最为广泛。本书所有讲解均使用 Altium Designer Release 10（Protel 新版本）。

用 Altium Designer Release 10 绘制印制电路板的流程图如图 1-1 所示。

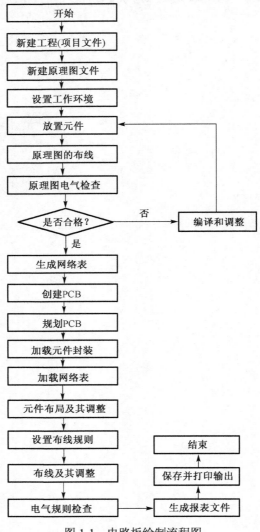

图 1-1　电路板绘制流程图

第2章　原理图设计

印制电路板制作过程的第一步是设计电路原理图，本章以设计"两级放大电路"为例重点阐述电路原理图的设计过程，以帮助初学者熟悉 Altium Designer Release 10 软件平台。

2.1　原理图设计步骤

原理图设计过程如图 2-1 所示。

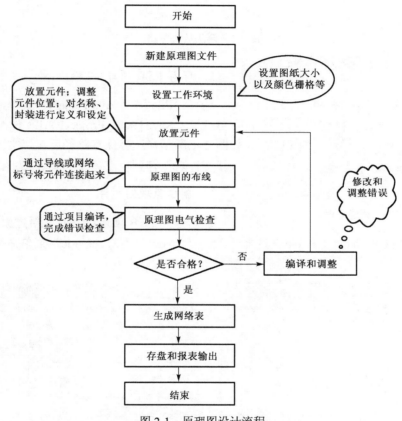

图 2-1　原理图设计流程

2.2　原理图设计操作流程

这里以设计"两级放大电路"为例，电路原理如图 2-2 所示。首先建立 PCB 工程（项目）文件，再进行原理图的绘制工作，原理图文件需加载到项目文件中，且保存到同一文件夹下。

1. 创建 PCB 工程（项目）文件

启动 Protel DXP 后，选择"File"/"New"/"Project"/"PCB Project"菜单命令；完成后如图 2-3 所示。

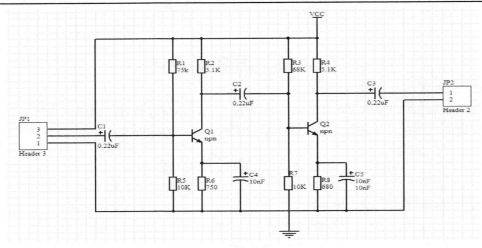

图 2-2　两级放大电路

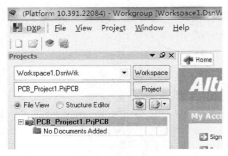

图 2-3　新建工程

2. 保存 PCB 项目（工程）文件

选择"File"／"Save Project"菜单命令，弹出保存对话框"Save [PCB_Project1.PrjPCB]AS"对话框，如图 2-4 所示；选择保存路径后在"文件名"栏内输入新文件名保存到自己建立的文件夹中。

3. 创建原理图文件

在新建的 PCB 项目（工程）下新建原理图文件。

在新建的 PCB 项目（工程）下，选择"File"／"New"／"Schematic"菜单命令；完成后如图 2-5 所示。

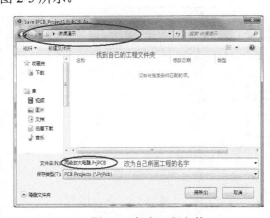

图 2-4　保存工程文件

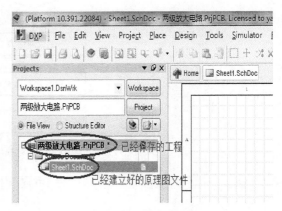

图 2-5　新建原理图

4. 保存原理图文件

选择"File"／"Save"菜单命令，弹出"Save [Sheet1.SchDoc]AS"对话框，如图 2-6 所示；选择保存路径后在"文件名"栏内输入新文件名保存到自己建立的文件夹中。

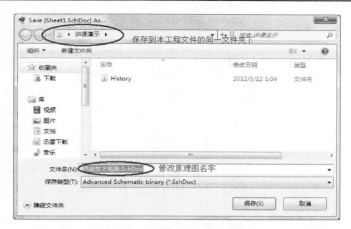

图 2-6　保存原理图文件

5. 设置工作环境

建议初学者保持默认，暂时不需要设置，等到一定水平后再进行设置。

选择"Design"/"Document Options"菜单命令，在系统弹出的"Document Options"对话框中进行设置。

6. 放置元件

在放置元件之前需要加载所需要的库（系统库或者自己建立的库）。

（1）加载库。

方法一：安装库文件的方式放置。

如果知道自己所需要的元件在哪一个库，则只需要直接将该库加载，具体加载方法如下：

选择"Design"/"Add/Remove library"菜单命令，弹出"Available Libraries"对话框，如图 2-7 所示；单击安装所找到库文件即可。

图 2-7　安装库文件

方法二：搜索元件方式放置。

在不知道某个需要用的元件在哪一个库的情况下，可以采用搜索元件的方式进行元件放置。具体操作如下：选择"Place"/"Part"菜单命令，弹出"Place Part"对话框，如图 2-8 所示。

单击"Choose"按钮，弹出"Browse Libraries"对话框，如图 2-9 所示。单击"Find"按钮进行查找。

图 2-8　放置元器件

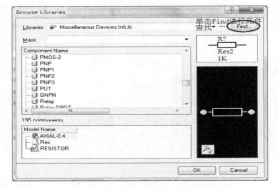

图 2-9　浏览元器件

单击"Find"按钮后弹出"Libraries Search"对话框，如图 2-10 所示。

设置完成后单击"Search"按钮，弹出图 2-11 所示的对话框。

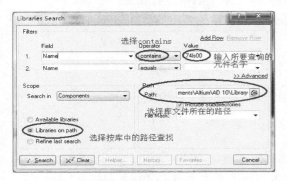

图 2-10　查找元器件

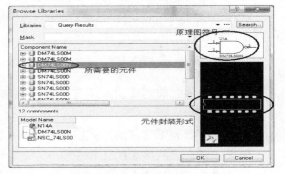

图 2-11　查找元器件列表

选中所需的元件后单击"OK"按钮后操作如图 2-12(a)所示。

此时元件就粘到了鼠标上，如图 2-12(b)所示，单击即可放置元件。

(a)

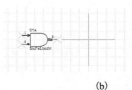

(b)

图 2-12　放置元器件

方法三：自己建立元件库。

具体建库步骤参见原理图库的建立一章。

添加元件同方法一，不再赘述。

(2)元件修改和定义。

在放置好元件后需要对元件的位置、名字、封装、序号等进行修改和定义。除元件位置之外其他修改也可以放到布线以后再进行。

①元件属性修改方法。在元件上双击鼠标左键,弹出"Properties for Schematic Component in Sheet(原理图文件名)"对话框,属性修改如图 2-13 所示。

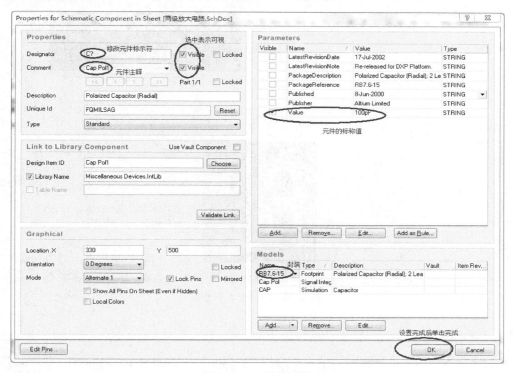

图 2-13　元器件属性

②封装修改过程。在图 2-13 所示对话框中单击"Footprint",封装修改过程如图 2-14 所示。

7. 原理图布线

在放好元件位置后即可对原理图进行布线操作。

选择"Place"/"Wire"菜单命令,此时将带十字形的光标放到元件引脚位置单击鼠标左键即可进行连线(注意:拉线过程不应一直按住鼠标左键不放),将导线拉到另一引脚上单击鼠标左键即放完一根导线,放置完导线右击或者按"Esc"键结束放置。

选择"Place"菜单命令,里面的操作和"Wire"类似。具体功能自行查阅。(注意:"Place"里面的工具基本上都要求会用)。

8. 原理图电气规则检查

选择"Project"/"Compile PCB Project[工程名]"菜单命令;若无错误提示,即通过电器规则检查,如有错误,则需找到错误位置进行修改调整(注意:电气检查规则建议初学者不要更改,待熟练后再更改)。

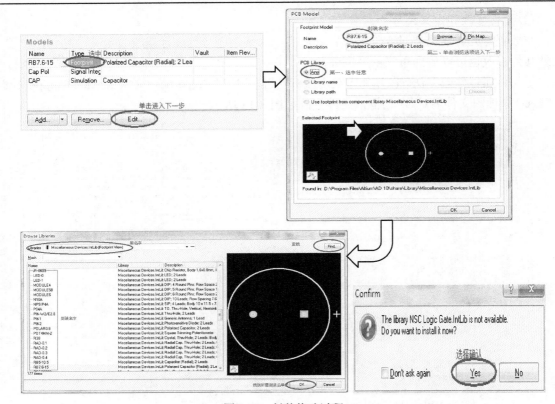

图 2-14　封装修改过程

9. 生成网络表

通过编译后，即可进行网络表生成。选择"Design"/"Netlist for Project"/"Protel"菜单命令。

10. 保存输出

选择"File"/"Save"（或者"File"/"Save As"）菜单命令即可保存。

第3章 原理图库的建立

在 Protel 中，并不是所有元件在库中都能找到，或者能找到但与实际元件引脚标号不一致，或者元件库里面的元件的符号大小或者引脚的距离与原理图不匹配等，因此需要对找不到的库或者某些元件重新进行绘制，以完成电路的绘制。

3.1 原理图库概述

1. 原理图元件组成

原理图元件 $\begin{cases} 标识图：提示元件功能，无电气特性。 \\ 引脚：是元件的核心，有电气特性。 \end{cases}$

2. 建立新原理图元件的方法

(1)在原有的库中编辑修改。
(2)自己重新建立库文件(本书学习主要以第二种方法为主)。

3.2 编辑和建立元件库

3.2.1 编辑元件库

此方法请同学们自行查阅相关资料进行操作，或者到基本掌握该软件的应用后作为高级工具来进行学习。

3.2.2 自建元件库及其制作元件

1. 自建元件库及其制作元件总体流程

自建元件库及其制作元件总体流程如图 3-1 所示。

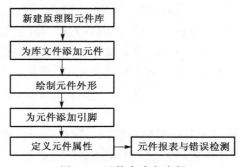

图 3-1 元件库建立流程

2. 具体操作步骤

(1)新建原理图元件库。

选择"File"/"New"/"library"/"Schematic Library"菜单命令，完成后如图 3-2 所示。

选择"File"/"Save"菜单命令，弹出"Save [Schlib1.SchLib]As"对话框，选择保存路径，如图 3-3 所示。

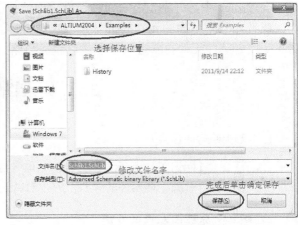

图 3-2　新建原理图库　　　　　　　　　图 3-3　保存原理图库

图 3-4　SCH Library 面板

(2)为库文件添加元件。

单击打开"SCH Library"面板，如图 3-4 所示。此时可以在右边的工作区进行元件绘制；建立第二个以上元件时，选择"Tools"/"New Component"菜单命令，弹出对话框如图 3-5 所示，确定后即可在右边的工作区内绘制元件。

(3)绘制元件外形。

库元件的外形一般由直线、圆弧、椭圆弧、椭圆、矩形和多边形等组成，系统也在其设计环境下提供了丰富的绘图工具。要想灵活、快速地绘制出自己所需的元件外形，就必须熟练掌握各种绘图工具的用法。具体操作方法请自行研究。

选择"Place"菜单命令，可以绘制各种图形。

(4)为元件添加引脚。

选择"Place"/"Pin"菜单命令，光标变为十字形状，并带有一个引脚符号，此时按"Tab"键，弹出图 3-6 所示的元件"Pin Properties"对话框(或者先将引脚放置在面板上后双击就可以弹出以下对话框设置属性)，可以修改引脚参数，移动光标，使引脚符号上远离光标的一端(即非电气热点端)与元件外形的边线对齐，然后单击，即可放置一个引脚。

(5)定义元件属性。

绘制好元件后，还需要描述元件的整体特性，如默认标识、描述、PCB 封装等。

打开"SCH Library"库文件面板，在元件栏"Components"选中某个元件，然后单击"Edit"

按钮，或者直接双击某个元件，可以打开"Library Component Properties"对话框，利用此对话框可以为元件定义各种属性，如图 3-7 所示。

图 3-5　添加新元件　　　　　　　　　　图 3-6　元件引脚属性对话框

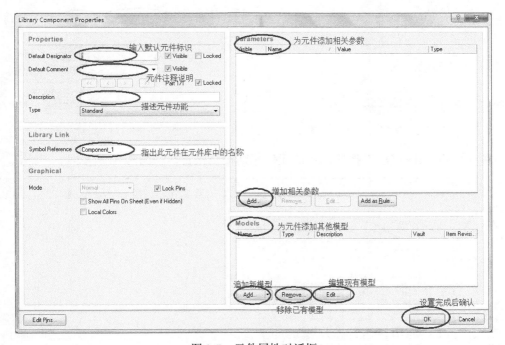

图 3-7　元件属性对话框

(6)元件报表与错误检查。

元件报表中列出了当前元件库中选中的某个元件的详细信息，如元件名称、子部件个数、元件组名称以及元件个引脚的详细信息等。

①元件报表生成方法。打开原理图元件库，在"SCH Library"面板上选中需要生成元件报表的元件(图 3-8)，选择"Reports"/"Component"菜单命令。

②元件规则检查报告。元件规则检查报告的功能是检查元件库中的元件是否有错，并将有错的元件罗列出来，注明错误的原因。具体操作方法如下：

打开原理图元件库，选择"Reports"/"Component Rule Check"菜单命令，弹出"Library Component Rule Check"对话框，在该对话框中设置规则检查属性，如图 3-9 所示。

图 3-8　选择库里面的元器件

图 3-9　设计规则检查

设置完成后单击"OK"按钮，生成元件规则检查报告，如图 3-10 所示。

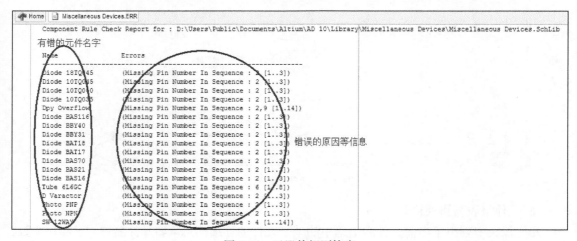

图 3-10　元器件规则检查

至此，元件库操作完毕。

第 4 章　创建 PCB 元器件封装

由于新器件和特殊器件的出现，某些器件导致在 Protel DXP 集成库中没有办法找到，因此就需要手工创建元器件的封装。

4.1　元器件封装概述

元器件封装只是元器件的外观和焊点的位置，纯粹的元器件封装只是空间的概念，因此不同的元器件可以共用一个封装，不同元器件也可以有不同的元件封装，所以在画 PCB 时，不仅需要知道元器件的名称，还要知道元器件的封装。

注意：在 PCB 的设计中，元件封装库在没有丢失封装的情况下，想要自己创建新的 PCB 元件封装有什么方法呢？创建新的元器件封装的方法有手工绘制出新的元器件封装；利用元器件的封装向导创建新的元器件封装；对现有的原件进行编辑，修改使之成为一个新的元器件封装三种方法。

4.1.1　元件封装的分类

大体可以分为双列直插式 (DIP) 元件封装和表面粘贴式 (STM) 元件封装两大类。双列直插式元器件实物图和封装图如图 4-1 和图 4-2 所示。

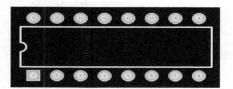

图 4-1　双列直插式元器件实物图　　　　图 4-2　双列直插式元器件封装图

表面粘贴式元件实物图和封装图如图 4-3 和图 4-4 所示。

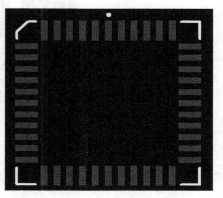

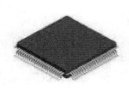

图 4-3　表面粘贴式元件实物图　　　　图 4-4　表面粘贴式元件封装图

4.1.2　元器件的封装编号

元器件封装的编号一般为元器件类型加上焊点距离(焊点数)再加上元器件外形尺寸,可以根据元器件外形编号来判断元器件包装规格。比如 AXAIL0.4 表示此元件的包装为轴状的,两焊点间的距离为 400mil。DIP16 表示双排引脚的元器件封装,两排共 16 个引脚。RB.2/.4 表示极性电容的器件封装,引脚间距为 200mil,元器件脚间距离为 400mil。

4.2　创建封装库大体流程

创建封装库的大体流程如图 4-5 所示。

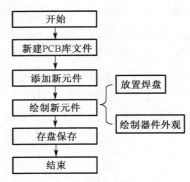

图 4-5　创建封装库的大体流程图

4.3　绘制 PCB 封装库的步骤和操作

4.3.1　手工创建元件库

要求:创建一个如图 4-6 所示双列直插式 8 脚元器件封装,引脚间距 2.54mm,引脚宽7.62mm。

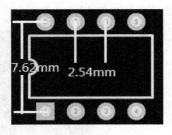

图 4-6　DIP-8 封装

1. 新建 PCB 元件库

执行"File"/"New"/"Library"/"PCB Library"菜单命令,打开 PCB 元器件封装库编辑器。执行"Flie"/"Save As"菜单命令,将新建立的库命名为"MyLib.PcbLib"。过程如图 4-7 所示。

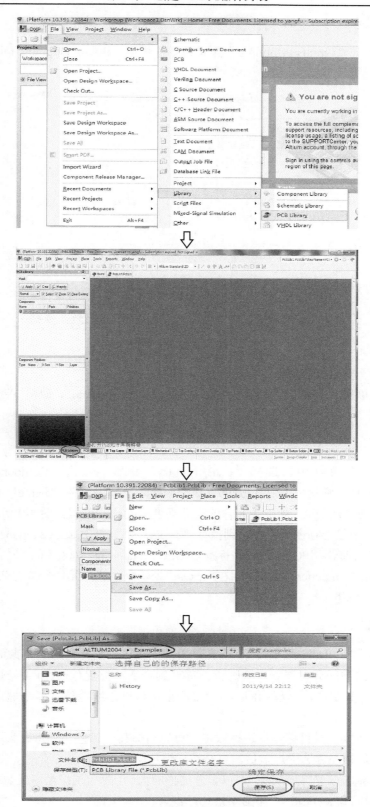

图 4-7　新建 PCB 库过程

2. 设置图纸参数

执行"Tools"/"Library Opinions"菜单命令，弹出"Board Opinions[mil]"对话框，如图 4-8 所示。

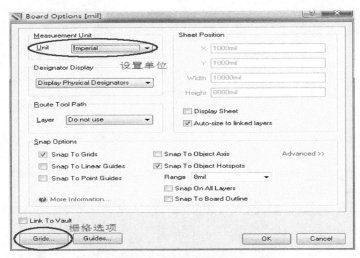

图 4-8　设置图纸参数

建议初学者不要设置该参数，保持默认即可。

如果对默认单位 mil 不习惯，可用快捷方式转换单位(mil/mm)，即按下键盘上的"Q"键即可转换。

3. 添加新元件

(1)在新建的库文件中，选择"PCB Library"标签，双击"Component"列表中的"PCBComponent_1"，弹出"PCB Library Component"对话框，在"name"处输入要建立元件封装的名称；在"Height"处输入元件的实际高度后确认。过程如图 4-9 所示。

(2)如果该库中已经存在有元件，则执行"Tools"/"New Black Component"菜单命令，如图 4-10 所示。接着选择"PCB Library"标签，双击"Component"列表中的"PCBComponent_1"，弹出"PCB Library Component"对话框，在"Name"处输入要建立元件封装的名称；在"Height"处输入元件的实际高度。

4. 放置焊盘

执行"Place"/"Pad"菜单命令(或者单击绘图工具栏的 ◎ 按钮)，此时光标会变成十字形状，且光标的中间会粘浮着一个焊盘，移动到合适的位置(一般将 1 号焊盘放置在原点[0,0]上)，单击将其定位，过程如图 4-11(a)所示，可以连续地放置多个焊盘。右点结束焊盘的放置。

设置焊盘的参数：对目标焊盘进行双击，可以对焊盘的颜色、外形、大小和位置进行改动。也可以单击鼠标左键选中焊盘后，直接移动焊盘的位置。

为了使得焊盘的位置更加准确，可以设置栅格的大小，来布局焊盘。方法是：右键/"Snap Grid"/"Set Global Snap Grid."，如图 4-11(b)所示。

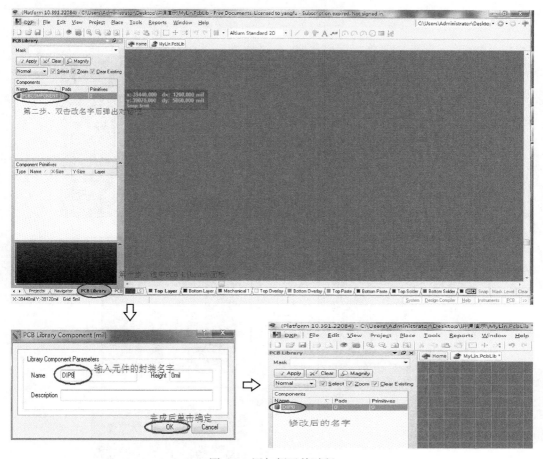

图 4-9　添加新元件过程

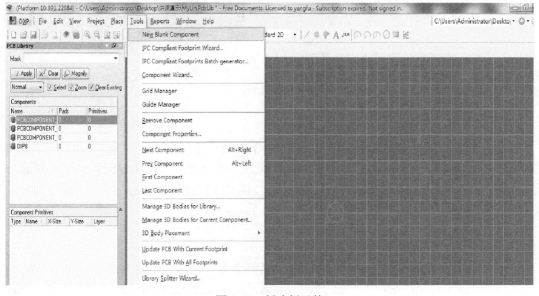

图 4-10　新建新元件

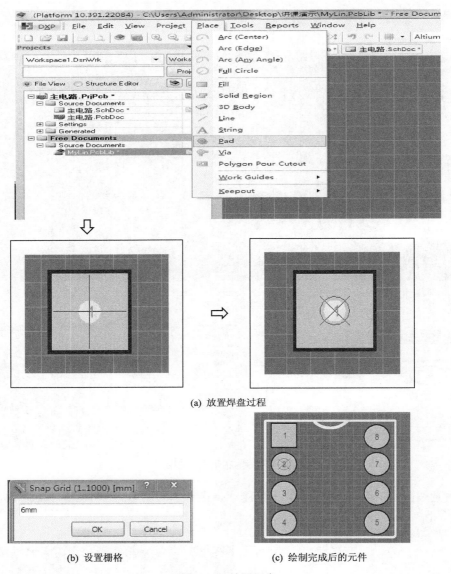

(a) 放置焊盘过程

(b) 设置栅格　　　　　　　　(c) 绘制完成后的元件

图 4-11　放置焊盘

5. 绘制元件外形

通过工作层面切换到顶层丝印层（即"TOP-Overlay"层），执行"Place"/"Line"菜单命令，此时光标会变为十字形状，移动鼠标指针到合适的位置，单击确定元件封装外形轮廓的起点，到一定的位置再单击即可放置一条轮廓，以同样的方法直到画完位置。执行"Place"/"Arc"菜单命令可放置圆弧。绘制完成后如图 4-11（c）所示。

6. 设定器件的参考原点

执行"Edit"/"Set Reference"/"Pin 1"菜单命令，元器件的参考点一般选择 1 脚。

在绘制焊盘或者元件外形时，可以不断地重新设定原点的位置以方便画图。操作为："Edit"/"Set Reference"/"Location"菜单命令，此时移动鼠标到所需的新原点处单击即可。

4.3.2 利用向导创建元件库

在本软件中，提供的元器件封装向导允许用户预先定义设计规则，根据这些规则，元器件封装库编辑器可以自动地生成新的元器件封装。

1. 利用向导创建直插式元件封装

（1）在 PCB 元件库编辑器编辑状态下，执行"Tools"/"Component Wizard"菜单命令，如图 4-12（a）所示，弹出"Component Wizard"界面，进入元件库封装向导，如图 4-12（b）所示。

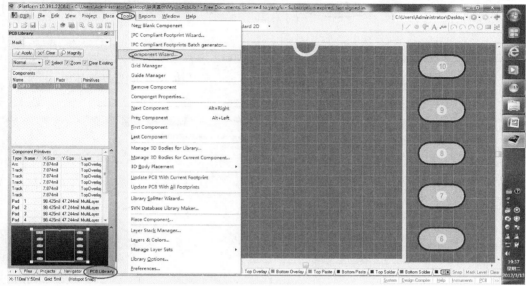

(a) 新建元器件

(b) 向导初始化界面

图 4-12　新建元器件向导

（2）单击"Next"按钮，在弹出的对话框中元器件封装外形和计量单位，如图 4-13 所示。

（3）单击"Next"按钮，设置焊盘尺寸，如图 4-14 所示。

（4）单击"Next"按钮，设置焊盘位置，如图 4-15 所示。

（5）单击"Next"按钮，设置元器件轮廓线宽，如图 4-16 所示。

（6）单击"Next"按钮，设置元器件引脚数量，如图 4-17 所示。

（7）单击"Next"按钮，设置元器件名称，如图 4-18 所示。

图 4-13　选择元器件外形和单位

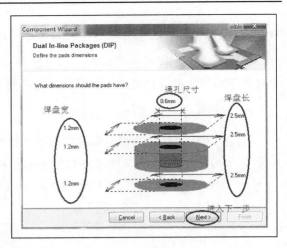

图 4-14　设置焊盘大小

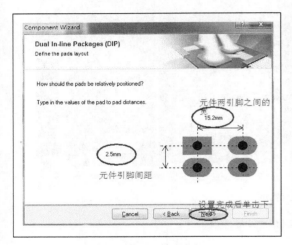

图 4-15　设置焊盘间距

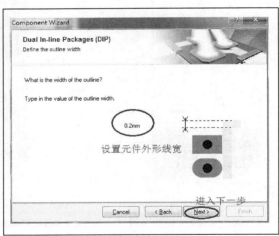

图 4-16　设置外形线宽

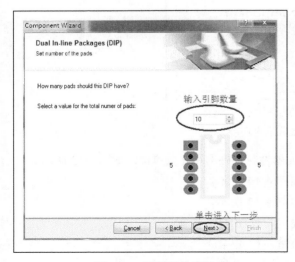

图 4-17　设置焊盘数量

图 4-18　设置元器件名字

（8）单击"Next"按钮，单击"Finish"按钮完成向导，如图 4-19 所示。

（9）选择"Reports"/"Component Rule Chick"菜单命令，检查是否存在错误。绘制完成后的封装如图 4-20 所示。

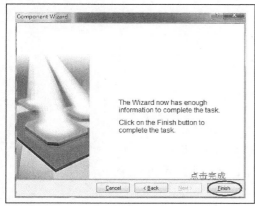

图 4-19　结束向导

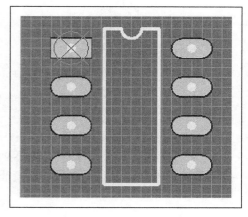

图 4-20　绘制完成的封装

接着运行元件设计规则检查，选择"Reports"/"Component Rule Chick"菜单命令，检查是否存在错误。

2. 利用向导创建表面贴片式(IPC)元件封装

在 PCB 元件库编辑器编辑状态下，选择"Tools"/"IPC Component Footprint Wizard"菜单命令，如图 4-21 所示，弹出"IPC Component Footprint Wizard"界面，进入元件库封装向导，如图 4-22 所示。

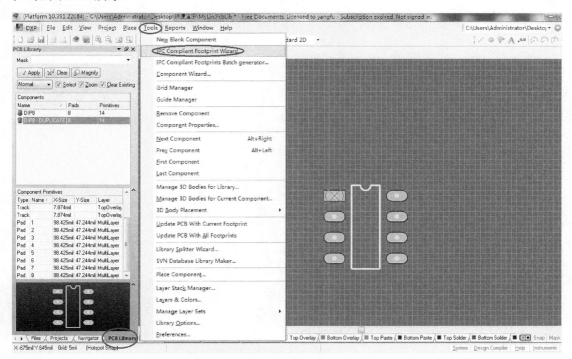

图 4-21　利用向导创建 IPC 元器件封装

图 4-22　IPC Component Footprint Wizard

接下来的过程大体同利用向导创建直插式元件封装过程，不再赘述。

第5章 PCB 设计

PCB（Printed Circuit Board，印制电路板）是通过在绝缘程度非常高的基板上覆盖上一层导电性良好的铜膜，采用刻蚀工艺，根据 PCB 的设计在敷铜板上经腐蚀后保留铜膜形成电气导线，一般在导线上再附上一层薄的绝缘层，并钻出安装定位孔、焊盘和过孔，适当剪裁后供装配使用。

5.1　重要的概念和规则

1．元件布局

元件布局不仅影响 PCB 的美观，而且还影响电路的性能。在元件布局时应注意以下几点：
(1)先布放关键元器件(如单片机、DSP、存储器等)，然后按照地址线和数据线的走向布放其他元件。
(2)高频元器件引脚引出的导线应尽量短些，以减少对其他元件及其电路的影响。
(3)模拟电路模块与数字电路模块应分开布置，不要混合在一起。
(4)带强电的元件与其他元件距离尽量要远，并布放在调试时不易触碰的地方。
(5)对于重量较大的元器件，安装到 PCB 上要安装一个支架固定，防止元件脱落。
(6)对于一些严重发热的元件，必须安装散热片。
(7)电位器、可变电容等元件应布放在便于调试的地方。
(8)电路板上的不同组件临时焊盘图形之间的最小距离应在 1mm 以上。

2．PCB 布线

布线时应遵循以下基本原则：
(1)输入端导线与输出端导线应尽量避免平行布线，以免发生耦合。
(2)在布线允许的情况下，导线的宽度尽量取大些，一般不低于 10mil。
(3)导线的最小间距是由线间绝缘电阻和击穿电压决定的，在允许布线的范围内应尽量大些，一般不小于 12mil。
(4)微处理器芯片的数据线和地址线应尽量平行布线。
(5)布线时尽量少转弯，若需要转弯，一般取 45°走向或圆弧形。在高频电路中，拐弯时不能取直角或锐角，以防止高频信号在导线拐弯时发生信号反射现象。
(6)电源线和地线的宽度要大于信号线的宽度。

5.2　PCB 设计流程

PCB 设计流程图如图 5-1 所示。

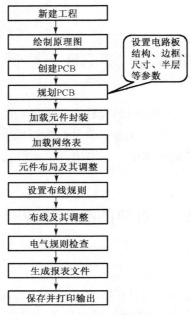

图 5-1　PCB 设计流程图

5.3　详细设计步骤和操作

1. 创建 PCB 工程 (项目) 文件

如果在原理图绘制阶段已经新建，则无需新建。启动 Protel DXP 后，选择"File"/"New"/"Project"/"PCB Project"菜单命令。

2. 保存 PCB 工程 (项目) 文件

选择"File"/"Save Project"菜单命令，弹出保存对话框"Save [PCB_Project1.PrjPCB]AS"对话框；选择保存路径后在"文件名"栏内输入新文件名保存到自己建立的文件夹中。

3. 绘制原理图

整个原理图绘制过程参见原理图设计部分。

4. 创建 PCB 文件文档

方法一：利用 PCB 向导创建 PCB。

要求：利用 PCB 向导设计一个带有 PC-104 16 位总线的 PCB。

(1) 在 PCB 编辑器窗口左侧的工作面板上，单击左下角的"Files"标签，打开"Files"菜单。单击"Files"面板中的"New From Template"标题栏下的"PCB Board Wizard"选项，如图 5-2 所示，启动 PCB 文件生成向导，弹出 PCB 向导界面，如图 5-3 所示。

图 5-2　File 面板标签

（2）单击"Next"按钮，在弹出的对话框中设置 PCB 采用的单位，如图 5-4 所示。

（3）单击"Next"按钮，在弹出的对话框中根据需要选择的 PCB 轮廓类型进行外形选择，如图 5-5 所示。

（4）单击"Next"按钮，在弹出的对话框中设置 PCB 层数，如图 5-6 所示。

（5）单击"Next"按钮，在弹出的对话框中设置 PCB 过孔风格，如图 5-7 所示。

（6）单击"Next"按钮，在弹出的对话框中选择 PCB 上安装的大多数元件的封装类型和布线逻辑，如图 5-8 所示。

（7）单击"Next"按钮，在弹出的对话框中设置导线和过孔尺寸，如图 5-9 所示。

（8）单击"Next"按钮，完成 PCB 向导设置，如图 5-10 所示。

（9）单击"Finish"按钮，结束设计向导，如图 5-11 所示。

（10）选择"File"/"Save"菜单命令，保存到工程目录下面。

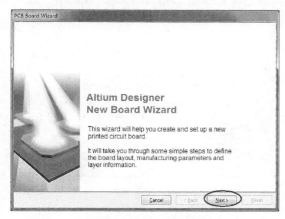

图 5-3　新建 PCB 向导　　　　　　　　图 5-4　选择单位

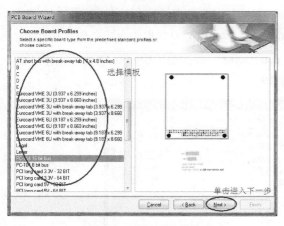　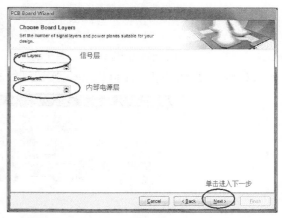

图 5-5　选择元器件外形　　　　　　　图 5-6　设置 PCB 板层

方法二：使用菜单命令创建。

（1）通过原理图部分的介绍方法先创建好工程文件。

（2）在创建好的工程文件中创建 PCB：选择"File"/"New"/"PCB"菜单命令。

（3）保存 PCB 文件：选择"File"/"Save AS"菜单命令。

图 5-7　选择过孔方式

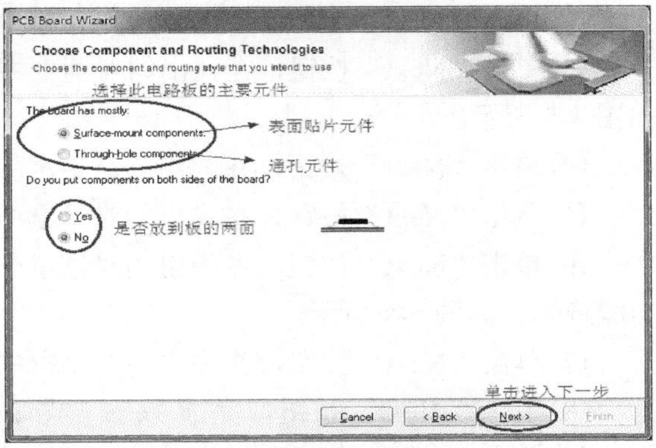

图 5-8　选择此电路板主要元件

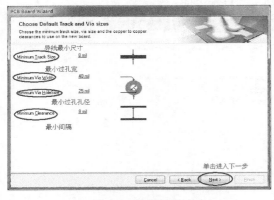

图 5-9　设置过孔大小

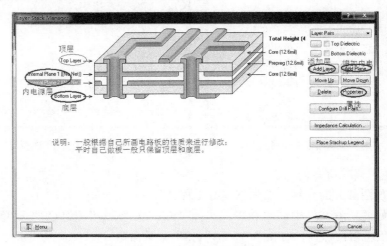

图 5-10　结束向导

5. 规划 PCB

(1)板层设置。

执行"Design"/"Layer Stack Manager"菜单命令，在弹出的对话框中进行设置，如图 5-11 所示。 注意：在设置板层的时候，要先选中"Top Layer"或者是"Button Layer"后才能用 "Add Layer"按钮或者"Add Plane"按钮进行添加。

图 5-11　板层设置

（2）工作面板的颜色和属性。

执行"Design"/"Board Layer & Colors"菜单命令，在弹出的对话框中进行设置，如图 5-12 所示。

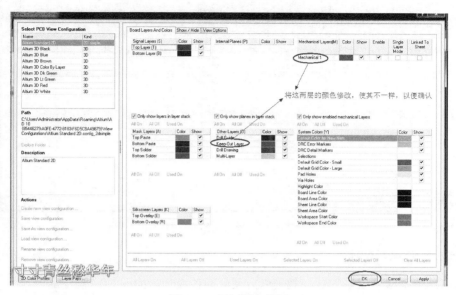

图 5-12 板层颜色设置

（3）PCB 物理边框设置。

单击工作窗口下面的"Mechanical 1"标签，切换到"Mechanical 1"工作层上，如图 5-13 所示。

选择"Place"/"Line"菜单命令，根据自己的需要，绘制一个物理边框。

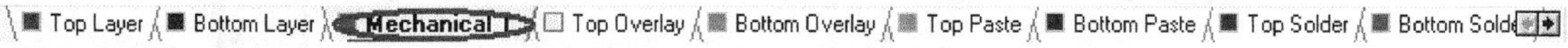

\ ■ Top Layer ⁄\ ■ Bottom Layer ⁄\ **Mechanical 1** ⁄\ □ Top Overlay ⁄\ ■ Bottom Overlay ⁄\ ■ Top Paste ⁄\ ■ Bottom Paste ⁄\ ■ Top Solder ⁄\ ■ Bottom Solde ◄►

图 5-13 切换工作层

（4）PCB 布线框设置。

单击工作窗口下面的 ■ Keep-Out Layer 标签，切换到"Mechanical 1"工作层上，执行"Place"/"Line"菜单命令。根据物理边框的大小设置一个紧靠物理边框的电气边界。

6. 导入网络表

激活 PCB 工作面板，执行"Design"/"Import Changes From[文件名].PCBDOC"菜单命令，如图 5-14 所示。

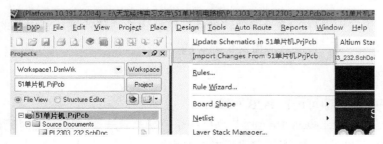

图 5-14 导入网络表

执行上述命令以后弹出图 5-15 所示的对话框，单击"Validate Change"按钮是变化生效。单击"Execute Changes"按钮执行变化。

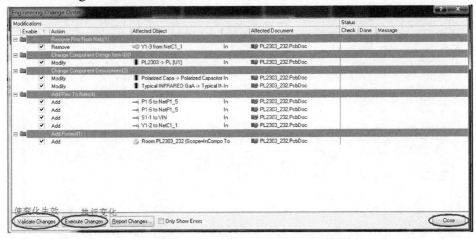

图 5-15 导入网络表选项

7. PCB 设计规则设计

可以通过规则编辑器设置各种规则以方便后面的设计，如图 5-16 所示。

图 5-16 规则设计对话框

8. PCB 布局

通过移动、旋转元器件，将元器件移动到电路板内合适的位置，使电路的布局最合理。同时，注意删除器件盒，具体方法需要长期实践。

9. PCB 布线

调整好元件位置后即可进行 PCB 布线。

执行"Place"/"Interactive Routing"菜单命令，或者单击 图标，此时鼠标上为十字形，在单盘处单击即可开始连线。连线完成后右击结束布线。

第 6 章　STC89C51 实训项目

6.1　任 务 分 析

STC89C51 单片机最小系统原理如图 6-1 所示。此系统包含了线性稳压及其保护电路、震荡电路、复位电路、发光二极管指示电路、单片机 P0 口上拉电路以及 4 个 8 针插座。其中插座将单片机各信号引出，可以扩展各种应用电路。

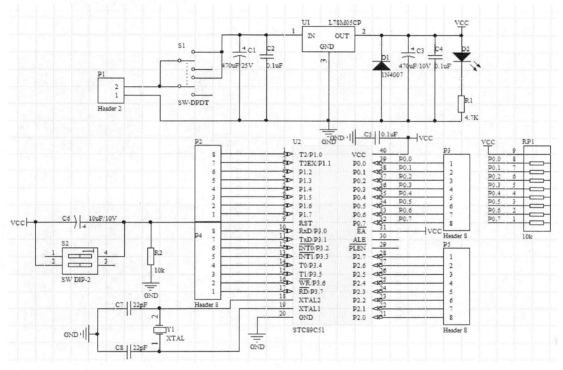

图 6-1　STC89C51 单片机最小系统原理图

由于制作条件限制，本项目要求制作大小为 60mm×80mm 的单面电路板，电源、地线宽1mm，其他线宽 0.6mm，间距 0.6mm。绘图时 U1 的原理图和封装需要自己绘制、上拉电阻原理图需要自己绘制、电解电容封装需也要自己绘制。电路所用元件以及封装见表 6-1。

表 6-1　元器件列表

Comment	Designator	Footprint	Library Name
Cap Pol1	C1	Cap.5/.9	Miscellaneous Devices.IntLib
Cap	C2, C4, C5, C7, C8	RAD-0.2	Miscellaneous Devices.IntLib
Cap Pol1	C3	Cap.4/.7	Miscellaneous Devices.IntLib
Cap Pol1	C6	Cap.2/.5	Miscellaneous Devices.IntLib
1N4007	D1	DO-41	Miscellaneous Devices.IntLib

Comment	Designator	Footprint	Library Name
LED1	D2	Led-3	Miscellaneous Devices.IntLib
Header 2	P1	HDR1X2	Miscellaneous Connectors.IntLib
Header 8	P2, P3, P4, P5	HDR1X8	Miscellaneous Connectors.IntLib
Res2	R1, R2	AXIAL-0.4	Miscellaneous Devices.IntLib
10k	RP1	HDR!X9	Mylib.S chLib
SW-DPDT	S1	DPDT-6	Miscellaneous Devices.IntLib
SW DIP-2	S2	SWITCH	Miscellaneous Devices.IntLib
L78M05CP	U1	ISOWATT220AB	ST Power Mgt Voltage Regulator.IntLib
STC89C51	U2	DIP40	Mylib.S chLib
XTAT	Y1	Xtal	Miscellaneous Devices.IntLib

需要自制元器件封装的器件封装如图 6-2～图 6-8 所示。

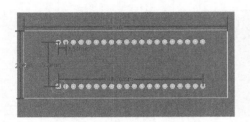
图 6-2　单片机插座

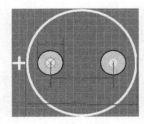
图 6-3　电容 C1

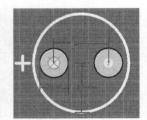
图 6-4　电容 C3

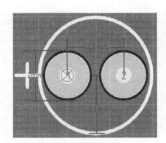
图 6-5　电容 C6

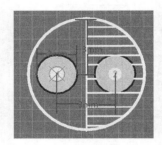
图 6-6　LED 灯 D2

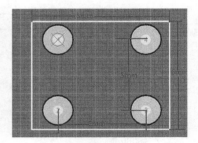
图 6-7　微动开关 S2

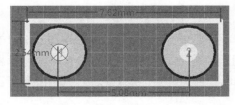
图 6-8　晶振 Y1

6.2　任　务　实　施

6.2.1　新建项目

Step1：在计算机中建立一个名为"单片机"的文件夹。

Step2：打开 Altium Designer Release 10，新建一个名为空项目。具体操作如下：双击图标启动软件，选择"File"/"New"/"Project"/"PCB Project"菜单命令，如图 6-9 所示。

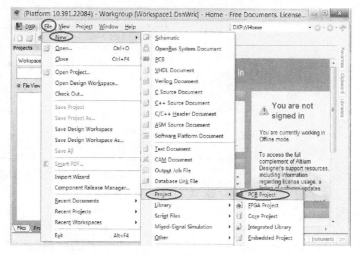

图 6-9　新建工程

Step3：保存工程文件到 Step1 中新建的文件夹，将其工程命名为"单片机最小系统"。具体操作如下：选择"File"/"Save Project As"菜单命令，在弹出的对话框中找到 Step1 中新建的文件夹，将文件名改为"单片机最小系统"，如图 6-10 所示。

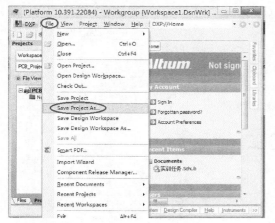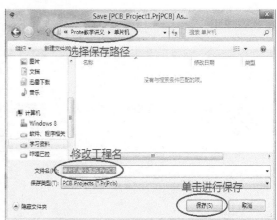

图 6-10　保存工程

6.2.2　新建原理图文件

Step1：执行"File"/"New"/"Schematic"菜单命令；在上述建立的工程项目中新建电路原理图文件，如图 6-11 所示。

Step2：执行"File"/"Save As"菜单命令，在弹出的对话框中选择文件保存路径，输入原理图文件名字"单片机最小系统"，保存到"单片机"的文件夹中。保存完成后如图 6-12 所示。

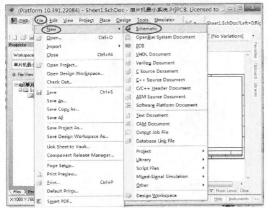

图 6-11　新建原理图

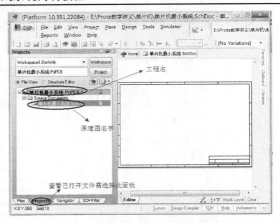

图 6-12　保存完成后的工程和原理图

6.2.3　设置图纸参数

执行"Design"/"Document Opinion"菜单命令，在打开的对话框中把图纸大小设置为A4，其他使用系统默认，如图 6-13 所示。

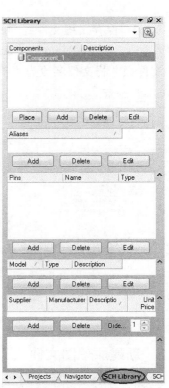

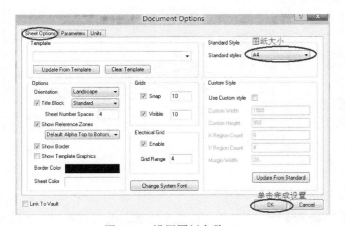

图 6-13　设置图纸参数

图 6-14　"SCH Library"面板

6.2.4　制作理图库

1. 制作单片机原理图库

(1)新建原理图库，执行"File"/"New"/"Library"/"Schematic Library"菜单命令。

（2）保存原理图库，执行"File"/"Save As"菜单命令，保存到"单片机"的文件夹里面，将库名字修改为"Mylib.SchLib"。

（3）单击面板标签"SCH Library"，打开元件库编辑面板，如图 6-14 所示。

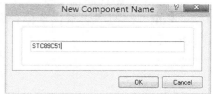

（4）执行"Tools"/"New Component"菜单命令，在弹出的"New Component Name"对话框输入可以唯一标识元器件的名称"STC89C51"，如图 6-15 所示，单击"OK"按钮确定该名称。

图 6-15　元器件命名对话

（5）绘制外框，执行"Place"/"Rectangle"菜单命令，将光标移动到(0,0)点，单击确定左上角点，拖动光标至(90, −210)单击确定右下角点，如图 6-16 所示。或者可以任意拖动鼠标画一个矩形后，再双击，对矩形的位置和大小进行修改。

（6）放置引脚，执行"Place"/"Pin"菜单命令，在矩形外形边上依次放置 40 个引脚，当引脚处于活动状态时单击空格键可以调整引脚方向，放置好引脚如图 6-17 所示。

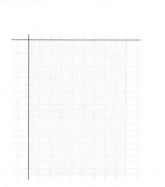

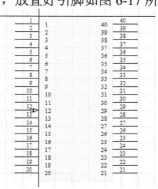

图 6-16　绘制好的矩形外框　　　　图 6-17　引脚放置后的单片机

（7）编辑引脚属性，根据 STC89C51 芯片的引脚资料，对引脚的名称、编号、电气类型等进行修改。VCC、GND 电气类型为 Power，单片机 I/O 口电气类型为 I/O，其他可以保持默认。双击后引脚属性对话框如图 6-18 所示。

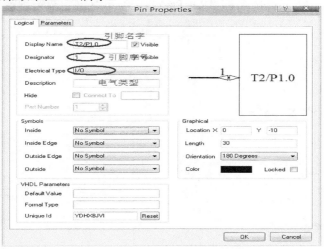

图 6-18　引脚属性对话框

（8）依次对所有引脚进行修改，修改完成的单片机芯片如图 6-19 所示。

（9）设置元器件属性。在"SCH Library"面板中，选中新绘制的元器件 STC89C51，单击"Edit"按钮或者双击新绘制的元器件名字，对元器件的默认标识注释进行修改，如图 6-20 所示。

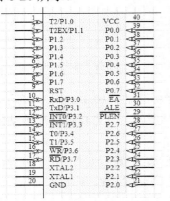

图 6-19　修改引脚属性后

图 6-20　元器件属性修改对话框

（10）运行元器件设计规则检查。执行"Reports"/"Component Rule Chick"菜单命令，弹出图 6-21 所示的对话框，单击"OK"按钮查看检查结果。如果检查没有错，即可进入下一步。如果检查有错，进行修改。

（11）保存元器件。单击 🖫 按钮或者执行"File"/"Save"菜单命令即可。

2. 绘制排阻原理图

排阻的原理图可以在已经存在的库中修改，只需打开"Miscellaneous Device.IntLib"，找到"Res Pack4"，将其复制到自己新建的"Mylib.SchLib"库中。

（1）打开上面新建的"Mylib.SchLib"库，进入原理图编辑面板。可以看到之前建立的 STC89C51。

（2）执行"Tools"/"New Component"菜单命令，在弹出的"New Component Name"对话框输入可以唯一标识元器件的名称"Res Pack"，单击"OK"按钮确定该名称。

图 6-21　元器件设计规则检查

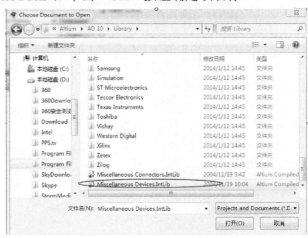

图 6-22　打开原理图库

（3）执行 "File" / "Open" 菜单命令，找到 "Miscellaneous Device.IntLib"，将其打开，如图 6-22 所示。单击 "打开" 按钮，在弹出的对话框中选择 "Extract Source"，如图 6-23 所示。再接着弹出的对话框中单击 "OK" 按钮，如图 6-24 所示，即可打开已有元件库。

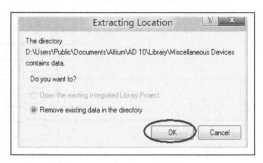

　　　　　　图 6-23　抽取源　　　　　　　　　　　　图 6-24　抽取源目录

（4）双击 "Project" 面板下的 "Miscellaneous Device.SchLib"，如图 6-25 所示，单击 "SCH Library" 面板，如图 6-26 所示。找到 "Res Pack4"，如图 6-27 所示。

　　　图 6-25　"Project" 面板　　　　　　　　　图 6-26　"SCH Library" 面板

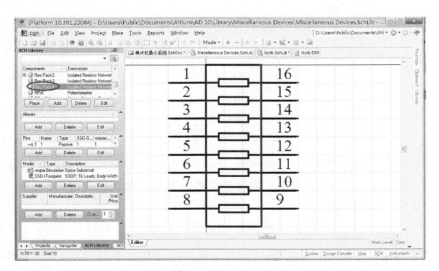

图 6-27　Res Pack4

（5）将 "Res Pack4" 全选，复制到 Mylib.SchLib 的 Res Pack 工作区，如图 6-28 所示。

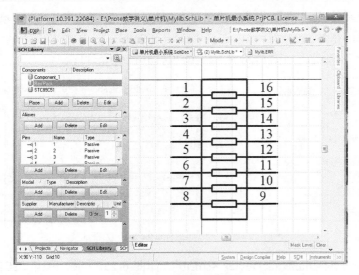

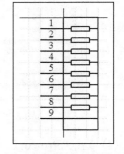

图 6-28　复制后的排阻　　　　　　　　　　　　　图 6-29　修改后的排阻

(6)将 10～16 脚删除，调整第 9 脚的位置和外形，完成后如图 6-29 所示。

(7)修改元件属性，在"SCH Library"面板中，选中新绘制的元器件"Res Pack"，单击"Edit"按钮或者双击新绘制的元器件名字，对元器件的默认标识注释进行修改，如图 6-30 所示。

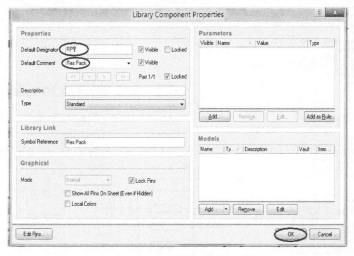

图 6-30　修改元件属性

(8)运行元器件设计规则检查。执行"Reports"/"Component Rule Check"菜单命令，弹出图 6-21 所示的对话框，单击"OK"按钮查看检查结果。如果检查没有错，即可进入下一步。如果检查有错，进行修改。

(9)保存元器件。单击 按钮或者执行"File"/"Save"菜单命令即可。

6.2.5　放置元器件

(1)放置自己绘制的单片机。单击"Project"面板，选中"单片机.SchDoc*"，执行"Place"/"Part"菜单命令，在弹出的"Place Part"对话框中单击"Choose"按钮，如图 6-31 所示。在

"Browse Librarys" 对话框中找到方才绘制的 "Mylib.SchLib" 库（注意库需要加载到工程里面才能找到），如图 6-32 所示，找到需要放置的元器件，依次单击 "OK"，此时元器件会悬浮于光标上，移动到合适的位置单击即可放置，右击按钮或者按 "Esc" 键结束放置。

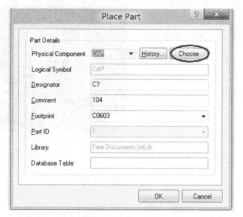

图 6-31　"Place Part" 对话框

图 6-32　库浏览选项对话框

（2）以 Step1 同样的方法放置自己绘制的排阻到原理图工作区，放置好后如图 6-33 所示。

（3）放置稳压电源芯片 L78M05CP，该芯片可直接在元件库里面调用，但不知道在哪一个库，此时我们需要采用搜索元件的方法来放置该芯片。

①执行 "Place" / "Part" 菜单命令，在弹出的 "Place Part" 对话框中单击 "Choose" 按钮，如图 6-33 所示。在 "Browse Librarys" 对话框中单击 "Find" 按钮，如图 6-34 所示。

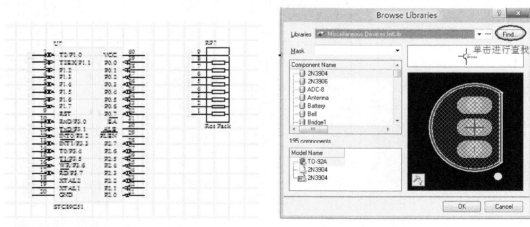

图 6-33　放置好自己绘制的原理图　　　　　　　图 6-34　库浏览选项对话框

②搜索后结果如图 6-35 所示，选择需要的元件后依次单击 "OK" 按钮直到元器件悬浮于光标上，移动鼠标到合适的位置后单击进行放置。

（4）放置一个电解电容，执行 "Place" / "Part" 菜单命令，在弹出的 "Place Part" 对话框中单击 "Choose" 按钮，如图 6-31 所示。在 "Browse Librarys" 对话框中找到 "Miscellaneous Device.IntLib"，如图 6-36 所示，找到需要放置的元器件，依次单击 "OK" 按钮，此时元器件会悬浮于光标上，移动到合适的位置单击即可放置，右击或者按 "Esc" 键结束放置。

（5）依次按照 Step4 的方法进行其他元器件的放置。放置完成后如图 6-37 所示。

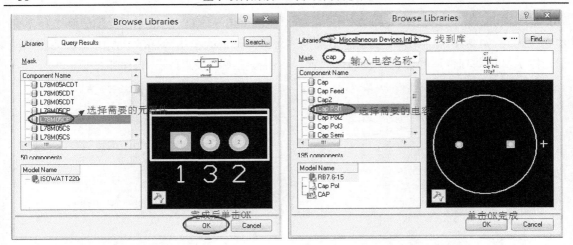

图 6-35　搜索结果对话框　　　　　　　图 6-36　浏览元件对话框

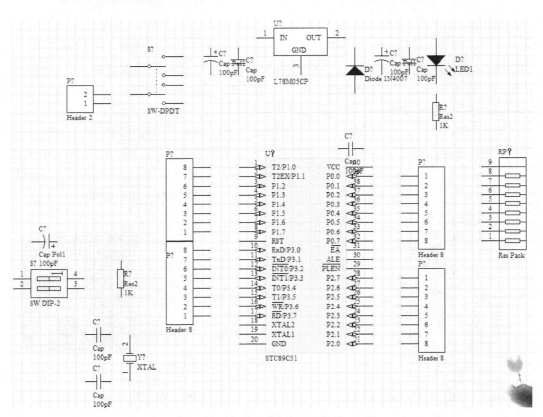

图 6-37　放置元器件完成后的原理图

6.2.6　修改元器件属性

（1）修改单片机属性。双击 STC89C51（或者选中后右击，在弹出的对话框中选择 "Properties"），弹出元件属性对话框，在其中进行修改，修改序号、注释、参数等。修改完成后如图 6-38 所示。

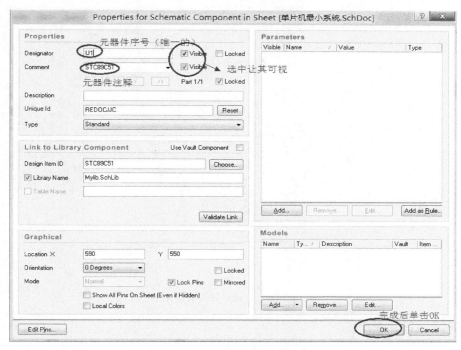

图 6-38 元器件属性对话框

（2）修改电阻属性，按照上面的方法，打开元器件属性对话框，在对话框中进行修改，完成后如图 6-39 所示。

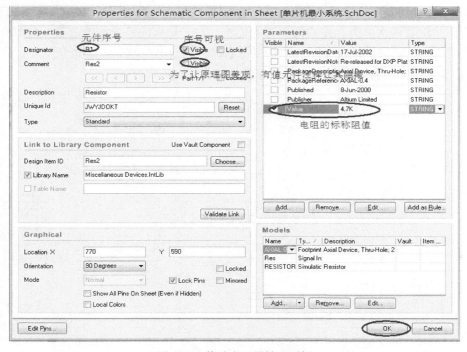

图 6-39 修改电阻属性对话框

（3）按照如上方法，对所有元器件进行修改，修改后如图 6-40 所示。

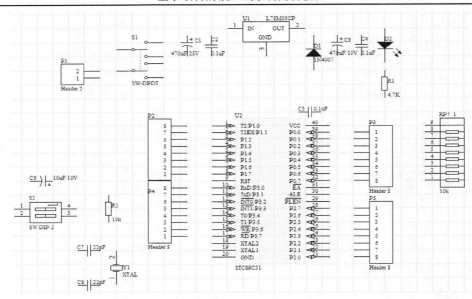

图 6-40　修改完元件属性后的原理图

6.2.7　进行原理图布线

1. 导线绘制

(1)执行"Place"/"Wire"菜单命令(或者单击 Wring 工具栏的 ≋ 图标),光标变成"十"字形状。

(2)将光标移动到图纸的适当位置单击,确定导线起点。沿着需要绘制导线的方向移动鼠标,到合适的位置再次单击,完成两点间的连线,右击结束此条导线的放置。此时光标任处于绘制导线状态,可以继续绘制,若双击鼠标右键,则退出绘制导线状态。

(3)依次进行上面的操作,完成导线绘制,完成后如图 6-41 所示。

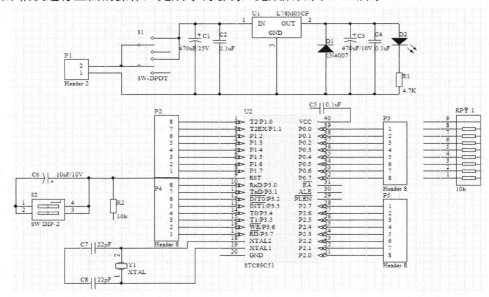

图 6-41　绘制好导线的原理图

2．放置电源和接地

　　放置电源和接地，单击工具栏的 ⊥ 图标或者 ⏚ 图标，电源或者接地图标会粘在十字形的光标上，移动到合适的位置单击即可，放置完成后如图 6-42 所示。

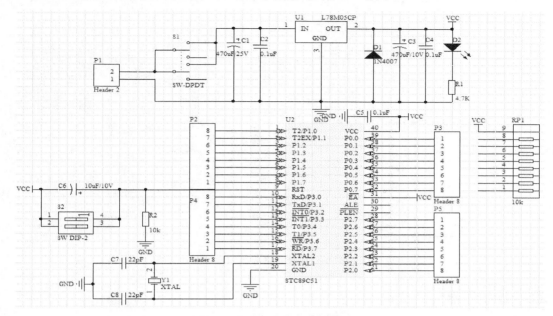

图 6-42　放置好电源和接地的原理图

3．放置网络标签

　　(1) 执行 "Place" / "Net Label" 菜单命令，此时网络标签会粘在十字形的光标上，移动鼠标到合适的位置单击即可放置网络标签。

　　(2) 修改网络标签的网络，在网络标签上双击，在弹出的对话框中修改网络，如图 6-43 所示。

　　(3) 依次进行以上操作，直到全部放置完成。放置完成网络标签的电路原理图，如图 6-44 所示。

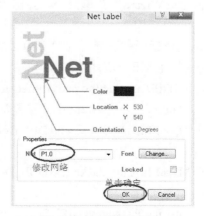

图 6-43　网络标签属性

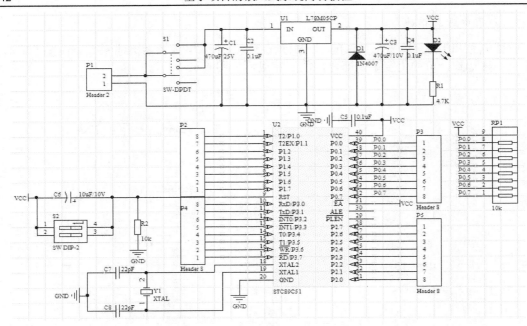

图 6-44　放置好网络标签的原理图

6.2.8　绘制元器件封装库

1. 绘制单片机插座封装

单片机插座为 40 脚的双列直插式封装，但由于外框较引脚位置相对较远，因此需要自己绘制，该芯片可以利用向导进行绘制。

（1）新建 PCB 封装库。在之前新建的"单片机最小系统"目录下，执行"File"/"New"/"Library"/"PCB Library"菜单命令。

（2）保存 PCB 封装库，执行"Flie"/"Save"菜单命令，将 PCB 封装库保存到"单片机"的文件夹中。并命名为"MyPcbLib.PcbLib"。

（3）在面板标签中选择"PCB Library"标签，可以看到已经有一个空元件新建好了。

（4）执行"Tools"/"Component Wizard"菜单命令，弹出"Component Wizard"对话框，单击"Next"按钮进入下一步。

（5）在"Component Patterns"对话框中选择元件外形为"DIP"，单位选择为"mm"，如图 6-45 所示。完成后单击"Next"进入下一步。

（6）在"Dual In-Line Packages（DIP）Define the pads dimensions"对话框中输入焊盘尺寸，在这里，我们将焊盘孔径设置为 0.6mm，外径为 2mm 的圆形焊盘，如图 6-46 所示。

（7）单击"Next"按钮，在"Dual In-Line Packages（DIP）Define the pads layout"对话框中输入焊盘间距，如图 6-47 所示。

（8）单击"Next"按钮，在"Dual In-Line Packages（DIP）Define the outline width"对话框中输入外形线宽如图 6-48 所示。

（9）单击"Next"，在"Dual In-Line Packages（DIP）Set number of the pads"对话框中输入焊盘数量 40，如图 6-49 所示。

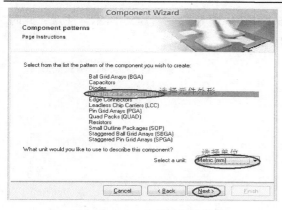

图 6-45　选择元器件外形

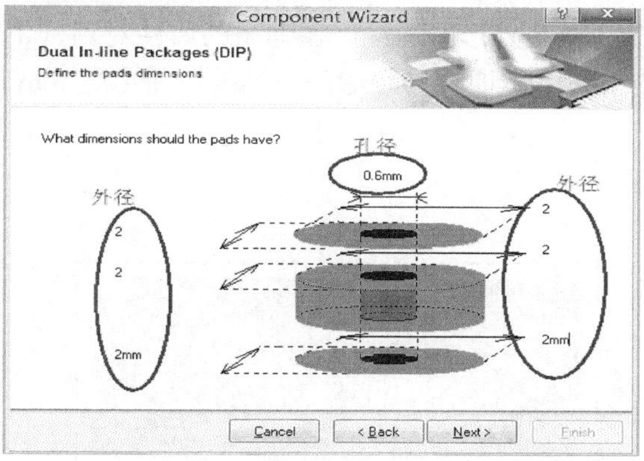

图 6-46　设置焊盘大小

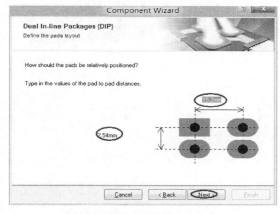

图 6-47　设置焊盘间距

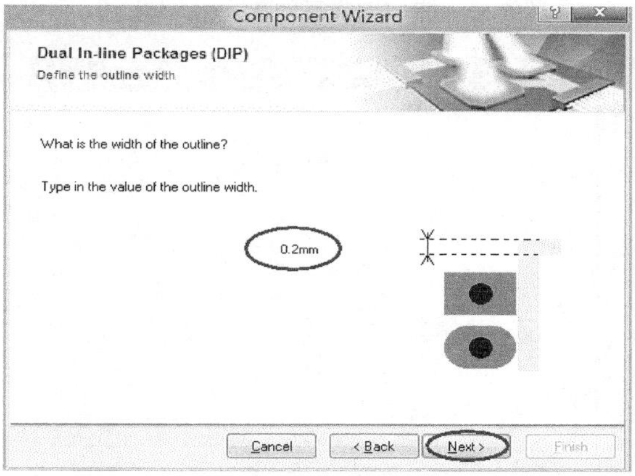

图 6-48　设置外形线宽

（10）单击"Next"，在弹出的对话框中输入封装名字，如图 6-50 所示。

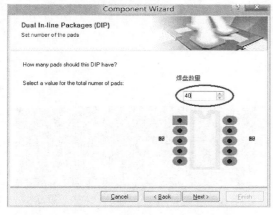

图 6-49　输入焊盘数量

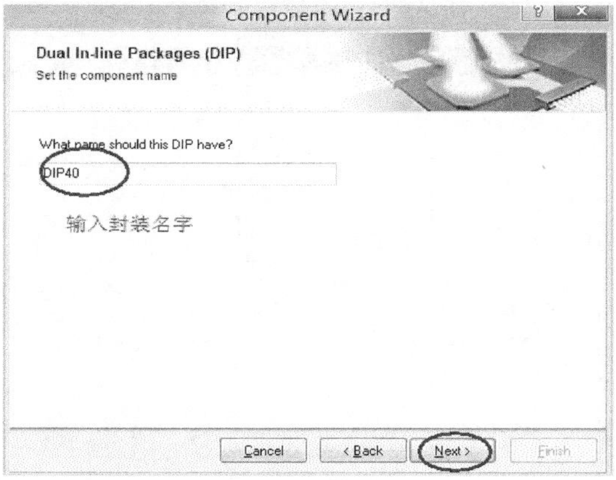

图 6-50　设置封装名称

（11）一直单击"Next"按钮，到最后一步单击"Finish"按钮，即可完成向导。完成后如图 6-51 所示。

（12）对单片机插座的外形进行修改。实际测量得到插座长为 66mm，宽为 22.5mm。左右边缘距离焊盘 4mm，上边缘距离焊盘 10.5mm，下边缘距离焊盘 7mm。根据此尺寸，进行修改。双击外形左边缘，在弹出的属性对话框中修改参数如图6-52～图6-55所示。注意：此时按下键盘上的"Q"键即可切换测量单位 mm 和 mil。

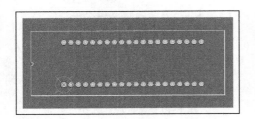

图 6-51　完成向导后的单片机封装

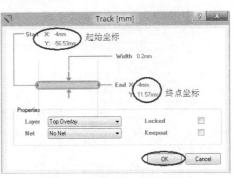

图 6-52　左边线条属性对话框

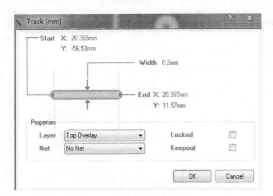

图 6-53　右边线条属性对话框

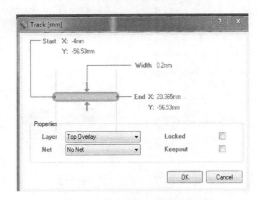

图 6-54　下边线条属性对话框

(13) 依次对所有外形进行修改，修改后的封装如图6-56所示。

(14) 保存文件，选择"File"/"Save"菜单命令。

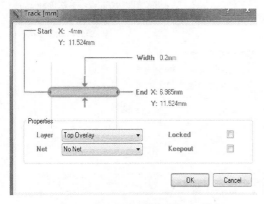

图 6-55　上边线条属性对话框

图 6-56　修改完成的单片机插座封装图

2. 绘制复位开关的封装

(1) 打开"MyPcbLib.PcbLib"，在面板标签中选择"PCB Library"标签，可以看到刚刚建立的"DIP40"。

（2）执行"Tools" /"New Blank Component"
菜单命令，新建了一个空元件。在"PCB Library"
标签中双击"PCBComponent_1 – duplicate"，弹出
"PCB Library component"对话框。在里面输入开
关的名字和描述，如图 6-57 所示。

图 6-57　修改封装名称

（3）设置栅格点，首先将栅格设置成 5mm（右
键-Snap Grid-Set Global Snap Grid），垂直放置两个焊盘，其中 1 号焊盘放置于(0,0)，2 号焊
盘放置于(0, –5)。再将栅格设置成 6mm，垂直放置两个焊盘，其中 3 号焊盘放置于(6,0)，4
号焊盘放置于(6, –5)。设置栅格：右击，在弹出的对话框中选择"Snap Grid"。在弹出的对话
框中输入 5mm，如图 6-58 所示。

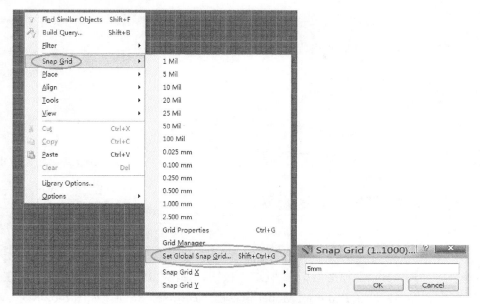

图 6-58　设置栅格点大小

（4）放置好焊盘后，在"Top Overlay"层上绘制外框，如图 6-59 所示。

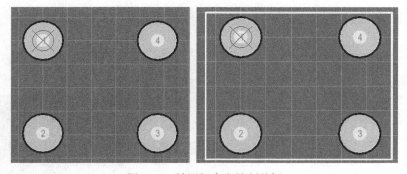

图 6-59　放置焊盘和绘制外框

3. 绘制电容的封装

按照上面的两种方法完成电解电容封装和 LED 封装的绘制。

6.2.9　加载元器件封装库

在加载元器件封装之前，务必确保自建的封装库在工程目录下面。

1.　加载单片机封装

(1)在原理图界面选中单片机 STC89C51 后，双击，此时会弹出元器件属性对话框，如图 6-60 所示。单击"Models"选项框的"Add"按钮添加封装模型。在弹出的对话框中选择"Footprint"，如图 6-61 所示。

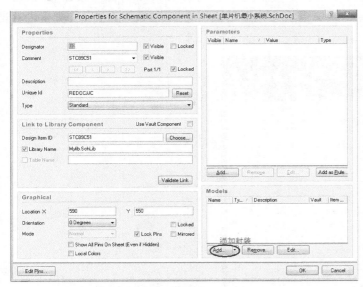

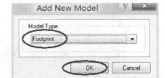

图 6-60　元器件属性对话框　　　　　　　　图 6-61　增加新模型

(2)选择好"Footprint"模型后单击"OK"按钮，弹出"PCB Model"对话框，在"PCB Library"中选择"Any"，在 Footprint Model 中单击"Browse"按钮，如图 6-62 所示。

(3)单击"Browse"按钮后弹出"Browse Library"对话框，在里面找到自己绘制的单片机插座封装后依次单击"OK"按钮，如图 6-63 所示。

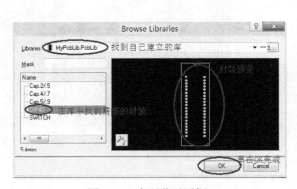

图 6-62　PCB Model　　　　　　　　　　图 6-63　库浏览对话框

（4）依次单击"OK"按钮，加载后的封装如图 6-64 所示。

2．加载电解电容封装

按照上面的方法分别给电解电容 C1、C3、C6 添加自己绘制的封装。

3．修改 C2 的封装

图 6-64　加载好封装后的单片机插座

根据表 6-1 的要求将所有元器件的封装进行修改。

（1）将光标放在 C2 上面后双击，弹出元器件属性对话框，如图 6-60 所示。在"Models"选项中选中已有封装"RAD-0.3"，单击"Edit"按钮，如图 6-65 所示。

（2）单击"Edit"按钮后弹出的"PCB Model"对话框中选择"Any"，在"FootPrint Models"中输入封装名字"RAD-0.2"（或者单击"Browse"按钮进行浏览），如图 6-66 所示。

图 6-65　修改元器件属性

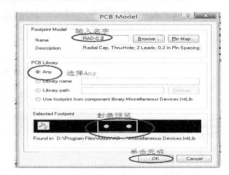

图 6-66　修改电容封装

4．修改其 C2 的封装

按照如上方法修改其他所有元件。

6.2.10　新建 PCB 文件

要求：建立一块 60mm×80mm 的电路板。

（1）选择面板标签的 File 标签栏，单击"New from Template"中的"PCB board Wizard"选项，如图 6-67 所示。

（2）在弹出的"PCB board Wizard"对话框中单击"Next"按钮进入下一步。

（3）在弹出的"Choose Board Units"对话框中选择要使用的单位，如图 6-68 所示。

（4）单击"Next"按钮进入下一步，选择模板，在这里我们选择"Custom"，自己定义板子大小，如图 6-69 所示。

（5）单击"Next"按钮，在弹出的"Choose Board Details"对话框中输入板子大小和形状，如图 6-70 所示。

（6）单击"Next"按钮，弹出"Choose Board Corner Cut"对话框，在此不需要设置。

图 6-67　File 面板标签

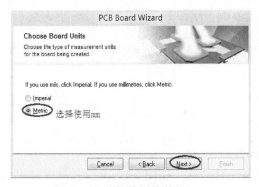

图 6-68　选择使用的单位　　　　　　　　图 6-69　选择板子形状

（7）单击"Next"按钮，弹出"Choose Board Inner Cut"对话框，在此不需要设置。

（8）单击"Next"按钮，弹出"Choose Board Layers"对话框，在此不需要设置。

（9）单击"Next"按钮，弹出"Choose Via Style"对话框，选择"Thruhole Via Only"单选按钮，如图 6-71 所示。

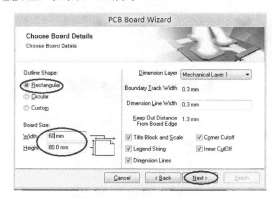
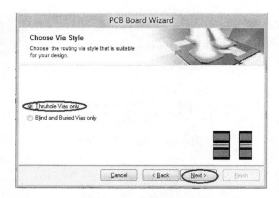

图 6-70　设置电路板大小　　　　　　　　图 6-71　设置过孔形式

（10）单击"Next"按钮，选择大多数元件的性质，如图 6-72 所示。

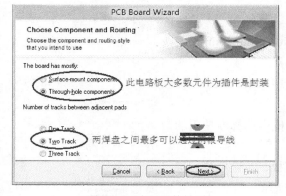
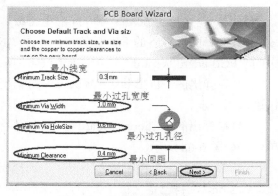

图 6-72　选择元件性质　　　　　　　　图 6-73　设置线宽和过孔

（11）单击"Next"按钮，设置默认线宽和过孔尺寸，如图 6-73 所示。

（12）依次单击"Next"按钮，直到完成向导。

（13）保存电路板到"单片机"的文件夹下，命名为"单片机最小系统.PcbDoc"。

（14）如果该文件没有在工程里面，需要添加。在工程上右击，在弹出的对话框中选择"Add Exting to Project"，找到单片机最小系统 ".PcbDoc"，将其打开即可。

6.2.11　原理图后期处理

1．编译工程文件

激活原理图文件，执行"Project"/"Compile PCB Project 单片机最小系统.PrjPCB"菜单命令，如果没有提示错误即可进入下一步。如果有错，进行修改后再编译，直到没有错误为止。

2．生成网络表

激活原理图文件，执行"Design"/"Netlist For Project"/"Protel"菜单命令，至此，Project 面板标签中应存在图 6-74 所示的文件。

图 6-74　完整的工程文件

3．导入网络表到 PCB

（1）激活 PCB 文件，执行"Design"/"Import Changes From 单片机最小系统.PrjPCB"菜单命令。

（2）在弹出的"Engineering Change Order"对话框中检查可用变化，如图 6-75 所示。

（3）如果在图 6-75 中有错，返回原理图进行修改；如果没有错误，则执行变化，如图 6-76 所示。

（4）在"Engineering Change Order"对话框中单击"Close"按钮。此时元件已经加载到 PCB 文件中了，如图 6-77 所示。

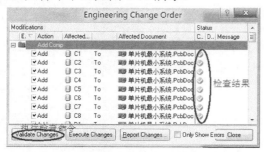

图 6-75　检查变化

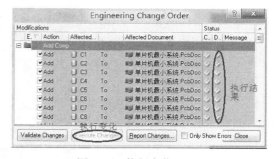

图 6-76　执行变化

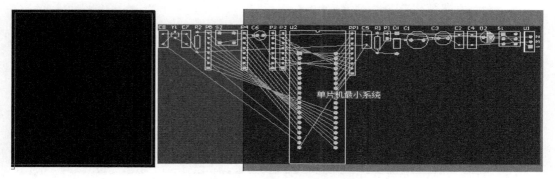

图 6-77　导入网络表后的 PCB

6.2.12　元器件布局

（1）选中红色器件盒，在键盘上按下 Delete 键，将其删除。

（2）选中某个元件，按住鼠标左键拖动到 PCB 板合适的位置后放开鼠标左键（在拖动过程中按下空格键可以旋转位置）。

（3）元件布局后的 PCB 如图 6-78 所示。

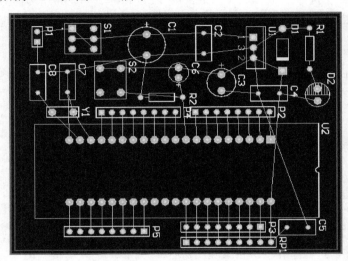

图 6-78　布局完成的 PCB

6.2.13　进行布线规则设置

（1）执行"Design"/"Rules"菜单命令，弹出规则编辑对话框，在上面进行逐一设置。

（2）进行间距设置，如图 6-79 所示。

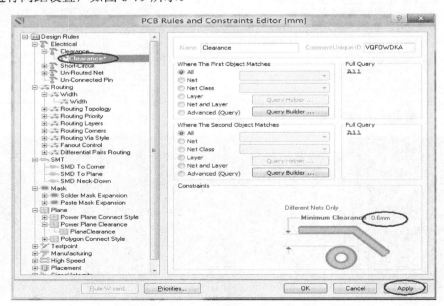

图 6-79　导线间距设置

（3）导线线宽设置，先设定所有线宽，将其最大值设置为 1mm，最小值设置为 0.3mm，优先值为 0.6mm，如图 6-80 所示。

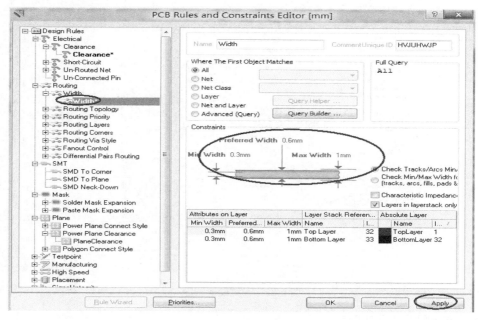

图 6-80 线宽设置

（4）电源线宽设置，在"Width"上右击，在弹出的对话框中选择"New Rule"，在新建的"Width_1"中进行设置，如图 6-81 所示。

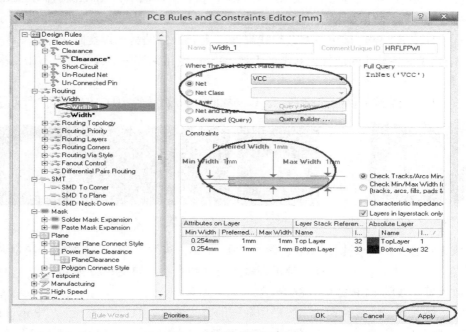

图 6-81 电源线宽设定

（5）设置敷铜间隙，如图 6-82 所示。

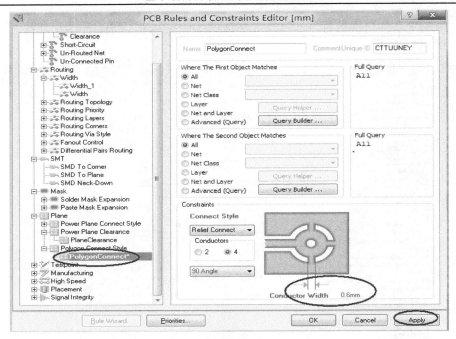

图 6-82　设置敷铜间隙

(6)其他规则保持默认即可。

6.2.14　PCB 布线

(1)激活 PCB 文件，切换到"Bottom Layer"，执行"Place"/"Interactive Routing"菜单命令或单击 图标。将鼠标移动到焊盘位置，此时光标会呈现多边形，如图 6-83 所示，单击开始划线(此时按下"Tab"键可以修改导线属性)，到该网络的另一焊盘时光标会变成多边形，此时再单击完成该条导线的放置。右击或者按"Esc"键结束该条导线放置，右击两次结束导线放置状态。

(2)放置好一条导线后如图 6-84 所示。以同样的方法放置好除了 GND 以外的所有导线。

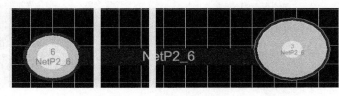

图 6-83　布线　　　　　　　　　　图 6-84　放置好一条导线

(3)放置安装孔。要求孔径 2mm，焊盘大小 3mm。执行"Place"/"Pad"菜单命令，此时焊盘会粘在鼠标上，按下"Tab"键进行修改属性和大小，如图 6-85 所示。

(4)放置好导线的 PCB 如图 6-86 所示。

(5)对地线敷铜。地线的连接一般采用敷铜的方式连接。执行"Place"/"Polygon Pour"菜单命令，弹出敷铜选项对话框，设置网络为"GND"，敷铜层为"Bottom Loyal"，如图 6-87 所示。

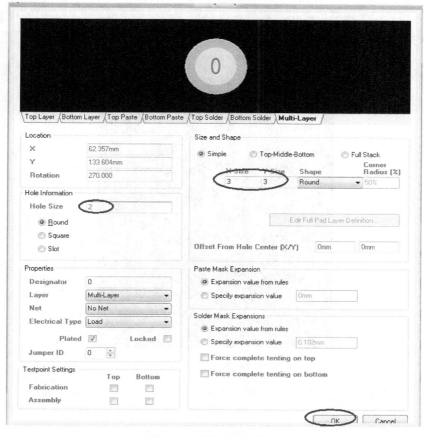

图 6-85　设置安装孔属性

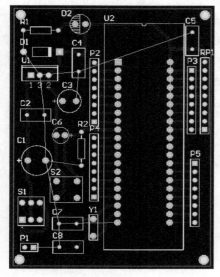

图 6-86　绘制好导线的 PCB

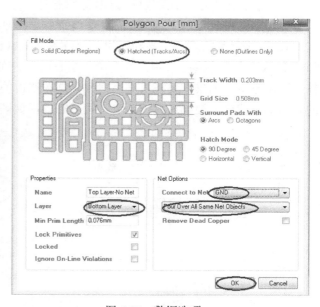

图 6-87　敷铜选项

（6）单击"OK"按钮，此时光标会变成十字形状，将光标移动到电气约束线的一个角单击，移动鼠标到另一个角后再单击。直到在电路板上画成一个框，然后右击结束敷铜。放置好敷铜后的 PCB 如图 6-88 所示。

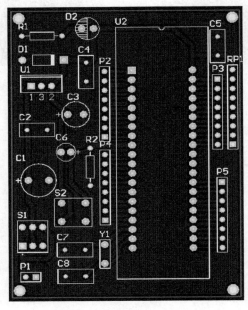

图 6-88　放置好敷铜后的 PCB

至此，已经完成了整个电路板的绘制。更多操作请参考其他资料。

6.2.15　打印设置

为了制作电路板，还需要对 PCB 进行打印。

(1) 执行 "File" / "Page Setup" 菜单命令，在弹出的对话框中设置成如图 6-89 所示。

(2) 单击 "Advanced" 按钮，进入 "PCB Printout Properties" 对话框，将 "Top Overlay"、"Top Layer" 按钮删除。选中需要删除的层右击，在弹出的对话框中选择 "Delete"，单击 "Yes" 按钮即可删除。如果需要插入某个层，只需在空白的地方右击，选择 "Insert Layer"，在弹出的对话框中找到需要插入的层即可。设置完成后如图 6-90 所示。

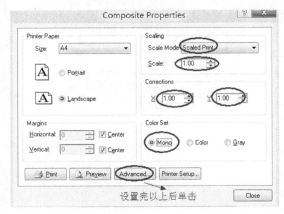

图 6-89　打印设置

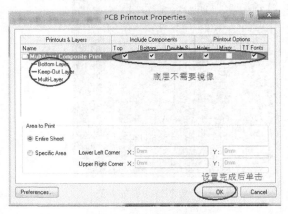

图 6-90　打印属性修改

（3）依次单击"OK"按钮即可。

（4）在打印机上放入热转印纸，执行"File"/"Print"菜单命令即可打印。

6.3　利用热转印技术制作印制电路板

热转印法就是使用激光打印机，将设计好的 PCB 图形打印到热转印纸上，再将转印纸以适当的温度加热，转印纸上原先打印上去的图形就会受热融化，并转移到敷铜板上面，形成耐腐蚀的保护层。通过腐蚀液腐蚀后将设计好的电路留在敷铜板上面，从而得到 PCB 板。

准备材料：激光打印机一台、TPE-ZYJ 热转机一台、剪板机一台、热转印纸一张、150W 左右台钻一台、敷铜板一块、钻花数颗、砂纸一块、工业酒精、松香水、腐蚀剂若干。

（1）将 PCB 图打印到热转印纸上，如图 6-91 所示。

（2）将敷铜板根据实际电路大小裁剪出来。裁剪后如图 6-92 所示。

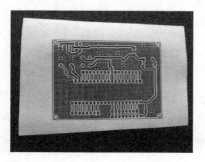

图 6-91　将 PCB 打印到热转印纸上　　　　图 6-92　裁剪好的敷铜板

（3）用砂纸将敷铜板打磨干净后，用酒精进行清洗，晾干备用。

（4）将打印好的热转印纸有图面帖到打磨干净的敷铜板上。

（5）将敷铜板和同热转印纸一同放到热转印机中进行转印，如图 6-93 所示。

（6）将热转印纸从敷铜板上揭下，此时电路图已经转印到覆铜板上了。

（7）将转印好的电路板放到腐蚀液里面进行腐蚀，如图 6-94 所示。

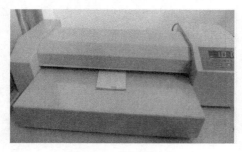

图 6-93　进行热转印　　　　　　　　　图 6-94　腐蚀电路板

（8）将腐蚀好的电路板用酒精清洗，晾干后进行打孔。

（9）将顶层和顶层丝印层打印（需要镜像）后，用同样的方法转印到电路板正面，此时在电路板上涂上一层松香水即完成整个电路板制作，如图 6-95 和图 6-96 所示。

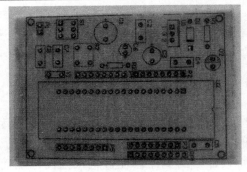
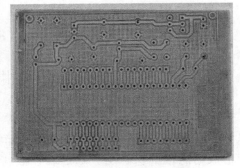

图 6-95　电路板正面　　　　　　　　　　　　图 6-96　电路板底面

思考与练习

1. 简述 Altium Designer 10 的特点。
2. 简述 C51 系列 MCU 微控制器的优缺点。

参 考 文 献

戴仙金. 2008. 51 单片机及其 C 语言程序开发实例[M]. 北京:清华大学出版社, 2～26

李宗吾. 2006. 中国万年历[M]. 北京：中国科学出版社，3～8

肖云根，望舒. 2007.Z3. 基于实时时钟芯片的电子万年历设计[J]. 电子技术，91～94

闫爱青. 2007. 基于 USB 接口的高速数据采集系统[J]. 山西建筑. (9)：359～360

Anastasios Alexiadis, Ioannis Refanidis. 2009. Defining a Task's Temporal Doain for Intelligent Canledar Applications[C].IFIP Advances in Information and Communication Technology. Volume 296/2009: 399～406

第2篇
基于ATmega MCU的设计

MCU(俗称单片机)是指一个集成在一块芯片上的完整计算机系统。尽管它的大部分功能集成在一块小芯片上，但是它具有一个完整计算机所需要的大部分部件：CPU、内存、内部和外部总线系统，目前大部分还会具有外存。同时集成诸如通信接口、定时器、实时时钟等外围设备。而现在最强大的单片机系统甚至可以将声音、图像、网络、复杂的输入输出系统集成在一块芯片上。单片机由芯片内仅有CPU的专用处理器发展而来。最早的设计理念是通过将大量外围设备和CPU集成在一个芯片中，使计算机系统更小，更容易集成进复杂的而对体积要求严格的控制设备当中。现代人类生活中所用的几乎每件电子和机械产品中都会集成有单片机。

单片机通过编写的程序可以实现高智能、高效率和高可靠性。单片机诞生于20世纪70年代末，经历了SCM、MCU、SoC三大阶段。SCM(Single Chip Microcomputer)单片微型计算机阶段、MCU(Micro Controller Unit)微控制器阶段、SoC(System-on-Chip)系统级芯片设计技术阶段。常见单片机类型有PIC单片机、EMC单片机、ATMEL单片机、PHLIPIS 51PLC系列单片机、HOLTEK单片机、TI公司单片机、凌阳单片机等。

基于单片机的产品开发的基本流程为：在明确总体需求情况下，根据需求分析制定总体方案(系统规格需求说明书)、硬件和软件的概要设计和详细设计。做好PCB板后，进行焊接调式；软硬件单元测试和集成测试(又称联调)；产品系统测试，进一步优化软硬件；试用阶段，整体检测产品的稳定性。

在使用单片机开发时，可预先使用电路分析实物仿真系统，如Proteus、Multisim等软件。

第7章 ATmega 基础

7.1 概　　述

单片机的开发技术已经相对成熟，开发环境比较稳定。目前，ATMEL 公司采用精简指令集(Reduced Instruction Set CPU, RISC)结构的 AVR 系列单片机，从高到低品类齐全，广阔应用于工业领域，在指令执行速度上比采用复杂指令系统(Complex Instruction Set Computer, CISC)体系的 8051 系列单片机更胜一筹。AVR 系列产品是采用新架构生产的芯片，整个系列都具有良好的相似性，芯片结构也非常容易理解和掌握。AVR 系列产品可以分为 3 大种类：tiny AVR(简化版芯片)、AT90S AVR(常用芯片)、ATmega AVR(增强型)。每一个 AVR 芯片都具有相同的内核，这样的性能保证升级芯片时非常的便利。有些适用于特殊领域的 AVR 器件带有 SRAM、EEPROM、扩展 SRAM 接口、ADC、UART 等模块。

低档 Tiny 系列 AVR 单片机主要有 Tiny11/12/13/15/26/28 等；中档 AT90S 系列 AVR 单片机主要有 AT90S1200/2313/8515/8535 等；高档 ATmega 系列 AVR 单片机主要有 ATmega8/16/32/64/128 以及 ATmega8515/8535 等。

本部分选择 ATmega16L(ATmega16 和 ATmega16L 只是在工作电压和速度等级不同，其他功能和特性相同)为例讲述 AVR 单片机的开发过程。ATmega16L 具有工作速率较高，响应快，精度很高，抗干扰能力强，接口可扩展等优点。ATmega16L 的工作电压范围是 2.7～5.5V，速度等级范围是 0～8MHz，是基于增强的 AVR RISC 结构的低功耗 8 位 CMOS 微控制器。由于其先进的指令集以及单时钟周期指令执行时间，数据吞吐率高达 1MIPS/MHz，从而可以缓减系统在功耗和处理速度之间的矛盾。ATmega16 具有 16KB 系统内可编程 Flash 的 8 位 AVR 微控制器，通过 JTAG 接口(与 IEEE 1149.1 标准兼容)进行编程。ATmega16L 单片机输出电流可高达 40mA，经过运放放大器使电流放大，使得输出电流较大，其对应的负载能力和驱动能力较强(I/O 端口；中断系统；定时计数器；模数转换器 A/D；串口通信；PWM；系统控制、复位、看门狗定时器及 EEPROM 的读写)。下面简单介绍 ATmega 系列单片机的 I/O 端口控制。

作为通用数字 I/O 端口时，所有 AVR I/O 端口都具有真正的读—修改—写功能。

输出缓冲器具有对称的驱动能力，可以输出或吸收大电流，直接驱动 LED。所有的端口引脚都具有与电压无关的上拉电阻，并有保护二极管与 Vcc 和地相连。

每个端口引脚都具有 3 个寄存器位：DDxn、PORTxn 和 PINxn。DDxn 位于 DDRx 寄存器，PORTxn 位于 PORTx 寄存器，PINxn 位于 PINx 寄存器。

DDRx：数据方向寄存器。根据相应位的设置，用作输入或输出。此位置 0 为输入，置 1 为输出。

PORTx：数据寄存器。当引脚配置为输出时，写入 PORTx 寄存器的值，若 PORTxn 为"1"，引脚输出高电平("1")，否则输出低电平("0")。引脚配置为输入时，若 PORTxn 为

"1"，上拉电阻将使能。如果需要关闭这个上拉电阻，可以将 **PORTxn** 清零，或者将这个引脚配置为输出。复位时各引脚为高阻态，即使此时并没有时钟在运行。

PINx：输入引脚寄存器。输入时，读取 PINx 寄存器的值。PINx 是只读的，不能对其赋值。

表 7-1 总结了 I/O 端口引脚的控制信号。

表 7-1　端口引脚配置

DDRxn	PORTxn	PUD(in FIOR)	I/O	Pull-up	说　明
0	0	X	Input	No	高阻态(Hi-Z)
0	1	0	Input	Yes	被外部电路拉低时将输出电流
0	1	1	Input	No	高阻态(Hi-Z)
1	0	X	Output	No	输出低电平(吸收电流)
1	1	X	Output	No	输出高电平(输出电流)

ATmega128 单片机有 53 个通用 I/O 端口线，分成 7 个 8 位端口 A～F 和 1 个 5 位端口 G。这些端口线除了具有一般数字 I/O 功能外，还有其他功能，特别是 PA5-0 和 PC5-0 还用于外部存储器接口。ATmega128 单片机的端口具有第二功能，寄存器的设置不同，所实现的功能也就不同。作为同游数字 I/O 端口使用时，会用到 PORTx、DDRx、PINx 寄存器(x 可为 A～G)。

ATmega16 单片机有 32 个通用 I/O 端口线，分成 4 个 8 位端口 A～D。这些端口线除了具有一般数字 I/O 功能外，还有其他功能，如 PORTA=0x08。

I/O 端口的控制，参考"7.4.1 C 程序的剖析"和"7.4.2 简单实例"的例子。

7.2　软件需求

1. 开发语言(C 语言或汇编)

首先说说 C 语言的优点：直观，可读性强，这点很重要。对于一个产品，周期是很长的，即使出第一台产品之后，还有很长的维护时间。这中间维护人员可能经常变动，如果可读性强，将给维护工作省下很大的成本。即使是在开发，可读性强的程序也便于查错。模块化可以做得很好：这点也是很重要的。模块化做得好，当然程序得重用性就高。对于公司来说，这一点是关系到公司长远发展的。程序可以重用，说明下一次开发的投入就可以减少，时间也可以加快，多好的事呀。还有很多优点，当然也就是高级语言相对于汇编语言的优点，这里就不一一列举了。

再来看看汇编的优点：应该来说，汇编语言操作硬件直观，对于硬件非常熟悉的人来说，直接操作很方便。另外可能就是很多人说的效率要高了。首先"汇编语言操作硬件直观"，这是在代码编写阶段，对于整个产品周期来说，应该是要避免使用汇编语言的，这个在 C 语言的优点中已经说明。对于效率高的问题，目前 C 语言的编译器优化也做得很好，对于一个汇编不是很熟练的开发人员来说，C 编出来的程序应该不会效率比汇编低。当然这样就对开发人员的要求降低了很多，人员的限制也就没有那么严格。另外是否真的是效率问题呢。这应该是一个整体效率和局部效率的均衡问题，需要提高的是整体的效率。一个好的软件架构，远远比一个好的函数效率要高得多。因此主要的精力应该放在软件的架构上。另外现在 CPU 的速度不停地往上提，CPU 越来越快，这点应该也可以弥补程序的效率吧。

当然，所要说的意思不是不学习汇编。汇编对于熟悉硬件有很大的好处，应此汇编语言在学习初期一定是要学习的。在基本的硬件熟悉之后，就可以转向 C 语言了。

掌握用 C 语言单片机编程很重要，可以大大提高开发的效率。不过初学者可以不了解单片机的汇编语言，但一定要了解单片机具体性能和特点，不然在单片机领域是比较致命的。可以肯定地说，最好的 C 语言单片机工程师都是从汇编走出来的编程者。还有就是在单片机编程中 C 语言虽然编程方便，便于人们阅读，但是在执行效率上是要比汇编语言低 10%～20%，所以用什么语言编写程序是要看具体用在什么场合下。总是来说做单片机编程要灵活使用汇编语言与 C 语言，让单片机的强大功能以最高效率展示给用户。ATmega 系列具有良好的 C 语言支持。

一个 C 程序必须定义一个 main 调用函数，编译器会将你的程序与启动代码和库函数链接成一个可执行文件，因此你也可以在你的目标系统中执行它。

2. 开发软件

目前开发 AVR 单片机，需要的编译器、调试器主要如表 7-2 所示。

表 7-2　常用 AVR 单片机软件开发工具

软件名称	类型	简　　介	官方网址
AVR Studio	IDE、汇编编译器	ATMEL AVR Studio 集成开发环境(IDE)，可使用汇编语言进行开发(使用其他语言需第三方软件协助)，集软硬件仿真、调试、下载编程于一体。ATMEL 官方及市面上通用的 AVR 开发工具都支持 AVRStudio	www.atmel.com
GCC AVR (WinAVR)	C 编译器	GCC 是 Linux 的唯一开发语言。GCC 的编译器优化程度可以说是目前世界上民用软件中做得最好的，另外，它有一个非常大优点是免费。在国外，使用它的人几乎是最多的。但相对而言，它的缺点是使用操作较为麻烦	sourceforge.net
ICC AVR	C 编译器(集烧写程序功能)	市面上(大陆)的教科书使用它作为例程的较多，集成代码生成向导，虽然它的各方面性能均不是特别突出，但使用较为方便。虽然 ICCAVR 软件不是免费的，但它有 Demo 版本，在 45 天内是完全版	www.imagecraft.com
CodeVision AVR	C 编译器(集烧写程序功能)	与 KeilC51 的代码风格最为相似，集成较多常用外围器件的操作函数，集成代码生成向导，有软件模块，不是免费软件，Demo 版为限 2KB 版	www.hpinfotech.ro
ATman AVR	C 编译器	支持多个模块调试(AVRStudio 不支持多个模块调试)	www.atmanecl.com
IAR AVR	C 编译器	IAR 实际上在国外比较多人使用，但它的价格较为昂贵，所以，中国大陆内，使用它的开发人员较少，只有习惯用 IAR 的工程师才会去使用它	www.iar.com

本书采用 AVR Studio 和 ICC AVR 开发工具。AVR Studio 是免费的软件，其支持汇编语言和下载烧录程序，可在线调试，有单步、步进等，操作方便、灵活。ICC AVR 在网上也有共享免费版(只是编写程序的内容大小有限制)，还可以在网上找到用于学习的有注册码的ICC AVR 免费软件。AVR 的开发平台较为完善，容易学习，使用方便。

1) ICC AVR

自 ATMEL 公司的 AT90 系列单片机诞生以来有很多第三方厂商为 AT90 系列开发了用于程序开发的 C 语言工具，ICC AVR 就是 ATMEL 公司推荐的第三方 C 编译器之一。ICC AVR是一种符合 ANSI 标准的 C 语言开发 MCU 程序的一个工具，功能合适、使用方便、技术支持好，它主要有以下几个特点：

①ICC AVR 是一个综合了编辑器和工程管理器的集成工作环境(IDE)；

②源文件全部被组织到工程之中，文件的编辑和工程的构筑也在这个环境中完成，错误显示在状态窗口中，并且当你单击编译错误时，光标自动跳转到错误的那一行；

③工程管理器还能直接生成可以直接使用的 INTEL HEX 格式文件，该格式的文件可被大多数编程器所支持，用于下载到芯片中；

④ICC AVR 是一个 32 位的程序支持长文件名。

出于篇幅考虑，这里不介绍通用 C 语言语法知识，仅介绍使用 ICC AVR 所必须具备的知识，因此要求读者在阅读本书之前，应对 C 语言有了一定程度的理解。

(1) ICCAVR 中的文件类型及其扩展名。

文件类型是由它们的扩展名决定的，IDE 和编译器可以使用以下几种类型的文件。

①输入文件。

.c：表示是 C 语言源文件。

.s：表示是汇编语言源文件。

.h：表示是 C 语言的头文件。

.prj：表示是工程文件，这个文件保存由 IDE 所创建和修改的一个工程的有关信息。

.a：库文件，它可以由几个库封装在一起 libcavr.a，是一个包含了标准 C 的库和 AVR 特殊程序调用的基本库，如果库被引用链接器会将其链接到用户的模块或文件中，也可以创建或修改一个符合你需要的库。

②输出文件。

.s：对应每个 C 语言源文件由编译器在编译时产生的汇编输出文件。

.o：由汇编文件汇编产生的目标文件，多个目标文件可以链接成一个可执行文件。

.hex INTEL HEX：格式文件，其中包含了程序的机器代码。

.eep INTEL HEX：格式文件，包含了 EEPROM 的初始化数据。

.cof COFF：格式输出文件，用于在 ATMEL 的 AvrStudio 环境下进行程序调试。

.lst：列表文件，在这个文件中列举出了目标代码对应的最终地址。

.mp：内存映象文件，它包含了您程序中有关符号及其所占内存大小的信息。

.cmd NoICE 2.xx：调试命令文件。

.noi NoICE 3.xx：调试命令文件。

.dbg ImageCraft：调试命令文件。

(2) 附注和扩充。

①#pragma，编译附注(略)。

②C++ 注释，如果选择了编译扩充(Project->Options->Compiler)，可以在源代码中使用 C++的 // 类型的注释。

③二进制常数，如果选择了编译扩充(Project->Options->Compiler)，可以使用 0b<1|0>* 来指定二进制常数，如 0b10101 等于十进制数 21。

④在线汇编，可以使用 asm("string")函数来指定在线汇编代码，读者可参考在线汇编。

(3) 常用库介绍。

①AVR 特殊函数。ICCAVR 有许多访问 UART、EEPROM 和 SPI 的函数，堆栈检查函数对检测堆栈是否溢出很有用。

②io*.h (io2313.h, io8515.h, iom603.h, ...)。

　　这些文件中是从 ATMEL 官方公开的，定义 I/O 寄存器的源文件，经过修改得到的，应该用这些文件来代替老的 avr.h 文件。

　　③macros.h。这个文件包含了许多有用的宏和定义，也可以使用"D:\ICC_H\CmmICC.H"这个文件来代替。

　　④其他头文件。

　　下列标准的 C 头文件是被支持的，如果程序使用了头文件所列出的函数，那么包含头文件是一个好习惯。在使用浮点数和长整型数的程序中必须用#include 预编译指令，这些包含了这些函数原形的头文件，读者可参考返回非整型值的函数。

　　assert.h——assert()声明宏，头文件如：ctype.h——字符类型函数，float.h——浮点数原形，limits.h——数据类型的大小和范围，math.h——浮点运算函数，stdarg.h——变量参数表，stddef.h——标准定义，stdio.h——标准输入/输出 I/O 函数，stdlib.h——包含内存分配函数的标准库，string.h——字符串处理函数。

　　(4)中断操作。

　　中断操作在 C 中可以使用，无论函数定义在文件的什么地方你必须用一个附注(pragma)，在函数定义之前通知编译器这个函数是一个中断操作：

```
#pragma interrupt_handler <name>:<vector number> *
```

　　"vector number"表示中断的向量号，向量号是从 1 开始的，那是复位向量。这个附注两量有两个作用：对中断操作函数，编译器生成 RETI 指令代替 RET 指令，而且保存和恢复在函数中用过的全部寄存器。

　　编译器生成以向量号和目标 MCU 为基础的中断向量。

　　例如：

```
#pragma interrupt_handler timer_handler:4
...
void timer_handler()
{
...
}
```

　　编译器生成的指令为：

```
rjmp_timer_handler;          对普通 AVR MCU
```
或者
```
jmp_timer_handler;           对 Mega MCU
```

　　上述指令定位在 0x06(字节地址，针对普通装置)和 0x0c(字节地址，针对 Mega 装置)。Mega 使用 2 个字作为中断向量，非 Mega 使用 1 字作为中断向量。

　　如果你希望对多个中断入口使用同一个中断操作，可以在一个 interrupt_handler 附注中放置多个用空格分开的名称，分别带有多个不同的向量号。例如：

```
#pragma interrupt_handler timer_ovf:7 timer_ovf:8
```

　　你可以用汇编语言写中断操作。如果在汇编操作内部调用 C 函数，无论如何要小心。汇编程序要保存和恢复保护的寄存器(参考汇编界面)，C 函数不做这些工作。如果使用汇编中断操作，那么必须自己定义向量。可使用"abs"属性描述绝对区域，用".org"来声明 rjmp

或 jmp 指令的正确地址。注意，这个 ".org" 声明使用的是字节地址。

2）AVR Studio

AVR Studio 在本书中只用来下载烧录程序，只要学会简单的烧写方法即可。这里推荐网站 www.AVRfreaks.net 以供参考。

7.3　仿真下载烧写

7.3.1　下载编程模块

一般来说，AVR 的编程方式有串行编程（即 ISP 编程）、高压/并行编程、JTAG 编程、IAP 编程。

AVR 有以下三种仿真方式。

（1）JTAG 仿真方式，适用于具备 JTAG 仿真接口的 AVR，如 Atmega16/32、Atmega64/128 等。

（2）debugWIRE 仿真方式，适用于具备 debugWIRE 仿真接口的 AVR，如 Attiny13/24/2313、Atmega48/88/168 等。

（3）采用仿真头替代 AVR MCU 仿真方式，适用于不带仿真接口的 AVR，如 Attiny26、Atmega8、Atmega8515 等。

我们通常使用 JTAG 进行下载编程。JTAG 是 IEEE 的标准规范，通过这个标准，可对具有 JTAG 接口的芯片的硬件电路进行边界扫描和故障检测。部分 AVR 型号带 JTAG 仿真调试接口，可使用 JTAG 仿真方式，详见深圳微雪电子网站：http://www.waveshare.net/index.htm。

7.3.2　JTAG 仿真器

AVR 单片机 JTAG 仿真器为经典的 AVR 仿真器，实验室使用的产品名称为 USB AVR SKII（AVR JTAG + AVR ISP），是基于 ATMEL 原厂提供的方案而设计，支持 AVR Studio，借鉴了 ATMEL 原厂生产的 JTAGICE 仿真器与 AVRISP 下载器，使用方法同它们一致，简单易用，稳定可靠。它支持的软件：直接支持 AVR Studio、WIN AVR（GCC），支持 IAR、ICC AVR、CV AVR 等生成的烧写文件。能自动识别 JTAG 与 AVR ISP：接入目标板的 JTAG 接口，使用 "JTAG ICE" 方式进行连接，调试器识别为 JTAG ICE 仿真器；接入目标板的 ISP 接口，使用 "STK500 or AVR ISP" 方式进行连接，调试器识别为 AVRISP 下载器。

7.3.3　调试

ICC AVR 可以输出 COFF 格式调试文件，使用户可在 ATMEL 的 AVR Studio 中进行源程序级的调试，如果用户想使用 AVR Studio 中的模拟 I/O 及终端仿真器，那么在 ICC AVR 的编译选项中必须将 AVR Studio Simulator IO 一项打勾。

7.4　入　门　程　序

这里介绍使用 ICC AVR 6.31A 和 AVR Studio 4.13 来进行 AVR 单片机开发，用 ICC AVR 编写 C 语言，用 AVR Studio 下载和仿真。在创建自己的工程后，可以开始写源代码（C 或汇编格式）并且将这个文件加入到工程文件排列中，单击工具栏中 Build 图标可以很容易地构筑这个工程。IDE 输出与 ATMEL 的 AVR Studio 完全兼容的 COFF 文件，可以使用 ATMEL 的 AVR Studio 来调试代码。为更容易地使用这个开发工具，可以使用程序向导来生成一些与有关硬件的初始化代码。

7.4.1　C 程序的剖析

一个 C 程序必须定义一个 main 调用函数，编译器会将程序与启动代码和库函数链接成一个可执行文件，因此也可以在目标系统中执行它。启动代码的用途在启动文件中很详细地被描述了，一个 C 程序需要设定目标环境，启动代码初始化这个目标使其满足所有的要求。通常，main 例程完成一些初始化后，然后是无限循环地运行，作为例子让我们看"\icc\examples"目录中的文件"led.c"（ICC AVR 工具提供的示例）。

```
/* 为使能够看清 LED 的变化图案延时程序需要有足够的延时时间*/
void Delay()
{
unsigned char a, b;
for (a = 1; a; a++)
for (b = 1; b; b++)
;
}
void LED_On(int i)
{
PORTB = ~BIT(i);      /* 低电平输出使 LED 点亮 */
Delay();
}
void main()
{
int i;
DDRB = 0xFF;          /*定义 B 口输出*/
PORTB = 0xFF;         /* B 口全部为高电平对应 LED 熄灭*/
while (1)
{
/*LED 向前步进 */
for (i = 0; i < 8; i++)
LED_On(i);
/* LED 向后步进 */
for (i = 8; i > 0; i--)
LED_On(i);
/* LED 跳跃*/
for (i = 0; i < 8; i += 2)
LED_On(i);
for (i = 7; i > 0; i -= 2)
LED_On(i);
}
}
```

这个 main 例程是很简单的, 在初始化一些 I/O 寄存器后, 就运行在一个无限循环中, 并且在这个循环中改变 LED 的步进, 图案 LED 是在 LED_On 例程中被改变的。在 LED_On 例程中直接写正确的数值到 I/O 端口, 因为 CPU 运行很快, 为能够看见图案变化, LED_On 例程调用了延时, 例程因为延时的实际延时值不能被确定, 这一对嵌套循环只能给出延时的近似延时时间, 如果这个实际定时时间是重要的话, 那么这个例程应该使用硬件定时器来完成延时。另外, "\icc\examples\"目录下的示例 "8515intr.c" 也清楚地显示了如何用 C 写一个中断处理过程, 这两个示例可以作为读者学习 ARV MCU C 编程的开始。

7.4.2 简单实例

[例]从新建工程和 C 文件开始到下载、仿真及设置, 说明基于 ATmega128 开发板编写一个流水灯程序的全过程。

1. 使用 ICCAVR6.31A 编译

(1)打开 ICCAVR, 新建工程和 C 文件(注意文件的命名), 在菜单 "Project" 新建工程 "lshd" 如图 7-1 所示。

(2)在菜单 "File" / "New" 中新建文件再另存为 "main_lshd.c" 的 C 文件, 作为主程序, 如图 7-2 所示。

图 7-1 新建工程

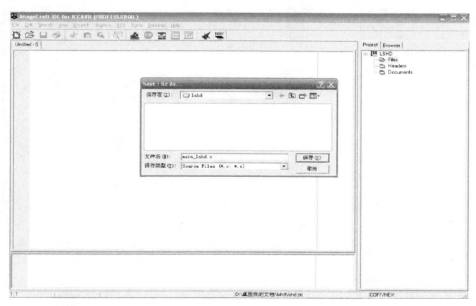

图 7-2 另存文件

(3)设置所开发单片机型号, 本次使用 ATmega128, 即在 "Project" / "Option" 中设置, 如图 7-3 所示。

(4)添加编译文件, 通过 "Project" / "Add File" 找到对应的 C 文件, 如图 7-4 所示。

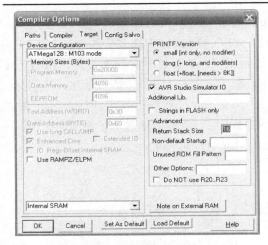

图 7-3　设置单片机型号　　　　　　　图 7-4　添加编译文件

确认后，在 ICCAVR 编译环境的右边工程栏的"Files"中就会显示所编译的文件，如图 7-5 所示。

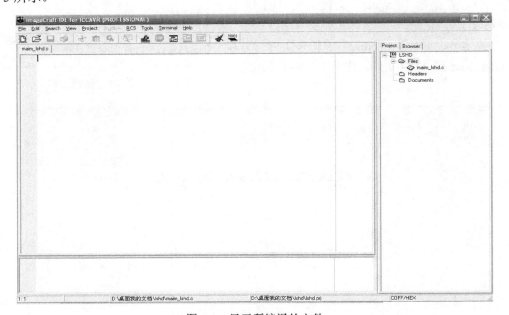

图 7-5　显示所编译的文件

(5)开始编写程序代码。

```
#include <iom128v.h>
#include <macros.h>
//<macros.h> may change to "D:\ICC_H\CmmICC.H"
/*-----------宏定义---------*/
#define uint    unsigned int
/********可以定义 B 端口为 LED***
#define LED_DDRB  DDRB
#define LED_PORTB PORTB
#define LED_PINB  PINB
```

则有关 LED 等直接使用 LED_DDRB****/

```
void main()
{
//初始化
DDRB=0xFF;    //B 端口设为输出
PORTB=0xFF;   //高电平
delay_ms(500);
while(1)
  {
  PORTB=0x00;
  delay_ms(500);
  PORTB=0x01;
  delay_ms(500);
  PORTB=0x03;
  delay_ms(500);
  PORTB=0x07;
  delay_ms(500);
  PORTB=0x0F;
  delay_ms(500);
  PORTB=0x1F;
  delay_ms(500);
  PORTB=0x3F;
  delay_ms(500);
  PORTB=0x7F;
  delay_ms(500);
  PORTB=0xFF;
  delay_ms(500);
  PORTB=0xFE;
  delay_ms(500);
  PORTB=0xFC;
  delay_ms(500);
  PORTB=0xF8;
  delay_ms(500);
  PORTB=0xF0;
  delay_ms(500);
  PORTB=0xE0;
  delay_ms(500);
  PORTB=0xC0;
  delay_ms(500);
  PORTB=0x80;
  delay_ms(500);
  }
}
/*------------ATmega128 延时函数------------*/
void delay_ms(uint i)    // 毫秒延时函数
{
    uchar a;
    uint j;
```

```
        for(;i;i--)
        for(j=10;j;j--)
        for(a=64950;a;a--)    //开发板所使用的时钟频率
          ;
    }
    void delay_s(uint i)        //秒延时函数,这个函数未使用可以删除,这里只是提供给大家参考
    {
        uchar a;
        uint j;
        for(;i;i--)
        for(j=10000;j;j--)
        for(a=64950;a;a--)    //开发板所使用的时钟频率
          ;
    }
    /*----------------------------------------------------*/
```

本程序的另一种写法如下。

```
    #include <iom128v.h>
    #include "D:\ICC_H\CmmICC.H" 注此句可不要
    /*-------宏定义--------------*/
    #define uint    unsigned int
    uint u_led[16]=[0x00,0x01,0x03,0x07,
    0x0F,0x1F,0x3F,0x7F,0xFF,0xFE,0xFC,
    x0F8,0xF0,0xE0,0xC0,0x80];
    /*********定义B端口为LED**********/
    #define LED_DDRB  DDRB
    #define LED_PORTB PORTB
    #define LED_PINB  PINB
    void main()
    {
    //初始化
    uint i;
    DDRB=0xFF;        //B端口设为输出
    PORTB=0xFF;       //高电平
    delay_ms(500);
    while(1)
      {
        i=0;
        i++;
        LED_PORTB= u_led[i];
        If(i>=15) then
        I=0;
        delay_ms(500);
      }
    }
            /*-----ATmega128延时函数------------*/
            void delay_ms(uint i) // 毫秒延时函数
            {
```

```
            uchar a;
            uint j;
            for(;i;i--)
            for(j=10;j;j--)
            for(a=64950;a;a--)
              ;
        }
```

(6)编译与查错修改。

在菜单"Project"中选择"Make Project(F9)"和"Rebuild All(shift+F9)"进行编译，没有任何错误就会信息栏显示"Done."，如图 7-6 所示。

图 7-6　查错

2. 使用 AVRStudio(Ver 4.14.589)仿真与下载

(1)打开 AVR Studio 软件，菜单"Project"中选择使用"Project Wizard"，弹出如图 7-7 所示对话框。

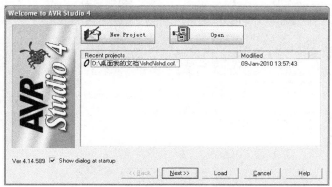

图 7-7　向导对话框

(2)单击"Open"按钮后选择仿真下载文件".cof"格式的文件，本次选则"lshd.cof"，如图 7-8 所示。

（3）单击"打开"按钮，在弹出的对话框上选择"保存"，进入下载仿真选择对话框。原则上先进行操作①再进行操作②。

①选择"AVR Simulator"进入仿真状态，然后选择对应的芯片，最后单击"Finish"按钮即可进入仿真状态，如图 7-9 所示（选择好"AVR Simulator"后再选择对应的芯片"ATmega128"）。

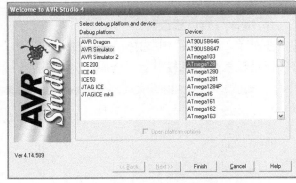

图 7-8　打开仿真下载文件　　　　　　　　图 7-9　选择芯片

在仿真状态，在菜单"Debug"中分别选择"Step Into（F11）"、"Step Over（F10）"、"Step Out（Shift +F11）"、"Stop Debugging（Ctrl+Shift+F5）"、"Run（F5）"等不同操作来查看 B 端口的三个寄存器状态的变化，如图 7-10 所示。

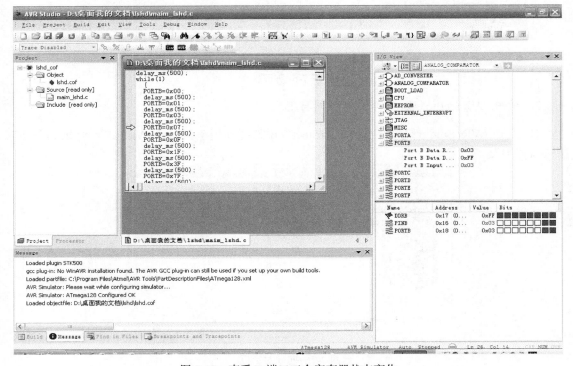

图 7-10　查看 B 端口三个寄存器状态变化

如图 7-10 所示，此时选择"Step Into（F11）"后，"PORTB"会发生变化如图 7-11 所示。

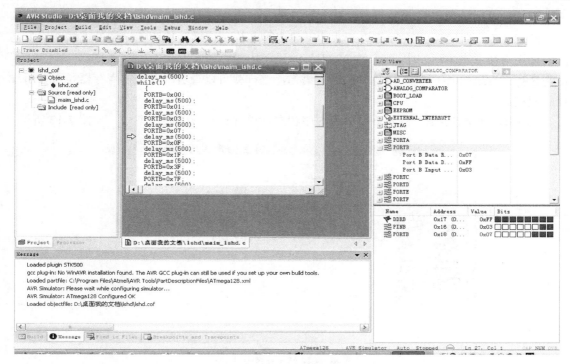

图 7-11　PROTB 变化

然后再选择"Step Out（F10）"运行一定时间后，PINB 会发生变化，如图 7-12 所示。

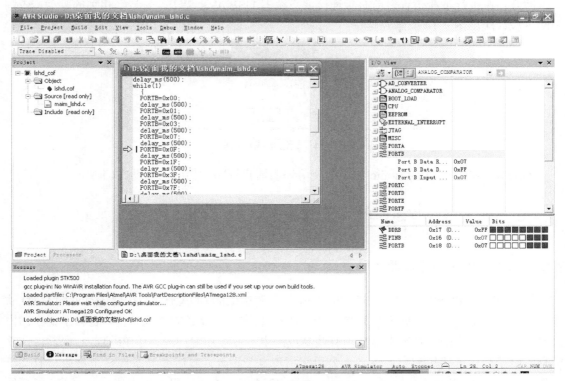

图 7-12　PINB 变化

同理，这样可以查看所编写的程序是否正确。

注意：在一般必须先进行仿真后才能下载烧写芯片，这样就能避免无谓的下载而降低芯片的使用寿命。在本程序中遇到"PORTB"的语句选择"Step Into（F11）"，"delay_ms（500）;"语句选择"Step Out（F10）"运行后跳出本语句，这样就可以查看所对应的寄存器是否按所设计的变化。

②选择"JTAG ICE"进入下载烧写程序状态，再选择对应的芯片型号，如图 7-13 所示。

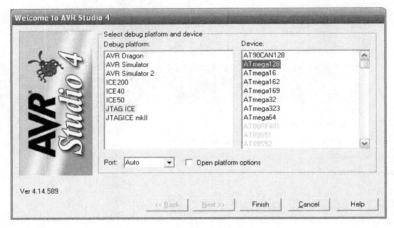

图 7-13　选择芯片

单击"Finish"按钮后就进入下载烧写程序到对应的单片机中了。

注意：在进行下载仿真之前必须连接好下载器 USB AVR SKII，安装好相关的驱动，否则无法下载，跳出图 7-14 所示对话框。

图 7-14　无法下载对话框

相关 ICCAVR 和 AVRStudio 的详细使用说明请自行阅读相应的帮助文档。

7.5　单片机开发的其他基础知识

7.5.1　常用电子设计专业软件

PROTEL 是 PORTEL 公司在 20 世纪 80 年代末推出的 EDA 软件，在电子行业的 CAD 软件中，它当之无愧地排在众多 EDA 软件的前面，是电子设计者的首选软件，它较早就在国内开始使用，在国内的普及率也最高，有些高校的电子专业还专门开设了 PROTEL 课程，几乎所有的电子公司都要用到它，许多大公司在招聘电子设计人才时在其条件栏上常会写着要求会使用 PROTEL。Protel 2004 是 Altium 公司于 2004 年初推出完整的板卡级设计系统，包括原理图设计、印制电路板(PCB)设计、混合信号电路仿真、布局前/后信号完整性分析、规则驱动 PCB 布局与编辑、改进型拓扑自动布线及计算机辅助制造(CAM)输出和 FPGA 设计等。Protel 2004 的功能在 Protel DXP 版本的基础上得到进一步增强，是电子线路设计人员首选的计算机辅助设计软件，可参考《Protel 2004 电路设计从基础到实践》和《Protel DXP 电子电路设计精彩范例》两本书籍。2005 年年底，Protel 软件的原厂商 Altium 公司推出了 Protel 系列的版本 Altium Designer 6.0。它是完全一体化电子产品开发系统的一个新版本，是业界第一款唯一的完整的板级设计解决方案。Altium Designer 是业界首例将设计流程、集成化 PCB 设计、可编程器件(如 FPGA)设计和基于处理器设计的嵌入式软件开发功能整合在一起的产品，一种同时进行 PCB 和 FPGA 设计以及嵌入式设计的解决方案，具有将设计方案从概念转变为最终成品所需的全部功能。

Proteus(海神)的 ISIS 是一款 Labcenter 出品的电路分析实物仿真系统，可仿真各种电路和 IC，并支持单片机，元件库齐全，使用方便，是不可多得的专业的单片机软件仿真系统。

Multisim 是加拿大图像交互技术公司(Interactive Image Technoligics，简称 IIT 公司)推出的以 Windows 为基础的仿真工具，适用于板级的模拟/数字电路板的设计工作。它包含了电路原理图的图形输入、电路硬件描述语言输入方式，具有丰富的仿真分析能力。工程师们可以使用 Multisim 交互式地搭建电路原理图，并对电路进行仿真。Multisim 提炼了 SPICE 仿真的复杂内容，这样工程师无需懂得深入的 SPICE 技术就可以很快地进行捕获、仿真和分析新的设计，这也使其更适合电子学教学。通过 Multisim 和虚拟仪器技术，PCB 设计工程师和电子学教育工作者可以完成从理论到原理图捕获与仿真再到原型设计和测试这样一个完整的综合设计流程(参考《Multisim 10 计算机虚拟仿真实验室》书籍)。

7.5.2　I/O 端口

CPU 与外部设备、存储器的连接和数据交换都需要通过接口设备来实现，前者为 I/O 接口，而后者则为存储器接口。存储器通常在 CPU 的同步控制下工作，接口电路比较简单；而 I/O 设备品种繁多，其相应的接口电路也各不相同，因此习惯上说的接口只是指 I/O 接口。

7.5.3　TTL 电平

TTL 电平信号被利用的最多是因为通常数据表示采用二进制规定，+5V 等价于逻辑"1"，0V 等价于逻辑"0"，这被称为 TTL(晶体管-晶体管逻辑电平)信号系统，这是计算机处理器控制的设备内部各部分之间通信的标准技术。高低电平，通常是指电路上某点的电压(对公共参考点)或电位是高还是低。比如，在逻辑电路中，高于某个数值的电位称为高电位或高电平；低于某个数值的，称为低电位或低电平。比如，CMOS 数字逻辑电路中，电源正电压为 5V，高于 3.5V 为高电平，低于 1.5V 为低电平。

7.5.4　寄存器

寄存器通常都用来指由一个指令之输出或输入可以直接索引到的暂存器群组，称其为"架构寄存器"。寄存器是中央处理器内的组成部分。寄存器是有限存储容量的高速存储部件，它们可用来暂存指令、数据和位址。在中央处理器的控制部件中，包含的寄存器有指令寄存器(IR)和程序计数器(PC)。在中央处理器的算术及逻辑部件中，包含的寄存器有累加器(ACC)。寄存器是内存阶层中的最顶端，也是系统获得操作资料的最快速途径。寄存器通常都是以其可以保存的位元数量来估量，例如，一个"8位元寄存器"或"32位元寄存器"。寄存器现在都以寄存器档案的方式来实作，但是它们也可能使用单独的正反器、高速的核心内存、薄膜内存以及在数种机器上的其他方式来实作。寄存器又分为内部寄存器与外部寄存器，所谓内部寄存器，是指一些小的存储单元，也能存储数据。但同存储器相比，寄存器又有自己独有的特点。

7.5.5 逻辑电路

逻辑电路是一种离散信号的传递和处理，以二进制为原理，实现数字信号逻辑运算和操作的电路。分组合逻辑电路和时序逻辑电路。前者由最基本的"与"门电路、"或"门电路和"非"门电路组成，其输出值仅依赖于其输入变量的当前值，与输入变量的过去值无关，即不具记忆和存储功能；后者也由上述基本逻辑门电路组成，但存在反馈回路——它的输出值不仅依赖于输入变量的当前值，也依赖于输入变量的过去值。由于只分高、低电平，抗干扰力强，精度和保密性佳。广泛应用于计算机、数字控制、通信、自动化和仪表等方面。最基本的有与电路、或电路和非电路。逻辑电路分为3类：非门、与门、或门。非门：利用内部结构，使输入的电势变成相反的电势，高电势变低电势，低电势变高电势。与门：利用内部结构，使输入两个高电势，输出高电势，不满足有两个高电势则输出低电势。或门：利用内部结构，使输入两个低电势，输出低电势，不满足有两个低电势输出高电势。

7.5.6 运算放大器

运算放大器(常简称为"运放")是具有很高放大倍数的电路单元。在实际电路中，通常结合反馈网络共同组成某种功能模块。由于早期应用于模拟计算机中，用以实现数学运算，故得名"运算放大器"，此名称一直延续至今。运放是一个从功能的角度命名的电路单元，可以由分立的器件实现，也可以实现在半导体芯片当中。随着半导体技术的发展，如今绝大部分的运放是以单片的形式存在。现今运放的种类繁多，广泛应用于几乎所有的行业当中。

7.5.7 十六进制

英文名称：Hex number system，是计算机中数据的一种表示方法，同我们日常中的十进制表示法不一样，它由0~9，A~F，组成。与十进制的对应关系是：0~9对应0~9；A~F对应10~15；N进制的数可以用0~(N–1)的数表示，超过9的用字母A~F(如一般写成0x9F)。

7.5.8 引脚

引线末端的一段，通过软钎焊使这一段与印制板上的焊盘共同形成焊点。引脚可划分为脚跟(bottom)、脚趾(toe)、脚侧(side)等部分。引脚，又叫管脚，英文叫Pin。就是从集成电路(芯片)内部电路引出与外围电路的接线，所有的引脚就构成了这块芯片的接口。

7.5.9　信号

　　信号是运载消息的工具，是消息的载体。从广义上讲，它包含光信号、声信号和电信号等。例如，古代人利用点燃烽火台而产生的滚滚狼烟，向远方军队传递敌人入侵的消息，这属于光信号；当我们说话时，声波传递到他人的耳朵，使他人了解我们的意图，这属于声信号；遨游太空的各种无线电波、四通八达的电话网中的电流等，都可以用来向远方表达各种消息，这属电信号。人们通过对光、声、电信号进行接收，才知道对方要表达的消息。对信号的分类方法很多，信号按数学关系、取值特征、能量功率、处理分析、所具有的时间函数特性、取值是否为实数等，可以分为确定性信号和非确定性信号(又称随机信号)、连续信号和离散信号、能量信号和功率信号、时域信号和频域信号、时限信号和频限信号、实信号和复信号等。

第8章 ATmega 应用实例

8.1 基于 ATmega16L 单片机的智能型抢答器设计

[需求分析]

设计一种以 ATmega16 单片机为核心的八路抢答器系统，其功能要求如下。

(1)抢答功能：识别违规信号，使每次抢答都有效。LCD 显示"请第**组作答"，并有语音报出"请第**组作答"。

(2)违规识别：主持人按下抢答键后，绿灯亮(绿灯亮可以抢答，红灯亮不可抢答)。若绿灯亮之前有人抢答则属违规，红灯亮，喇叭会报警，显示屏会显示出犯规台号及其分数；绿灯亮时抢答，会发出成功抢答的声音，显示台号。

(3)抢答限时：主持人按下抢答键后，设置 10s 为抢答时间(此时间可在 1～99s 之间修改)。若 5s 内无人抢答，则倒计时为 0，语音报出"无人抢答，此题作废！"，只有当主持人再次按下抢答键时，方可抢答。

(4)答题限时：当主持人按下答题按钮时，启动倒计时(此倒计时可在 1～99s 之间修改)，若答题时间过长，倒计时为 0 时发出警报，"答题时间到！停止作答！"显示当前台数及其分数，为下一步计分作出准备，以便加减分数。

(5)计分功能：当按下计分键后，可开始计分，可实现加减计分。分值可在 1～999 之间设置。如果各题分值相同，可在第一次设置计分分值后直接按加键或减键来实现计分。

(6)查询功能：当按下查询键后，可查询各台分数。如按下 1，显示台数为 1 及其当前实际分数。

(7)设定功能：当按下设定键后，可按顺序设定抢答限定时间，答题限定时间和默认计分分值。

(8)语音功能：有效抢答——"请第**组作答！"。

　　　　　　违规抢答——"第**组违规！请第**组作答！"。

　　　　　　无人抢答——"无人抢答，此题作废！"。

　　　　　　答题时间到——"答题时间到！请停止作答！"。

(9)显示功能：倒计时。

　　　　　　有效抢答——"请第**组作答！"。

　　　　　　违规抢答——"第**组违规！请第**组作答！"。

　　　　　　无人抢答——"无人抢答，此题作废！"。

抢答器硬件模块要求主要包括以下几个部分。

(1)抢答按钮和各功能键：0～7 八个按键(在抢答时 2～7 为抢答键，0 和 1 其中一个为开始抢答键，另一个为开始答题键。

(2)显示电路：显示电路可由 LED 或 LCD 来实现。此处选用 LCD 方式，由 LCD 显示器来实现，其亮度好、节能、使用简单方便。

(3)声光电路：这里的声音电路是指实现报警的电路，发光电路由发光二极管来实现。

(4)语言电路：语音芯片。

(5)下载电路。

抢答器的软件模块要求主要包括以下几个部分。

(1)主程序：主程序的功能主要是完成内部各寄存单元的初始化，对 LCD 接口电路的初始化，内部定时器的初始化，中断的初始化及调用显示程序对初始状态的显示以及对外部信号的等待处理，也就是说完成前期的准备工作，等待随时对外部信号进行响应。

(2)对开始抢答信号的处理：当主持人按下开始抢答键后开始抢答，程序时间部分采用定时中断方式进行处理。在中断处理程序中完成相应操作，修改计时单元的数据并使红色指示灯亮。

(3)键盘扫描子程序：在程序中采用读端口对键盘进行扫描。键盘扫描程序在确定键值后保存等待后续处理。

(4)键值处理子程序：此子程序根据键盘扫描所取得的键值作出相应处理。

①在抢答时，只有数字键(代表相应抢答分组) K1～K7 按下有效，其他键按下无效并且一旦抢答成功，只有按开始答题键有效，其他键均无效。

②开始答题键按下给出相应信号指示。

③在抢答前按下"MAINKEY"键 1s 后可进行抢答限时时间、答题限时时间值的设置。

④显示子程序：此程序完成所有数据的动态显示。

⑤语音程序。

[设计]

设计一种以 AVR 单片机为控制核心的智能型抢答器，它对采样获得的各路抢答信号进行分析，识别超前违规信号、有效抢答信号，并对它们进行处理使每一次抢答过程都有效；利用存储器记忆多个违规信号，克服"漏洞"现象。具有倒计时、验键、违规显示等功能。

关键词：抢答器、有效抢答、违规抢答、单片机。

1. 引言

抢答器又称第一信号鉴别器，应用于各种知识竞赛、文娱活动等场合。普通抢答器存在以下缺陷：在一次抢答过程中，当出现超前违规抢答时，只能处理违规抢答信号，而对没有违规的有效抢答信号不能进行处理。因而，使该次抢答过程变为无效；当有多个违规抢答时，普通抢答器只能"抓住"其中一个，出现"漏洞"；当同时出现多个有效抢答信号时，普通抢答器或采用优先编码电路选择其中一个，或利用抢答电路电子元件的"竞争" 选择其中一个。对于后者，由于抢答电路制作完毕后电子元件被固定，各路抢答信号的"竞争"能力也被固定，因而本质上也具有优先权。普通抢答器因而存在不公平性。

2. 系统的工作原理

本系统采用了 Atmega 16L 单片机作为整个控制核心。控制系统的三个模块为：显示模块、语音模块、抢答模块。该系统通过开关电路的 6 个按键来输入抢答信号，利用语音芯片 PW50 完成语音录放功能；利用 LCD 12864 来完成显示功能。工作时，用按键通过开关电路输入各路的抢答信号，经单片机的处理，输出控制信号，控制 LCD 和语音芯片工作，从而实现整个抢答过程。

系统框图如图 8-1 所示。

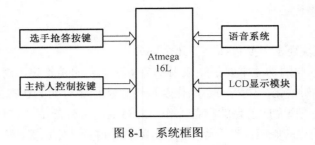

图 8-1　系统框图

3. 硬件设计

采用 Atmega 16L 单片机作为控制核心。S1~S6 为 6 个抢答键，PA0~PA4、PA6 为 6 路抢答信号输入端，当有抢答键按下时，对应的输入端为低电平"0"，反之为高电平"1"。MAINKEY 为抢答启动键，在抢答开始时，按动一下 MAINKEY 键，向单片机申请一次 INT0 中断，单片机在中断服务程序中对抢答信号进行采样和识别处理，采用 LCD 以动态扫描方式对抢答键号、违规抢答键号、倒计时时间等信息进行显示。倒计时时间由 MAINKEY 进行选择，长按此键时间可以自行设置。WEIGUI 为违规显示灯，在没有按 MAINKEY 键时，如有人开始抢答，则 WEIGUI 将会被点亮，由 LCD 显示相应的选手号违规并显示出抢到此题的选手号。QUITKEY 为退出功能选择开关，当需要退出某个模式时，将 QUITKEY 闭合，该方案不仅使各 I/O 口得到了充分的利用，而且也使单片机软件编程减少了难度。

整个系统的电路原理图如图 8-2 所示。

1) 显示模块

串行模式下，LCD 的片选(CS)必须接入高电平，这时接入单片机的同步时钟线(SCK)才能从单片机传入 LCD，而接入单片机的数据端(DATA)的 LCD 的数据端才能把数据传入 LCD 进行显示。

2) 语音模块

在串行模式下，K1 为数据段，K2 为时钟端，O1 为忙信号端。当单片机输给 O1 高电平的时候，语音芯片就开始放音，当单片机给低电平的时候它就会停止放音，K1 是由单片机控制要播出的内容，而 K2 是由单片机选择所要播的内容的频率。

3) 按键模块

由单片机进行按键扫描，扫描到相应的按键被按下后，就会执行相应的功能。

4. 软件设计

1) 主程序

主程序的功能主要是完成内部各寄存单元的初始化，对 LCD 接口电路的初始化，内部定时器的初始化，中断的初始化及调用显示程序对初始状态的显示以及对外部信号的等待处理，也就是说完成前期的准备工作，等待随时对外部信号进行响应。

2) 开始抢答信号的处理

当主持人按下开始抢答键后开始抢答，程序时间部分采用定时中断方式进行处理。在中断处理程序中完成相应操作，修改计时单元的数据并使红色指示灯亮。

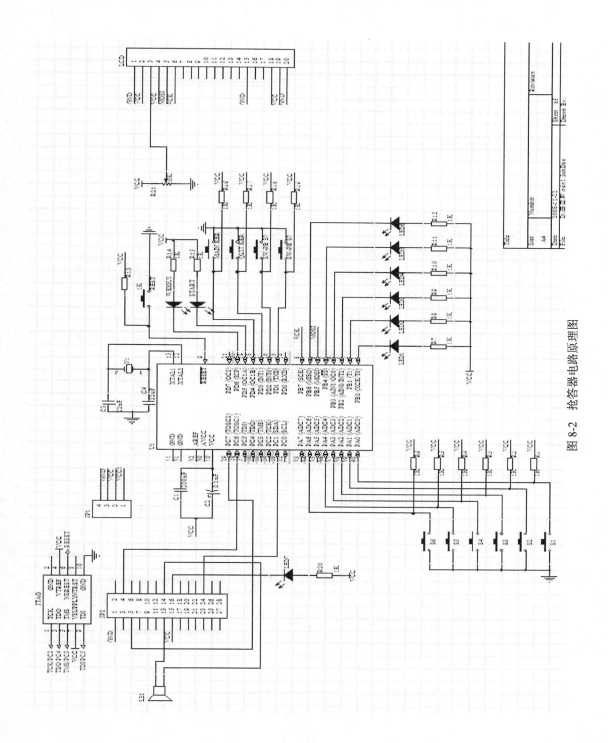

图 8-2　抢答器电路原理图

3）键盘扫描子程序

在程序中采用读端口对键盘进行扫描。键盘扫描程序在确定键值后保存等待后续处理。

```
//按键扫描函数
    uchar get_key(void)
    {
        uchar tmp=0;
        if(KEY_PIN!=0xFF)
            tmp=KEY_PIN;
        delay_ms(20);
        if(tmp==KEY_PIN)
            {KEY=tmp;
            key_flag=1;}
        return(KEY);
    }
```

4）键值处理子程序

此子程序根据键盘扫描所取得的键值作出相应处理。

（1）在抢答时，只有数字键(代表相应抢答分组) 1～6 按下有效，其他键按下无效并且一旦抢答成功，只有按开始答题键有效，其他键均无效。

（2）开始答题键按下给出相应信号指示。

（3）在抢答前长按"MAINKEY"键后可进行抢答限时时间、答题限时时间值的设置。

5）显示子程序

此程序完成所有数据的动态显示，是由中断服务程序及其初始化在结合 LCD 显示完成。

部分程序流程图如图 8-3 所示。

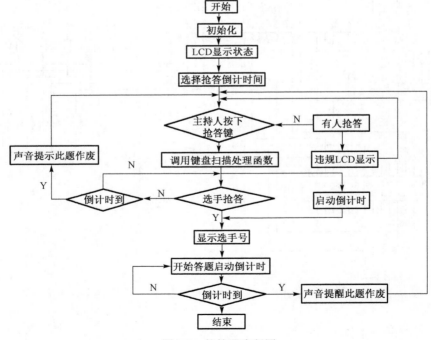

图 8-3　抢答器流程图

5. 小结

本设计的特点是利用程序软件,对各种抢答信号进行识别和处理,克服普通抢答器存在的缺陷,具有智能特性。并充分利用软件实现倒计时、验键等功能,电路结构简单,成本低廉。本设计经实验证明性能良好,其最大时间误差为 $8\mu s$(晶振频率为 12MHz)。

6. 详细程序代码

```c
#include <iom16v.h>
#include <macros.h>
#include "D:\ICC_H\LCD12864_ST7920.H"
/*------------宏定义--------------*/
#define uint    unsigned int
#define uchar   unsigned char
#define bit_is_clear(sfr, bit) (!(_SFR_BYTE(sfr) & _BV(bit)))
#define LED_DDR  DDRB
#define LED_P0RT PORTB
#define KEY_DDR  DDRA
#define KEY_PORT PORTA
#define KEY_PIN  PINA
#define MAINKEY  ((PIND&0x10)==0x00)
#define QUITKEY  ((PIND&0x08)==0x00)
#define READKEY  ((PIND&0X04)==0X00)
#define GREEN    ((PORTD&0X20)==0X00)
#define RED      ((PORTD&0X40)==0X00)
/*------------全局变量--------------*/
uchar KEY=0xff;
uchar key=0xff;
char
address[22]={0x80,0x81,0x82,0x83,0x84,0x85,0x86,0x87,0x88,0x89,0x8A,
            0x8B,0x8C,0x8D,0x8E,0x8F,0x90,0x91,0x92,0x93,0x94,0x95};
uint set_flag;       // 设置标记
uchar start_flag=0; //开始抢答标记
uchar stop_flag;     //时间到停止抢答标记
uchar key_flag=0;    //有人抢答标记
uchar Nmiao=15;      //抢答时间
uchar Tmiao=15;
uchar tab[]={'0','1','2','3','4','5','6','7','8','9'};
/*--------------------------------*/
/*-----------延时函数------------*/
void delay_ms(uint i)
{
    uchar a;
    for(;i;i--)
     for(a=141;a;a--)      //时钟频率1M
       ;
}
void delay_us(uint i)
{
```

```
        i=i/2;
        for(;i;i--)
                ;
}
/*--------------------------------*/
/*------------语音驱动-----------------*/
void play_voice_init(void)
{
        DDRC|=0xc0;      //设置 PC6,7 为输出口,PC6 发送地址,PC7 为时钟信号
        DDRC&=0xfd;      //设置 PC1 为输入口,表示忙音信号,拉低时表示 PM50 播放完毕
        PORTC&=0x7f;     //将时钟信号 PC7 拉低
        PORTC|=0x02;     //将忙音信号 PC1 拉高
}
void play_voice(unsigned int num)
    {
        char i,add;
        unsigned int j=0;
        j=num;
        while(PINC&0x02)
        {
    delay_us(10);
        }
        PORTC&=0xbf;
        delay_ms(100);
        add=address[j];delay_us(10);
        for(i=0;i<8;i++)
         {
          PORTC&=0xbf;delay_us(10);
          PORTC|=((add&0x01)<<6);delay_us(10);
          PORTC|=0x80; delay_us(10);
          PORTC&=0x7f;  delay_us(10);
          add=(add>>1); delay_us(10);
         }
    }
/*----------LCD 显示选手号-----------*/
void show_key(uchar i)
{
  i=key;
  switch(i)
  {
    case 0XFE: lcd_puts(2,2," 第一组  ");
    break;
    case 0XFD: lcd_puts(2,2," 第二组  ");
    break;
    case 0XFB: lcd_puts(2,2," 第三组  ");
    break;
    case 0XF7: lcd_puts(2,2," 第四组  ");
    break;
    case 0XEF: lcd_puts(2,2," 第五组  ");
```

```
          break;
          case 0XBF: lcd_puts(2,2,"  第六组  ");
          break;
      }
  }
//时间调整调用格式
unsigned char *Format(unsigned char data,unsigned char *str)
{
  str[0]=tab[(data/10)%10];
  str[1]=tab[data%10];
  return str;
}
void read_key(uchar i)
{
  i=key;
  switch(i)
  {
      case 0XFE: play_voice(6);
      break;
      case 0XFD: play_voice(7);
      break;
      case 0XFB: play_voice(8);
      break;
      case 0XF7: play_voice(9);
      break;
      case 0XEF: play_voice(10);
      break;
      case 0XBF: play_voice(11);
      break;
  }
}
/*-------------违规显示--------------------*/
void show_err(uchar i)
{
  i=key;
  switch(i)
  {
      case 0XFE: lcd_puts(2,2,"第一组违规");
      break;
      case 0XFD: lcd_puts(2,2,"第二组违规");
      break;
      case 0XFB: lcd_puts(2,2,"第三组违规");
      break;
      case 0XF7: lcd_puts(2,2,"第四组违规");
      break;
      case 0XEF: lcd_puts(2,2,"第五组违规");
      break;
      case 0XBF: lcd_puts(2,2,"第六组违规");
      break;
```

```c
    }
}
void read_errkey(uchar i)
{
  i=key;
  switch(i)
  {
    case 0XFE: play_voice(14);
    break;
    case 0XFD: play_voice(15);
    break;
    case 0XFB: play_voice(16);
    break;
    case 0XF7: play_voice(17);
    break;
    case 0XEF: play_voice(18);
    break;
    case 0XBF: play_voice(19);
    break;
  }
}
/*----------端口初始化-----------*/
void port_init(void)
{
    DDRA=0X00;
    PORTA=0XFF;        //抢答器按键设置为输入
    DDRB=0XFF;
    PORTB=0Xff;        //LED 设置为输出，初始为关闭
    DDRD=0XE0;
    PORTD=0XFF;
}
/*----------------------------*/
/*----------定时器初始化---------*/
//定时器 T1 初始化
void timer1_init(void)
{
    TCCR1B = 0x00;       //停止定时器
    TIMSK |= 0x04;       //中断允许
    TCNT1H = 0xFC;
    TCNT1L = 0x2F;       //初始值
    ICR1H  = 0xFF;
    ICR1L  = 0xFF;       //输入捕捉匹配值
    TCCR1A = 0x00;
    //TCCR1B = 0x05;     //启动定时器
}
//定时器 T1 溢出中断服务程序
#pragma interrupt_handler timer1_ovf_isr:9
void timer1_ovf_isr(void)
{
```

```
        TCNT1H = 0xFC;        //重装值高位
        TCNT1L = 0x2F;        //重装值低位
        Tmiao--;
        if(Tmiao>=1)
            {
                lcd_puts(1,4,Format(Tmiao,"00"));
            }
        else
            {
                TCCR1B=0x00;
                lcd_puts(1,2,"倒计时到");
                delay_ms(100);
                play_voice(3);              //语音提示
            }
    if(key_flag==1)
    {TCCR1B=0x00;}
}
/*--------------------------------*/
/*-----------按键扫描函数----------*/
//选手按键
uchar get_key(void)
{
    uchar tmp=0;
//    KEY=0xff;
    if(KEY_PIN!=0xFF)
        tmp=KEY_PIN;
    delay_ms(20);
    if(tmp==KEY_PIN)
        {KEY=tmp;
         key_flag=1;}
    return(KEY);
}
/*-------------------------------*/
/*-------------设备初始化----------*/
void init_devices(void)
{
 CLI();                //禁止所有中断
 MCUCR  = 0x00;
// MCUCSR = 0x80;    //禁止 JTAG
 GICR=0X00;
 lcd_init();
 play_voice_init();
 port_init();
 timer1_init();
 SEI();                //开全局中断
}
/*-----------------------------------*/
//主函数
```

```c
void main()
{
    init_devices();                    //初始化设备
    play_voice(0);                     //欢迎声音
    do
    {
        lcd_puts(1,1,"欢迎使用本抢答器");
        lcd_puts(2,1,"              ");
        lcd_puts(3,1,"    制作者");
        lcd_puts(4,1,"  0 6 级电子班");
    }while(!QUITKEY);
    lcd_clr();
    lcd_puts(2,3,"开始验键");
    do                                 //验键开始
    {
        key=get_key();
        if(key!=0)
        {
            show_key(key);
            PORTB=key;
        }
    }while(!QUITKEY);                   //按 QUITKEY 退出验键
    PORTB=0xff;                         //再次初始化 LED 和按键
    PORTA=0xff;
    lcd_clr();
loop:
    port_init();
    Tmiao=15;
    KEY=0xff;
    key=0xff;
    start_flag=0;//开始抢答标记
    key_flag=0;
    lcd_puts(1,1,"              ");
    lcd_puts(3,1,"              ");
    lcd_puts(2,1,"    准备抢答    ");
    lcd_puts(4,1,"              ");
    delay_ms(2000);
    lcd_clr();
    lcd_puts(1,2,"设置时间");
    lcd_puts(2,2,"长按开始键");
    do                                 //设置抢答时间
    {
        if(MAINKEY)
        {
            delay_ms(1000);
            if(MAINKEY)
            {
                Nmiao-=5;
```

```
         if(Nmiao==0)
            {Nmiao=90;}
         EEPROMwrite(0x01,Nmiao);            //写到 EEPROM
         lcd_puts(2,1,Format(Nmiao,"0"));
         Nmiao=EEPROMread(0x01);             //读 EEPROM 倒计时
         Tmiao=Nmiao;
        }
     }
  }while(!QUITKEY);
lcd_clr();
PINA=0XFF;
PORTA=0XFF;
key=0xff;
KEY=0xff;
key_flag=0;
lcd_puts(2,1,"按抢答键开始抢答");
while(1)
  {
    if(MAINKEY)
     {
       TCCR1B=0X05;           //启动计时器
       start_flag=1;          //开始抢答标记
        PORTD=0xDF;           //绿灯亮
     }
    key=get_key();            //按键扫描
    if(key!=0xff)
     {
       lcd_clr();
       if(start_flag==1)
        {
          PORTB=key;
          show_key(key);
          delay_ms(20);
          play_voice(1);
          delay_ms(300);
          read_key(key);
        }
       else
        {
          PORTD=0XBF;
          PORTB=key;
          show_err(key);
          delay_ms(20);
          play_voice(2);
          delay_ms(300);
          read_errkey(key);
        }
      do{
        if(MAINKEY)
```

```
              goto loop;
          }while(!QUITKEY);
      }
    if(QUITKEY)
     goto loop;
  }
}
```

[总结]

本项目是以 AVR 系列的 Atmega16L 单片机为控制核心的六路智能型抢答器系统，该系统通过开关电路的 6 个按键来输入抢答信号，利用语音芯片 PW50 完成语音录放功能；利用 LCD 12864-st 来完成显示功能。工作时，用按键通过开关电路输入各路的抢答信号，经单片机的处理，输出控制信号，控制 LCD 和语音芯片工作，从而实现整个抢答过程。

该系统克服了普通抢答器的各种缺陷，它的创新点在于具有抢答限时，采用语音芯片实现语音的功能，同时具有液晶显示的功能。软件设计的关键是对键盘的扫描以及控制液晶屏的显示及单片机在中断服务程序中对抢答信号进行采样和识别处理。显示部分采用控制芯片为 st7920 的 12864 图形点阵液晶显示，可方便显示各种欢迎词、提示语等，比数码管的功能更全面。本作品的特点是利用程序软件，对各种抢答信号进行识别和处理，克服普通抢答器存在的缺陷，具有智能特性，并充分利用软件实现倒计时、验键等功能，电路结构简单，成本低廉。

图 8-4　抢答器样机

[抢答器样机]

抢答器样机如图 8-4 所示。

8.2　自动脉冲序列发生器

[需求分析]

主要功能：接收外触发信号后，发出一串 TTL 电平的等周期的方波脉冲（脉冲的宽度固定在 3ms）。

要求能方便地调整几个参数：

(1) 延时能调整，精确到毫秒，调整范围 5~500ms。这个延时指的是接收外触发信号的时间与发出 TTL 脉冲的时间间隔。

(2) 脉冲周期能够在 5～500ms 范围调整，精确到毫秒。

(3) 脉冲的个数能够调整，范围 100～5000，精确到个。

[项目分析]

1. 各类脉冲发生器简介

脉冲信号发生器是一种常用的信号发生器，在生产实践和科技领域中有着广泛的应用。信号发生器的实现方法通常有以下几种：

(1) 用分立元件组成的函数发生器。通常是单函数发生器且频率不高，其工作不很稳定，不易调试。

(2) 可以由晶体管、运放 IC 等通用器件制作，更多的则是用专门的函数信号发生器 IC 产生。早期的函数信号发生器 IC，如 L8038、BA205、XR2207/2209 等，它们的功能较少，精度不高，频率上限只有 300kHz，无法产生更高频率的信号，调节方式也不够灵活，频率和占空比不能独立调节，二者互相影响。

(3) 利用单片集成芯片的函数发生器：能产生多种波形，达到较高的频率，且易于调试。鉴于此，美国美信公司开发了新一代函数信号发生器 ICMAX038，它克服了 (2) 中芯片的缺点，可以达到更高的技术指标，是上述芯片望尘莫及的。MAX038 频率高、精度好，因此它被称为高频精密函数信号发生器 IC。在锁相环、压控振荡器、频率合成器、脉宽调制器等电路的设计上，MAX038 都是优选的器件。

(4) 利用专用直接数字合成 DDS 芯片的函数发生器，能产生任意波形并达到很高的频率，但成本较高。

2. 开发背景

在工业自动化设备和系统中，经常需要一些控制信号用于控制系统的工作状态。在一些高时间分辨率的测量系统中，例如时间分辨率达 ms 量级的测量系统，是无法以手动的方式完成指令的，这时候系统需要在外触发信号下自动工作。基于单片机控制的脉冲信号发生器，可塑性强，性能稳定，抗干扰能力强，可以广泛使用于自动控制、测量技术等领域。本作品根据光谱诊断系统的应用需求设计了一种基于单片机 Atmega 16L 控制的便携式多脉冲发生器。该多脉冲发生器通过接收外部触发信号后，发出一定数量、周期可变的 TTL 电平，延迟时间、脉冲周期和脉冲个数均可通过按钮调整。该系统已经成功运用在国家大型科学装置 EAST 上控制时间分辨率为 5~100ms 的光谱仪，通过该脉冲发生器输出的 TTL 电平高速重复开启光谱仪，实现了高速测量。

3. 脉冲器硬件开发

(1) 系统框架图的设计，主要器件的选择和硬件连接。
(2) 原理图初步绘制，原理图的分析和验证，硬件电路的初步搭建并验证优化。
(3) 制作印制电路板 (PCB)，焊接元器件。

4. 软件程序开发

(1) 开发平台和语言：ICCAVR 6.31A、AVRStudio 4.13、JTAG 下载仿真器、C 语言。
(2) 程序流程：设计程序流程图。
(3) 分模块调试：划分程序模块，分为程序下载模块、显示模块、参数设置模块、输入模块、输出模块。
(4) 整体调试和优化。

5. 硬件软件联合调试

硬件制作完成后，就可以将编写好的软件在硬件平台上反复运行和调试，直至所开发的功能均能正常工作。

[设计]

1. 系统总述

便携式多脉冲发生器轻巧方便，体积较小，移动和携带方便，系统稳定，可扩展性较强。本系统主要工作过程是系统初始化后可调整液晶 LCD 显示出各个的参数，并储存（以便下次使用），参数设计完成后进入等待触发状态，一旦接收到外部触发信号以后，单片机立即响应并进行相关处理向外面发送出设定的脉冲信号，在等待状态和发送过程中都可以通过状态按钮随时中断等待和发送并重新返回设置参数状态。

现已成功设计制作完成的脉冲器可调参数范围延迟时间：5～500ms，脉冲周期：5～500ms，脉冲数量：100～5000 个，现还可以根据实际需求可进行较大范围的调整。

基于单片机的脉冲信号发生器系统硬件结构是主要由控制及显示电路、电源电路、输入电路和输出电路组成。在系统中，控制及显示电路是用来产生脉冲信号，控制调节状态，工作状态显示。脉冲发生器的系统框图如图 8-5 所示。

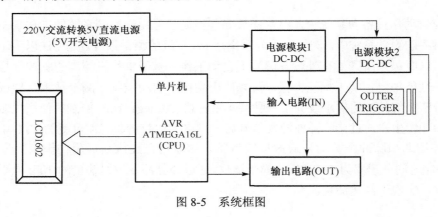

图 8-5　系统框图

2. 系统优点

此脉冲器是完全使用 C 语言编程开发的，代码精简。

LCD 液晶显示系统工作状态，输入和输出电路具有保护 CPU 的性能和很强的驱动能力，输入信号和输出的信号不会相互干扰。此脉冲器就已经设定了自动触发模式，可循环等待触发和循环工作，还可以手动按键触发单片机使其产生脉冲，所以此脉冲器可连续自动和手动触发。

现代社会单片机的开发技术已经相对成熟，开发环境比较稳定。AVR 系列单片机是单片机中性价比较高，从高到低各类性能不同的单片机可应用于广阔的领域。ATmega 系列又是 AVR 大系列中的一类，具有很高的性价比。ATmega 16 的工作速率比较高，响应很快，而且精度很高。它的抗干扰能力也很强，其接口可扩展，可塑性也很强。

软件的优点方面，AVR Studio 是免费的软件，其支持汇编语言和下载烧录程序，可在线调试，有单步、步进等操作方便、灵活，ICCAVR 在网上也有共享免费版（只是编写程序的内容大小有限制），还可以在网上找到用于学习的有注册码的 ICCAVR 免费软件。还有其他开发平台如 Atman 等，AVR 的开发平台较为完善，容易学习，使用比较方便。

3. 脉冲信号发生器的硬件部分简介

1) 主要电路工作原理

(1) 控制及显示电路。

ATmega 16L 的工作电压范围是 2.7～5.5V, 速度等级范围是 0～8MHz, 是基于增强的 AVR RISC 结构的低功耗 8 位 CMOS 微控制器。由于其先进的指令集以及单时钟周期指令执行时间, 数据吞吐率高达 1 MIPS/MHz, 从而可以缓减系统在功耗和处理速度之间的矛盾。(注: ATmega 16 和 ATmega 16L 只是在工作电压和速度等级不同, 其他功能和特性相同。) ATmega 16 具有 16KB 系统内可编程 Flash 的 8 位 AVR 微控制器, 通过 JTAG 接口 (与 IEEE 1149.1 标准兼容) 进行编程。LCD 液晶显示是使用 WaveshareLCD1602 系列, 采用并行连接方式, 显示稳定。

(2) 电源电路。

电源直接通过保护电容提供单片机 CPU 和液晶显示 LCD 电压, 它向输入/输出电路提供电压时是经过电源模块以及保护电容来提供, 也就是说输入/输出电压是两个互不干扰的电压, 电路之间也就不会相互干扰。

(3) 输入/输出电路。

ATmega 16L 单片机输出电流可高达 40mA, 经过运放放大器使电流放大, 使得输出电流较大, 其对应的负载能力和驱动能力较强。在输入和输出电路中, 光格起到了保护 CPU 的作用也防止了电路间的相互干扰, 防止外界负载影响单片机的正常工作, 同时保证了系统的稳定性。

2) 电路印制板及脉冲器制作

首先根据电路原理图利用万用板合理布局后焊接电路, 初步制作便以修改软硬件的脉冲器; 其次软硬联合调试, 并改进电路, 修改电路原理图; 然后根据修改电路原理图利用软件制作印制电路板 (PCB) 板图, 经过转印、加热、腐蚀等过程制作出单层电路板; 接着经过焊接, 再次软硬件联合调试, 不断优化程序, 做出稳定系统后进入实验测试阶段。

4. 脉冲信号发生器软件部分的简介

通过 LCD 液晶显示设置的参数状态, 在参数设置状态通过增减按钮来改变参数, 设置参数完成后通过状态按钮进入下一个参数设置, 当三个参数设置完成后进入等待外部触发信号, 此时可以通过状态按钮退出等待触发状态重新开始设置参数, 当输入外部触发信号时单片机及时响应处理延时后开始发送脉冲信号, 发送完毕后又进入等待触发状态。程序采用 C 语言编程实现, 使用的编译软件是 ICCAVR, 下载接口是 JTAG 接口, 下载烧录软件是 AVR Studio, 使用下载器 AVR sk Ⅱ 下载烧录到单片机中。根据不同使用者提供两种设计思路, 程序设计流程图如图 8-6 和图 8-7 所示。无论是带点还是掉电状态, 两种设计思路中都保存了使用者上次使用的参数, 重新启动或掉电后参数仍是上次使用的参数。

首先根据开发需要, 前期利用图 8-6 脉冲程序流程图, 随着产品的实际使用发现, 每次主要使用前次使用的设置, 后来又设计了第 2 种程序流程即图 8-7 所示脉冲器程序实用改进流程图。

5. 试验检测和数据处理

1) 实验数据

利用示波器 RIGOL DS5062CA (60MHz、1GS/s) 和 Tektronix TDS2002 (60MHz、1GS/s) 进

行测试，得到表 8-1 数据。改变设置的周期 Pcycle 测试对应测试的周期 Prd、频率 Freq、脉宽（即正脉宽）+Wid、负脉宽−Wid、最大幅值 V_{max}、最小幅值 V_{min}、峰峰值 V_{pp}。频率 f 为根据周期 Pcycle 计算出的理论值。

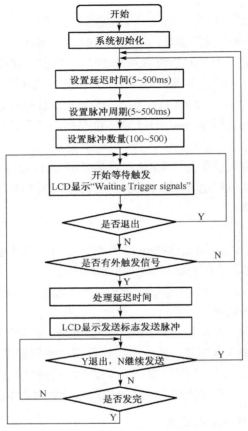

图 8-6　脉冲器程序流程图

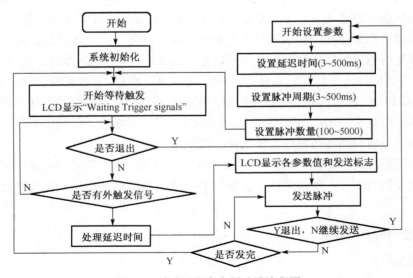

图 8-7　脉冲器程序实用改进流程图

根据表 8-1 计算出输出周期 Prd、频率 Freq、负脉宽−Wid 的误差 R_p、R_f、R_{-w}。其对应的计算公式：$R_p = \dfrac{\text{Pcycle} - \text{Prd}}{\text{Pcycle}}$、$R_f = \dfrac{f - \text{Freq}}{f}$、$R_{-w} = \dfrac{\text{Pcycle} - 3 - (-\text{Wid})}{\text{Pcycle} - 3}$。

表 8-1　不同设置的周期对应测试的参数

Pcycle/ms	f/Hz	Prd/ms	Freq/Hz	+Wid/ms	−Wid/ms	V_{max}/V	V_{min}/V	V_{pp}/V
5	200.000	5.060	197.200	3.000	2.080	3.840	1.080	2.760
10	100.000	10.060	99.600	2.980	7.040	3.800	1.080	2.720
15	66.667	15.000	66.670	3.000	12.000	3.800	1.080	2.720
20	50.000	19.950	50.130	3.000	17.000	3.800	1.080	2.720
25	40.000	24.950	40.000	3.000	21.950	3.800	1.080	2.720
30	33.333	29.950	33.390	3.050	26.950	3.800	1.080	2.720
35	28.571	34.900	28.650	3.000	31.900	3.800	1.080	2.720
40	25.000	39.900	25.600	3.000	36.900	3.800	1.080	2.720
45	21.429	44.900	22.270	3.000	41.900	3.800	1.080	2.720
50	20.000	49.900	20.080	3.000	46.900	3.800	1.080	2.720
60	16.667	59.800	16.720	3.000	56.800	3.800	1.060	2.760
70	14.286	69.800	14.370	3.000	66.800	3.800	1.060	2.760
80	12.500	79.600	12.560	3.000	76.800	3.800	1.060	2.760
90	10.714	89.800	11.160	3.000	86.800	3.800	1.060	2.760
100	10.000	99.600	10.040	3.000	96.600	3.800	1.060	2.760
110	9.286	109.600	9.140	3.000	106.600	3.800	1.060	2.760
120	8.333	119.600	8.361	3.000	116.600	3.800	1.060	2.760
130	7.692	129.400	7.728	3.000	126.600	3.800	1.060	2.760
140	7.143	139.400	7.174	3.000	136.400	3.800	1.060	2.760
150	6.667	149.400	6.693	3.000	146.400	3.800	1.060	2.760
160	6.250	159.400	6.274	3.000	156.400	3.800	1.060	2.760
170	5.882	169.400	5.910	3.000	166.400	3.800	1.060	2.760
180	5.556	179.200	5.580	3.000	176.200	3.800	1.060	2.760
190	5.263	189.200	5.290	3.000	186.200	3.800	1.060	2.760
200	5.000	199.200	5.020	3.000	196.200	3.800	1.060	2.760
250	4.000	247.200	4.045	3.007	244.200	3.880	1.040	2.880
300	3.333	296.100	3.377	3.006	294.300	3.880	1.040	2.860
350	2.857	346.000	2.890	3.008	343.000	3.880	1.040	2.860
400	2.500	397.100	2.518	3.007	398.400	3.840	1.030	2.840
450	2.222	447.000	2.237	3.008	440.300	3.860	1.060	2.880
500	2.000	498.200	2.007	3.006	488.200	3.880	1.040	2.840

2) 数据分析

由表 8-2 可以根据测量数据得出周期和频率的误差极其微小，根据数据可计算出周期的误差在±0.003477 的范围之内，计算出频率的误差在±0.00519 的范围之内。

由图 8-8 可知当周期的不同值时所测出的脉宽（即正脉宽）+Wid、最大幅值 V_{max}、最小幅值 V_{min}、峰峰值 V_{pp} 的各个数据所画出的图形已趋近于直线，说明周期的改变，对脉宽（即正脉宽）+Wid、最大幅值 V_{max}、最小幅值 V_{min}、峰峰值 V_{pp} 影响较小，基本保持不变。根据数据计算可以得出其误差为±0.001744 的范围之内。测量数据及其对应的图表验证了本脉冲发生器的输出稳定和精确较高，达到了设计需求。

表 8-2 不同设置的周期 Pcycle 对应的误差

Pcycle/ms	Prd/ms	f /Hz	−Wid /ms	R_p	R_f	R_{-w}
5	5.060	200.000	2.080	−0.0120	0.0140	−0.0400
10	10.060	100.000	7.040	−0.0060	0.0040	−0.0057
15	15.000	66.667	12.000	0.0000	0.0000	0.0000
20	19.950	50.000	17.000	0.0025	−0.0026	0.0000
25	24.950	40.000	21.950	0.0020	0.0000	0.0023
30	29.950	33.333	26.950	0.0017	−0.0017	0.0019
35	34.900	28.571	31.900	0.0029	−0.0027	0.0031
40	39.900	25.000	36.900	0.0025	−0.0240	0.0027
45	44.900	21.429	41.900	0.0022	−0.0393	0.0024
50	49.900	20.000	46.900	0.0020	−0.0040	0.0021
60	59.800	16.667	56.800	0.0033	−0.0032	0.0035
70	69.800	14.286	66.800	0.0029	−0.0059	0.0030
80	79.600	12.500	76.800	0.0050	−0.0048	0.0026
90	89.800	10.714	86.800	0.0022	−0.0416	0.0023
100	99.600	10.000	96.600	0.0040	−0.0040	0.0041
110	109.600	9.286	106.600	0.0036	0.0157	0.0037
120	119.600	8.333	116.600	0.0033	−0.0033	0.0034
130	129.400	7.692	126.600	0.0046	−0.0046	0.0031
140	139.400	7.143	136.400	0.0043	−0.0044	0.0044
150	149.400	6.667	146.400	0.0040	−0.0039	0.0041
160	159.400	6.250	156.400	0.0037	−0.0038	0.0038
170	169.400	5.882	166.400	0.0035	−0.0047	0.0036
180	179.200	5.556	176.200	0.0044	−0.0044	0.0045
190	189.200	5.263	186.200	0.0042	−0.0051	0.0043
200	199.200	5.000	196.200	0.0040	−0.0040	0.0041
250	247.200	4.000	244.200	0.0112	−0.0113	0.0113
300	296.100	3.333	294.300	0.0130	−0.0131	0.0091
350	346.000	2.857	343.000	0.0114	−0.0115	0.0115
400	397.100	2.500	398.400	0.0072	−0.0072	−0.0035
450	447.000	2.222	440.300	0.0067	−0.0067	0.0150
500	498.200	2.000	488.200	0.0036	−0.0035	0.0036

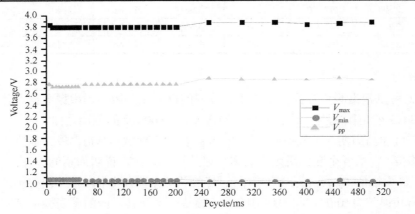

图 8-8 不同设置周期与脉宽+Wid、最大幅值 V_{max}、最小幅值 V_{min}、峰峰值 V_{pp} 的关系

3）结论

本文设计了一种基于 Atmega 16L 单片机控制的便携式多脉冲发生器。该多脉冲发生器通过接收外部触发信号后，发出一定数量、周期可变的 TTL 电平，延迟时间、脉冲周期和脉冲数量均可通过按钮调整，还可在等待触发状态手动按钮直接触发产生脉冲。该系统已经成功运用在了国家大型科学装置 EAST 上控制时间分辨率为 5～100ms 的光谱仪，通过该脉冲发生器输出的 TTL 电平高速重复开启光谱仪，实现了高速测量。该脉冲器可根据实际使用环境和要求做出改进，具有较强的实用性、可塑性。

4）脉冲器原理图、印制电路板和模型

脉冲器原理图如图 8-9 所示，印制电路板如图 8-10 所示，脉冲信号发生器模型如图 8-11 所示。

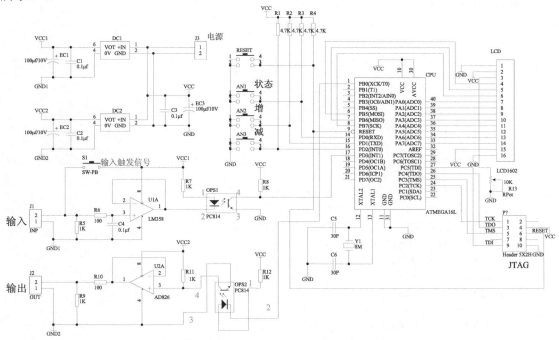

图 8-9　脉冲发生器原理图

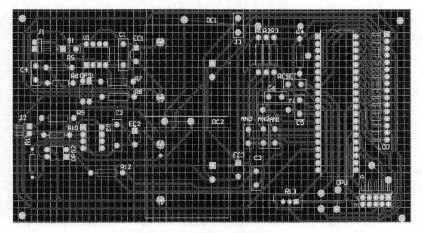

图 8-10　电路印制板图 PCB

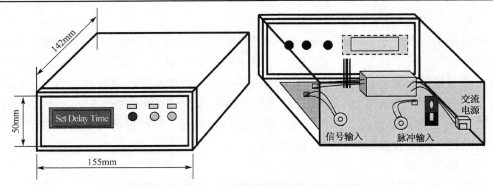

图 8-11　基于单片机控制的脉冲信号发生器模型

5）脉冲器程序代码

```
#include <iom16v.h>
#include "D:\ICC_H\CmmICC.H"
#include "D:\ICC_H\LCD1602_.H"
/*------------宏定义--------------*/
#define uint    unsigned int
#define uchar   unsigned char
// 定义 D 口为按键口
#define KEY_DDR  DDRD
#define KEY_PORT PORTD
#define KEY_PIN  PIND
#define SETKEY  ((PIND&0x01)==0x00)
#define INCKEY  ((PIND&0x02)==0x00)
#define DECKEY  ((PIND&0x04)==0x00)
#define TRIGGER ((PIND&0x08)==0x00)
// LCD 显示(2x16),定义为 PA 口连接
#define LCD_DDR  DDRA
#define LCD_PORT PORTA
#define LCD_PIN  PINA
//定义输出脉冲，用高低电平产生
#define pulse_0 (PORTB=PORTB&0XFE)   //定义输出端口为低电平
#define pulse_1 (PORTB=PORTB|0X01)   //定义输出端口为高电平
/*------------延时函数------------*/
void delay_ms(uint i)          //毫秒延时函数
{
    uchar a;

    for(;i;i--)
    for(a=1014;a;a--)          //时钟频率 1M
      ;
}
/*----------端口初始化------------*/
void port_init(void)
{
    PORTA=0XFF;                //A 口连接 LCD 的 8 位数据线，设置为输出
    DDRA=0xFF;
```

```
        DDRB=0XFF;                    //B 口连接 LCD 的三根控制线(RS,R/W,E),
        PORTB=0Xff;                   //LCD 设置为输出, 初始为关闭
        DDRD=0X00;                    //D 口连接三个按钮, 处理外部中断
        PORTD=0XF7;
}
/*------------设备初始化----------*/
void init_devices(void)
{
 LCD1602_init();
 port_init();
}
void main()
{
    int n,Dtime,PLT,Pcycle,Ptotal;
   init_devices();
   LCD1602_puts(0x80,"Welcome!");
   delay_ms(500);
    EEPROMReadBytes(0x01,&Dtime,2);       //从 EEPROM 中读延迟时间 Dtime
    EEPROMReadBytes(0x05,&Pcycle,2);      //从 EEPROM 中读脉冲周期 Pcycle
    EEPROMReadBytes(0x10,&Ptotal,2);      //从 EEPROM 中读脉冲总数 Ptotal
    delay_ms(600);
  loop:
   LCD1602_setCmd("CLR_SCR");
   delay_ms(10);
    // 设置延迟时间 Dtime(ms),3~500ms
   LCD1602_puts(0x81,"Set Delay Time:");
       LCD1602_setCmd("EN_BLINK");
    do
    {
       //LCD1602_setCmd("CLR_SCR");
        if(INCKEY)
        {
        delay_ms(10);
        Dtime+=1;
         delay_ms(400);
       if(INCKEY)Dtime+=9;
        delay_ms(900);
       if(INCKEY)Dtime+=90;
        if(Dtime>500)Dtime=5;
        LCD1602_putd(0xc5,Dtime,5);
        }
       if(DECKEY)
        {
        Dtime-=1;
         delay_ms(400);
       if(DECKEY)Dtime-=9;
        delay_ms(900);
        if(DECKEY)Dtime-=90;
```

```
        if(Dtime<5)Dtime=500;
        LCD1602_putd(0xc5,Dtime,5);
    }
    if(Dtime>500)Dtime=5;
    if(Dtime<5)Dtime=500;
    LCD1602_putd(0xc5,Dtime,5);
    delay_ms(200);
}while(!SETKEY);
LCD1602_setCmd("CLR_SCR");
// 设置脉冲周期 Pcycle(ms)，3～500ms
LCD1602_puts(0x81,"Set Cycle:");
delay_ms(400);
do
{
        if(INCKEY)
        {
        delay_ms(10);
        Pcycle+=1;
        delay_ms(400);
        if(INCKEY)Pcycle+=9;
        delay_ms(900);
        if(INCKEY)Pcycle+=90;
        if(Pcycle>500)Pcycle=5;
        LCD1602_putd(0xc5,Pcycle,5);
        }
    if(DECKEY)
        {
        delay_ms(10);
        Pcycle-=1;
        delay_ms(400);
        if(DECKEY)Pcycle-=9;
        delay_ms(900);
        if(DECKEY)Pcycle-=90;
        if(Pcycle<5)Pcycle=500;
        LCD1602_putd(0xc5,Pcycle,5);
        }
    if(Pcycle>500)Pcycle=5;
        if(Pcycle<5)Pcycle=500;
        LCD1602_putd(0xc5,Pcycle,5);
    delay_ms(400);
}while(!SETKEY);
delay_ms(500);
LCD1602_setCmd("CLR_SCR");
delay_ms(10);
// 设置脉冲周总数，100～5000 个
LCD1602_puts(0x80,"Set Total:");
do
{
```

```
      if(INCKEY)Ptotal+=1;
      if(INCKEY)
        {
          delay_ms(400);
            if(INCKEY)Ptotal+=9;
            delay_ms(900);
            if(INCKEY)Ptotal+=90;
            if(Ptotal>5000)Ptotal=100;
            LCD1602_putd(0xc5,Ptotal,5);
        }
      if(DECKEY)Ptotal-=1;
      if(DECKEY)
        {
          delay_ms(400);
            if(DECKEY)Ptotal-=9;
            delay_ms(900);
            if(DECKEY)Ptotal-=90;
        if(Ptotal<100)Ptotal=5000;
        LCD1602_putd(0xc5,Ptotal,5);
        }
        if(Ptotal>5000)Ptotal=100;
        if(Ptotal<100)Ptotal=5000;
        LCD1602_putd(0xc5,Ptotal,5);
    }while(!SETKEY);
EEPROMWriteBytes(0x01, &Dtime,2);      //将延迟时间 Dtime 写到 EEPROM 中
EEPROMWriteBytes(0x05, &Pcycle,2);     //将脉冲周期 Pcycle 写到 EEPROM 中
EEPROMWriteBytes(0x10, &Ptotal,2);     //将脉冲数量 Ptotal 写到 EEPROM 中
delay_ms(400);
PLT=Pcycle-3;
LCD1602_setCmd("CLR_SCR");             //clear lcd1602
delay_ms(10);
LCD1602_puts(0x85,"Waiting");
LCD1602_puts(0xc1,"Trigger signals");
do
{
  //等待触发脉冲触发后，发送脉冲
  //triggerPulse:
    if(!TRIGGER)
      {
        delay_ms(Dtime);
        LCD1602_setCmd("CLR_SCR");
        LCD1602_puts(0xc0,"Sending Pulses");
        for(n=1;n<=Ptotal;n++)         //循环产生脉冲
          {
              pulse_0;                  //低电平
              delay_ms(PLT);
              pulse_1;         //3ms 高电平阶段，即脉宽高电平，又回到初始高电平状态
              delay_ms(3);
```

```
                if(SETKEY)break;
            }
        }
    }while(!SETKEY);
    goto loop;
}
```

6)脉冲发生器使用说明书

(1)主要功能。

接收外触发信号后，发出一串 TTL 电平的等周期的方波脉冲(脉冲的宽度固定在 3ms)。脉冲信号的幅值最大值为 3.84V，最小值为 1.08V，峰峰值为 2.72V。

(2)可设置调整参数。

①延时能在 5～500ms 范围调整，精确到 1ms。这个延时指的是接收外触发信号的时间与发出 TTL 脉冲的时间间隔。

②脉冲周期能够在 5～500ms 范围调整，精确到 1ms。

③脉冲的数量能够在 100～5000 范围调整，精确到 1 个。

(3)按键说明。

①红色按钮(SET)：状态按钮，改变设置参数类型，在发送脉冲时可强行退出发送状态并重新从头开始设置参数。

②绿色按钮(±)：数值加减按钮，进入设置的参数状态可改变参数大小，按钮时间不同，其对应变化量不同，短暂(小于 0.4s)按一下变化量为 1，长(小于 1s)按变化量为 10，超长(大于 1s)按变化量为 100。

(4)操作流程。

脉冲器操作流程图如图 8-12 所示，脉冲器面板示意图如图 8-13 所示。

备注：按键大约有 0.4s 的反应时间，在设置脉冲数量(Pulse Total)完成后，要进入"等待外部触发信号状态"(Waiting Trigger signals)请短暂按键否则会跳过等待状态而进入重新从头设置。

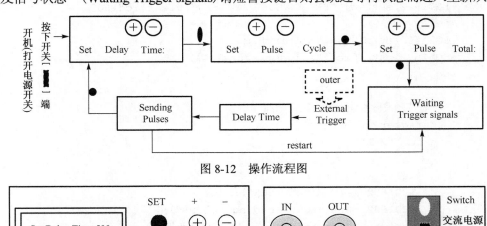

图 8-12　操作流程图

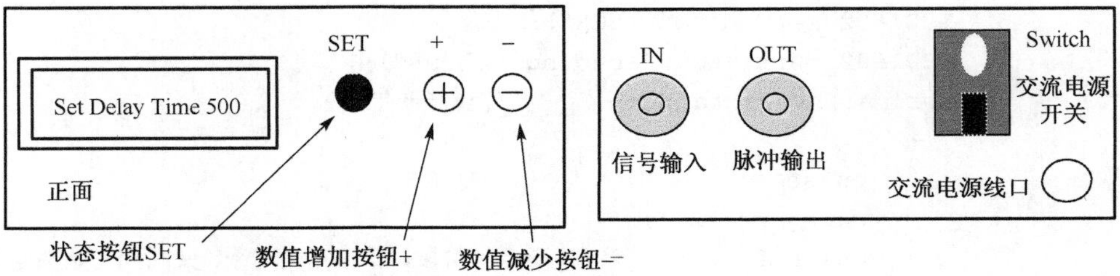

图 8-13　脉冲器面板示意图

思考与练习

简述 ATmega 系列 MCU 微控制器的优缺点，并与 C51 系列 MCU 进行比较分析。

参 考 文 献

耿德根，宋建国，马潮，等. 2002. AVR 高速嵌入式单片机原理与应用(修订版)[M] .北京: 北京航天航空大学出版社

海涛. 2008. ATmega 系列单片机原理及应用——C 语言教程[M].北京:机械工业出版社

梁超. 2005. 一款基于单片机技术的电子抢答器[J] . 机电工程技术, 34(1)

刘海成. 2008. AVR 单片机原理及控制工程应用[M].北京: 北京航空航天大学出版社

卢飞跃. 2003. 红外遥控多路抢答器的设计[J]. 番禺职业技术学报, 2(2)

谭浩强. 2005. C 程序设计. 3 版[M].北京：清华大学出版社

杨欣，王玉凤，刘湘黔. 2006. 电路设计与仿真——基于 Multisim 8 与 Protel 2004[M].北京：清华大学出版社

赵景波，王劲松，2007. 滕敦朋.Protel2004 电路设计从基础到实践[M].北京：电子工业出版社

周俊杰. 2003. 嵌入式 C 编程与 Atmel AVR[M].北京: 清华大学出版社

周兴华. 2008. AVR 单片机 C 语言高级程序设计[M].北京：中国电力出版社

www.avrvi.com

www.iccavr.com

www.ouravr.com

www.ourDEV.cn

www.waveshare.net

第 3 篇

基于MSP430 MCU的设计

第 9 章　MSP430 基础

9.1　概　　述

MSP430 系列单片机是美国德州仪器(Texas Instruments，TI) 1996 年开始推向市场的一种基于中断的事件驱动机制 16 位超低功耗、具有精简指令集(RISC)的混合信号处理器(Mixed Signal Processor)，在降低芯片的电源电压及灵活可控的运行时钟方面有独到之处。之所以称之为混合信号处理器，是由于其针对实际应用需求，将多个不同功能的模拟电路、数字电路模块和微处理器集成在一个芯片上，以提供"单片"解决方案。该系列单片机多应用于需要电池供电的便携式仪器仪表中。

作为混合信号和数字技术的领导者，TI 创新生产的 MSP430，使系统设计人员能够在保持独一无二的低功率的同时同步连接至模拟信号、传感器和数字组件，可被纳入世界上功耗最低的微处理器系列。典型应用包括实用计量、便携式仪表、智能传感和消费类电子产品。

MSP430 可提供 200 多种超低功耗微处理器器件，每个器件都具有灵活的时钟系统，启用了多达 7 种低功率模式(LPM)，可提高优化性能。如果配以低于 1μs 的即时唤醒时间以及各种中断源，MSP430 可确保您的应用仅使用手动执行任务时所需的相应时钟和外设。

主要的超低功耗度量标准：

(1)各种低功耗工作模式。

(2)超低功耗工作模式：最低 120μA/MHz @ 2.2V。

(3)待机模式，具有自我唤醒功能、RAM 保持模式(LPM3)：最低 0.7μA @ 2.2V。

(4)待机模式，具有自我唤醒功能(LPM4)：最低低于 100nA @ 2.2V。

(5)停机模式，具有 RAM 保持模式(LPM3.5)：最低低于 100nA @ 2.2V。

(6)低功率模式下低于 1μs 的即时唤醒时间。

(7)始终接通的零功耗掉电复位。

(8)高性能 16 位架构。

采用冯·诺依曼架构，通过通用存储器地址总线(MAB)和存储器数据总线(MDB)将 16 位 RISC CPU、多种外设和灵活的时钟系统进行完美结合。MSP430 通过将先进的 CPU 与模块化内存映像模数外设相结合，为当今和未来的混合信号应用提供了解决方案。

MSP430 产品系列齐全，如图 9-1 所示。

MSP430^{TM} 16 Bit 超低功耗 MCU　(405)。

- 1 系列　(34)。
- 2 系列　(47)。
- MSP430-G2xx 超低功耗 MCU　(42)。
- 3 系列　(2)。
- 带有 LCD 的 4 系列　(88)。

- 5 系列 （63）。
- 带有 LCD 的 6 系列 （25）。
- FRAM 系列 （20）。
- 低电压系列 （4）。
- RF Soc 系列 （8）。
- 固定功能 （1）。
- 汽车 （15）。
- 扩展温度 （56）。

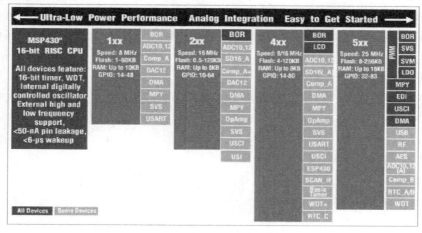

图 9-1　MSP430 系列产品

　　MSP430 平台内包括五代超低功耗、高度集成的微处理器产品，涵盖了 200 多款器件。每一代产品都提供各种级别的模拟集成、数字外设和通信协议，以帮助开发者查找用于各种应用的合适的微处理器。

　　MSP430 器件型号命名规则如图 9-2 所示。

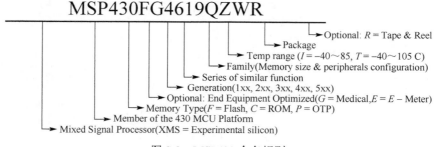

图 9-2　MSP430 命名规则

9.2　主　要　特　点

　　（1）低电压、超低功耗。

　　MSP430 怎样保证其超低功耗的特性呢？

　　①电源电压采用 1.8～3.6V 低电压，RAM 数据保持方式下耗电仅为 0.1μA，活动模式耗电 250μA/MIPS，I/O 输入端口的漏电流最大仅为 50nA。

②独特的时钟系统设计。

③采用矢量中断。

关于低功耗问题的几点说明：

①对一个处理器而言，活动模式时的功耗必须与其性能一起来考察、衡量。

②作为一个应用系统，功耗是整个系统的功耗，而不仅仅是处理器的功耗。

③处理器的功耗还要看它内部功能模块是否可以关闭，以及模块活动情况下的耗电。

(2) 强大的处理能力。

RISC，16 位单片机，8～25MHz，有些采用了硬件乘法器。

(3) 高性能模拟技术。

12 位模/数转换器(ADC)，最高可达 200KB/s；模拟比较器可以进行模拟电压的比较等。

(4) 丰富的片内外设及其多样化的组合。

(5) 系统工作稳定。

到目前为止功能最全的是 MSP430F663X(MSP430F6638，关键外设 USB、LCD、DAC)。

第 10 章　MSP430F5529 的内核

本章以 MSP430F5529 为例来介绍 MSP430 系列单片机的内核。

10.1　主　要　特　性

MSP430F5xx 系列是新款基于闪存的产品系列，具有最低工作功耗，在 1.8～3.6V 的工作电压范围内性能高达 25MIPS。包含一个用于优化功耗的创新电源管理模块。

超低功耗：

(1) 0.1μA RAM 保持模式。

(2) 2.5μA 实时时钟模式。

(3) 165μA/MIPS 工作模式。

(4) 在 5μs 之内快速从待机模式唤醒。

器件参数：

(1) 闪存选项：高达 256KB RAM。

(2) 选项：高达 16KB ADC。

(3) 选项：10 和 12 位 SAR。

(4) 其他集成外设：USB、模拟比较器、DMA、硬件乘法器、RTC、USCI、12 位 DAC。

10.1.1　MSP430F5529 硬件资源简介

(1) 低供电压 1.8～3.6V。

(2) 低功耗。

①单片机处于运行模式 200μA/MHz。

②LPM3 RTC 模式 2.5μA。

③LPM4 1.6μA。

④LPM5 0.2μA。

(3) 从低功耗模式 3 唤醒少于 5μs。

(4) 16 位精简指令集结构。

①可以扩展外部存储器。

②可以达到 25MHz 系统时钟。

(5) 灵活的电源管理系统(PMM)。

①由 DVCC 在 LDO 作用下产生 Vcore 电源，供低电压模块使用。

②提供 DVCC、Vcore Supervision、Monitoering 以及 Brownout 监控。

(6) 一体化时钟系统。

①低功耗/低频率内部时钟源 VLO。

②低频率内部时钟源 REFO。

③XT1 32768Hz 晶振。

④XT2 高频晶振可以达到 25MHz。

(7) 16 位 Timer0_A5 有 5 个捕获/比较寄存器。

(8) 16 位 Timer1_A3 有 3 个捕获/比较寄存器。

(9) 16 位 Timer2_A3 有 3 个捕获/比较寄存器。

(10) 16 位 Timer_B7 有 7 个捕获/比较寄存器。

(11) 2 组 4 个通用通信接口。

①内部 UART，支持自动波特率检测。

②irDA 编码和解码。

③SPI 通信。

④I²C 通信。

(12) 全速 USB 接口。

①内置 USB 物理接口。

②内置 3.3V/1.8V USB 电源系统。

③内置 USB-PLL。

④8 个输入、8 个输出端点。

(13) 12 位模数转换。

①内部参考电压。

②采样保持电路。

③12 个外部通道，4 个内部通道(F5529/F5527/F5525/F5521)。

④8 个外部通道，4 个内部通道(F5528/F5526/F5524/F5522)。

⑤自动扫描。

(14) 比较器 B。

(15) 硬件乘法器支持 32 位操作数。

(16) 支持 DMA。

(17) RTC 可以日历使用，也可以用作普通定时器。

(18) F552x、F551x 系列如表 10-1 所示。

表 10-1　F552x/F511x 产品

| Device | Flash /KB | SRAM /KB | Timer_A | Timer_B | OSCI | | ADC12_A /Ch | Comp_B /Ch | I/O | Package Type |
					Channel A: UART/ IrDA/SPI	Channel B: SPI/I²C				
MSP430F5520	128	8+2	5.3.3	7	2	2	12 ext/4 int	12	63	80 PN
MSP430F5528	128	8+2	5.3.3	7	2	2	8 ext/4 int	8	47	64 RGC. 80 ZQE
MSP430F5527	96	6+2	5.3.3	7	2	2	12 ext/4 int	12	63	80 PN
MSP430F5526	96	6+2	5.3.3	7	2	2	8 ext/4 int	8	47	64 RGC. 80 ZQE
MSP430F5525	54	4+2	5.3.3	7	2	2	12 ext/4 int	12	63	80 PN
MSP430F5524	54	4+2	5.3.3	7	2	2	8 ext/4 int	8	47	64 RGC. 80 ZQE
MSP430F5522	32	8+2	5.3.3	7	2	2	8 ext/4 int	8	47	64 RGC. 80 ZQE
MSP430F5521	32	6+2	5.3.3	7	2	2	12 ext/4 int	12	63	80 PN
MSP430F5519	128	8+2	5.3.3	7	2	2	—	12	63	80 PN
MSP430F5517	96	6+2	5.3.3	7	2	2	—	12	63	80 PN
MSP430F5515	64	4+2	5.3.3	7	2	2	—	12	63	80 PN
MSP430F5514	64	4+2	5.3.3	7	2	2	—	8	47	64 RGC. 80 ZQE
MSP430F5513	32	4+2	5.3.3	7	2	2	—	8	47	64 RGC. 80 ZQE

10.1.2　MSP430F5529 引脚图及结构框图

　　MSP430F5529 的封装形式为 IPN 封装，其引脚图如图 10-1 所示，结构框图如图 10-2 所示。

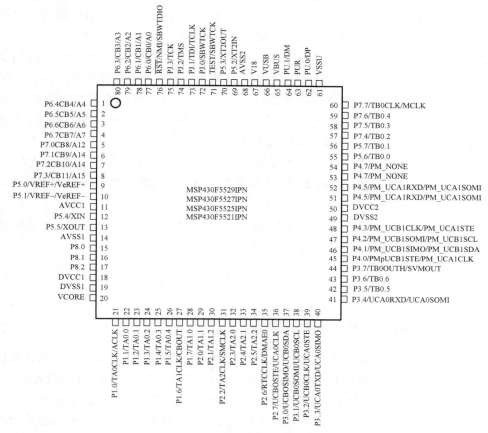

图 10-1　MSP430F5529 引脚图

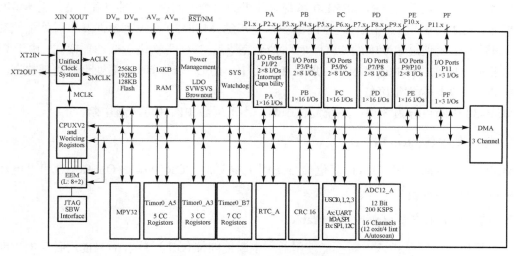

图 10-2　MSP430F5529 结构框图

10.2　CPU

　　MSP430 系列单片机采用冯诺依曼结构的存储器结构，即程序指令存储区与数据存储区位于同一个 16 位(64KB)的地址空间内。它采用精简指令集结构，并且既可以使用字节指令也可以使用字指令。它由 1 个 16 位算术逻辑单元(ALU)、4 个专用寄存器和 12 个工作寄存器组成。其实还应该包括一个三级流水线以及一个解码器。CPU 与存储器通过两组总线相连：一组是地址总线，另一组是数据总线。所有程序指令存储区与数据存储区，特殊寄存器以及外设寄存器都映射到一个连续的 64KB 空间内。这样的安排使其结构变得简单(除了寻址模式稍微复杂一点外)，并且因为留下了许多保留空间，以便将来器件的升级，再加上多达 12 个工作寄存器，如充分利用可以极大地提高效率。

　　SP(堆栈指针)也就是 CPU 专用寄存器 R1。与程序计数器一样，它的值总是字对齐的，即 LSB 总是为零。堆栈是在片内 RAM 中实现的，通常将起始堆栈指针设为片内 RAM 的最高地址+1。

　　对于堆栈指针 SP 来说，程序员最佳的使用方法就是不要自己去修改它，由硬件自己维护和完成，程序员至少保证堆栈的大小满足使用就可以。

10.3　中　断　机　制

10.3.1　MSP430 系列单片机的中断简介

　　中断是 CPU 与外设进行通信的一种有效方法。这种方法广泛地应用于各种计算机系统，它避免了因 CPU 反复查查询外设状态而浪费时间，从而极大地提高了 CPU 的效率。所谓"中断"，就是 CPU 中止正在执行的程序而转去处理特殊时间的操作。引起中断的事件称为"中断源"。中断优先级决定了在多个中断同时发生时优先选择服务的次序，优先级高的先服务。

　　中断是 MSP430 微处理器的一大特色。有效地利用中断可以简化程序，并且提高执行效率和系统稳定性。几乎所有的 MSP430 系统单片机的每个外围模块都能产生中断，为 MSP430 针对事件(外围模块产生的中断)进行的编程打下基础。MSP430 在没有事件发生时处于低功耗模式，事件发生时通过中断唤醒 CPU，时间处理完毕后 CPU 再次进入低功耗模式，由于 CPU 运算速度和推出低功耗的速度很快，所以在应用中，CPU 大部分时间都处于低功耗状态，使得系统的整体功耗极大地降低。

　　MSP430 中断可分为 3 种：系统复位中断、不可屏蔽中断和可屏蔽中断。

　　1.　系统复位(System Reset)

　　MSP430 系列单片机有两种复位信号，即上电复位 POR(Power On Reset)和上电清除 PUC(Power Up Clear)。

　　2.　(非)可屏蔽中断((Non) Maskable)

　　(非)可屏蔽中断是指该中断不能使用通用中断使能位(GIE)屏蔽，而只能用各自的中断使能位来控制。在系统接收一个(非)可屏蔽中断后，所有的中断使能位都会清零。

（非）可屏蔽中断有 3 个中断源，分别是 RST/NMI 端口出现跳变、晶振故障、FLASH 访问出错。

　　3. 可屏蔽中断（Maskable）

除了中断向量地址为 0FFFEH 的系统复位以及 0FFFCH 处的（非）可屏蔽中断外，其余均为可屏蔽中断。所谓"可屏蔽中断"，是指该中断既能被各自的中断使能位屏蔽，也能被通用中断使能位（GIE）屏蔽。

多个中断请求发生时，响应最高优先级中断。响应中断时，MSP430 单片机会将不可屏蔽中断控制位 SR.GIE（总中断允许位）复位。因此，一旦响应了中断，即使有优先级更高的可屏蔽中断出现，也不会中断当前正在响应的中断而去响应更高优先级的中断。但 SR.GIE 复位不会影响不可屏蔽中断，所以仍可接收不可屏蔽中断的中断请求。

使用中断时要开总中断：

```
_EINT();            // Enable general interrupts
```

10.3.2　MSP430 系列单片机中断处理过程

多个中断请求发生时，响应最高优先级中断。响应中断时，MSP430 会将不可屏蔽中断控制位 SR.GIE 复位。因此，一旦响应了中断，即使有优先级更高的可屏蔽中断出现，也不会中断当前正在响应的中断，去响应另外的中断。但 SR.GIE 复位不影响不可屏蔽中断，所以仍可以接收不可屏蔽中断的中断请求。

中断响应的过程：

（1）如果 CPU 处于活动状态，则完成当前指令。

（2）若 CPU 处于低功耗状态，则退出低功耗状态。

（3）将下一条指令的 PC 值压入堆栈。

（4）将状态寄存器 SR 压入堆栈。

（5）若有多个中断请求，响应最高优先级中断。

（6）单中断源的中断请求标志位自动复位，多中断源的标志位不变，等待软件复位。

（7）总中断允许位 SR.GIE 复位。SR 状态寄存器中的 CPUOFF、OSCOFF、SCG1、V、N、Z、C 位复位。

（8）相应的中断向量值装入 PC 寄存器，程序从此地址开始执行。

中断返回的过程：

（1）从堆栈中恢复 PC 值，若响应中断前 CPU 处于低功耗模式，则可屏蔽中断仍然恢复低功耗模式。

（2）从堆栈中恢复 PC 值，若响应中断前 CPU 不处于低功耗模式，则从此地址继续执行程序。

MSP430 各系列的中断向量表请查阅相关资料。

10.4　低　功　耗

MSP430 系列单片机一个显著的特点就是超低功耗。也正因如此，MSP430 系列单片机特别合适需要电池供电的长时间的场合。

　　MSP430 系列单片机的超低功耗实现与其灵活的时钟系统密切相关。低功耗的实现是由程序状态寄存器(SR)中的 SCG1、SCG0、OSCOFF 以及 CPUOFF 共同来控制的。它实现了 7 种低功耗模式(LPM0-LPM4、LPM3.5、LPM4.5)。低功耗模式 LPM0-LPM4 中 CPU 和 MCLK 都禁止的。CPU 总是由中断(可以是内部中断，也可以是外部中断)唤醒，所以必须确保 GIE 为置位状态。

　　由于 C 语言不太方便直接对堆栈进行操作，因此一般使用内部函数_BIC_SR_IRQ()来修改堆栈中的原 SR 值，以保证中断服务程序返回时退出低功耗状态。改变模式位的操作将使得相应的模式立即生效。进入低功耗模式时，所有 I/O 寄存器和 RAM 的值总是保持不变的。

　　低功耗程序设计一般有两种结构：一种就是上面的实验程序使用的结构；另一种主要用在一些简单的产品上，这些产品只需要在中断中进行处理。

第 11 章　MSP430F5529 外围器件原理

11.1　系　统　时　钟

MSP430系列单片机可以使用多个时钟源产生多个时钟信号。程序员能根据需要选择不同的时钟来作为 CPU 及外围器件使用的数字信号。例如，MSP430x13x、x14x、x3xx、x4xx 及 x5xx 系列提供 2 个外部晶振输入和 1 个内部数字控制振荡器 DCO（软件设置频率及分频因子），同时产生 ACLK、MCLK 以及 SMCLK 三种信号供 CPU 及外围器件使用，这三种信号都可以根据需要由端口引出。

系统复位以后总是使用 DCO 时钟信号，其频率可以查阅相关器件的数据手册。

MSP430F55xx 系列单片机采用了锁频环技术（Frequency Locked Loop，FLL），可使其在低频晶振的驱动下获得较高的稳定频率，作为 MCLK 或 SMCLK 使用，这种特性很好地支持了低功耗功能。这与 MSP430X1xx 及 MSPFX3xx 系列不同， MSP430F4xx 系列采用了增强型锁频环技术（Frequency Locked Loop，FLL+）。

MSP430 的晶振 LFXT1 有低频模式 LF 和高频模式 HF。通过设置 XTS_FLL=1，可以使得 LFXT1 工作在高频模式 HF，这时 XIN 和 XOUT 引脚接高频晶振的两端。

低功耗的应用中常使用 32768Hz 晶振和 LF 模式。这时要尽量减小噪声影响：晶体尽量靠近 XIN 和 XOUT；用地线保卫晶振和信号线。

DCO 是内建 RC 振荡器，可以通过软件设置和控制其频率。由于 DCO 频率会随着供电电压以及温度的变化而变化，那么为了提高频率的稳定性，MSP430F5XX 系列单片机采用了锁频环技术 FLL（MSP430X3XX 系列单片机采用了锁相环技术 FLL，MSP430F4XX 系列采用了增强型锁频环技术 FLL+）。锁频环技术 FLL 就是为了提高 DCO 频率的稳定性。

有关时钟失效及安全操作，请自行查看 TI 官方提供的手册。

11.2　通用输入/输出端口

任何一个单片机系统都有 I/O 端口，通过 I/O 端口可以实现 CPU 与外界的通信。CPU 可以从输入端口获取信息，在通过输出端口来控制外部设备等。MSP430系列单片机有丰富的 I/O 端口供用户使用。

5 系列的 MSP430 最多可以提供 12 路数字 I/O 接口，P1～P11 和 PJ。大部分接口都有 8 个管脚，但是有些接口会少于 8 个管脚。可以参考说明文档中关于接口的章节。每个 I/O 管脚都可以独立地设置为输入或者输出方向，并且每个 I/O 接线都可以被独立地读取或者写入。所有接口的寄存器都可以被独立地置位或者清零，就像设置驱动能力一样。P1 和 P2 接口具中断功能。从 P1 和 P2 接口的各个 I/O 管脚引入的中断可以独立地被使能并且设置为上升沿或者下降沿出发中断。所有的 P1 接口的 I/O 管脚的中断都来源于同一个中断向量 P1IV，并且

P2 接口的中断都来源于另外一个中断向量 P2IV。在一些 MSP430x5xx 单片机中，附加的接口也具有中断功能。

每个独立的接口可以作为字节长度端口访问或者结合起来作为字长度端口进行访问。端口配对 P1/P2、P3/P4、P5/P6、P7/P8 等联合起来分别叫作 PA、PB、PC、PD 等。当进行字操作写入 PA 口时，所有的 16 位都被写入这个端口。利用字节操作写入 PA 口的低字节时，高字节保持不变。相似地，使用字节指令写入 PA 口高字节时，低字节保持不变。其他端口也是一样的，当写入的数据长度小于端口最大长度时，那些没有用到的位保持不变。所有的端口寄存器都利用这个规则来命名，除了中断向量寄存器 P1IV 和 P2IV。它们只能进行字节操作，并且 PAIV 这个寄存器根本不存在。

利用字操作读取端口 PA 可以使所有16 位数据传递到目的地。利用字节操作读取端口 PA（P1 或者 P2）的高字节或者低字节并且将它们存储到存储器时可以只把高字节或者低字节分别传递到目的地。利用字节操作读取 PA 口数据并写入通用寄存器时整个字节都被写入寄存器中最不重要的字节。寄存器中其他重要的字节会自动清零。端口 PB、PC、PD 和 PE 都可以进行相同的操作。当读入的数据长短小于端口最大长度时，那些没有用到的位被视零，PJ 口也是一样的。

数字 I/O 接口功能，包括：

(1) 可以独立编程的独立的 I/O 管脚。

(2) 可以以任意方式混合地输入、输出。

(3) 可以独立地设置 P1 和 P2 口中断。

(4) 独立的输入、输出数据寄存器。

(5) 可以独立地将寄存器置位或者清零。

MSP430F552X 单片机的 P1～P8 端口均为 8 位宽度，它们都由映射到内存的存储器进行控制。可以将这些端口分类为两类：具有中断能力的端口（P1、P2）和不具有中断能力的端口。为了减少引脚数，许多 I/O 端口与外围器件共用引脚（端口复用），这在各种单片机中比较常见，使用时通过设置相应的寄存器（PNSEL），来决定该引脚（以位为单位）是作为 I/O 端口使用还是外围器件使用。在系统复位时，所有端口都默认为输入方向。

11.2.1　不具有中断能力的端口

每个端口宽度有 8 位，每个位可以单独控制。这 6 个端口由字节访问的寄存器控制，它们分别是方向寄存器 PNDIR，输入寄存器 PNIN，输出寄存器 PNOUT，功能选择寄存器 PNSEL，"N"为 3、4、5、6、7、8 之一，其中 P8 只有 3 位可以控制。

1. 方向寄存器 PNDIR

该寄存器所有位均可读写，且每一位控制一个引脚信号的方向。当某置位时，表示对应引脚上信号为输出方向，是否为输入方向。

PNDIR 寄存器中的每一位选择相应管脚的输入/输出方向，不管该管脚实现何功能。当管脚被设置为其他功能时方向寄存器中对应的值应被设置为该管脚所实现功能要求的方向值。

· 位为 0：管脚转变为输入方向。

· 位为 1：管脚转变为输出方向。

2. 输入寄存器 PNIN

当 I/O 管脚被配置为普通 I/O 口时，对应 I/O 口的信号输入值表现为输入寄存器中的每一个位。

- 位为 0：输入为低。
- 位为 1：输入为高。

注意：写只读寄存器 PNIN。写这些只读寄存器会导致在写操作被激活的时候电流的增加。

3. 输出寄存器 PNOUT

当 I/O 管脚被配置为普通 I/O 口并且为输出方向时，对应 I/O 口的输出值表现为输出寄存器中的每一个位。

- 位为 0：输出为低。
- 位为 1：输出为高。

如果管脚被配置为普通 I/O 功能、输出方向并且置位寄存器使能时，PNOUT 寄存器的相应管脚被选择置高或者置低。

- 位为 0：该管脚置低。
- 位为 1：该管脚置高。

4. 置高/置低寄存器使能寄存器 PNREN

PNREN 寄存器中的每一位可以使能相应 I/O 管脚的置高/置低寄存器。PNOUT 寄存器中相应的位选择管脚是否置高或者置低。

- 位为 0：置高/置低寄存器关闭。
- 位为 1：置高/置低寄存器使能。

表 11-1 中总结 I/O 口配置时 PNDIRx、PNRENx 和 PNOUTx 寄存器的用法。

表 11-1　I/O 配置

PNDIRx	PNRENx	PNOUTx	I/O 口配置
0	0	X	输入
0	1	0	置低
0	1	1	置高
1	X	X	输出

5. 输出驱动能力寄存器 PxDS

PxDS 寄存器中的每一位选择全力驱动或者减弱驱动能力。默认的是减弱驱动能力。

- 位为 0：减弱驱动能力。
- 位为 1：全力驱动能力。

11.2.2　具有中断能力的端口

端口 P1 和 P2 具有输入、输出、中断和外部模块功能。这些功能可以通过各自的 7 个控制寄存器的设置来实现。

(1) PxDIR：输入/输出方向寄存器，rw。

(2) PxIN：输入寄存器，r。

(3) PxOUT：输出寄存器，r。

(4) PxIFG：中断标志寄存器，r。

(5) PxIES：中断触发沿选择寄存器，rw。

(6) PxIE：中断使能寄存器，rw。

(7) PxSEL：功能选择寄存器，rw。

(8) 输出驱动能力寄存器，PxDS。

当配置了 PxIFG，PxIE，PxIES 寄存器后 P1 和 P2 口的每一个管脚都具有中断功能。所有的 P1 口中断标志位都是区分优先级并结合在同一个中断向量中的，例如 P1IFG.0 具有最高相应优先级。最高优先级使能中断在 P1IV 寄存器中产生一个序号。这个数字会被程序计数器识别或者加入其中自动地执行合适的中断服务程序。关闭 P1 口中断不会影响 P1IV 寄存器中的值。P2 口具有相同的功能。PxIV 寄存器只能字访问。

PxIFGx 寄存器的每一位都是相应 I/O 管脚的中断标志位并且当该管脚被选择的中断触发沿产生时被置位。当相应的 PxIE 寄存器和 GIE 寄存器位被置位时，所有的 PxIFGx 中断标志寄存器都可以请求一个中断。软件同样可以使 PxIFG 标志位置位，这就提供了一种由软件产生中断的方法。

- 位为 0：没有中断等待响应。
- 位为 1：有中断等待响应。

只有电平的跳变才能产生中断。如果在一个 Px 口中断服务程序执行期间或者 Px 口中断服务程序的 RETI 指令执行之后有任何一个 PxIFGx 位被置位，这个中断标志位就会触发另外一个中断。这样就可以保证每一个跳变都可以被识别。

注意：当 PxOUT、PxDIR 或者 PxREN 寄存器值改变时的 PxIFG 标志位写 P1OUT、P1DIR、P1REN、P2OUT、P2DIR 或者 P2REN 寄存器会导致相应的 P1IFG 或者 P2IFG 标志位置位。

任何对 P1IV 寄存器的读写和访问操作都会自动使最高响应优先级中断标志位复位。如果另外一个中断标志位被置位，在响应完已发起的中断以后另外一个中断立即会被触发。例如，假设 P1IFG0 拥有最高优先级。如果中断服务程序访问 P1IV 寄存器时 P1IFG0 和 P1IFG2 被置位，P1IFG0 会自动复位。当中断服务程序的 RETI 指令执行以后，P1IFG2 标志位会触发另外一个中断。

P2 口中断有相同的应用，利用 P2IV 寄存器并且源于另一个同一的中断向量。

中断触发沿选择寄存器 P1IES、P2IES：PxIES 寄存器的每一位为相应的 I/O 管脚选择中断触发沿。

- 位为 0：上升沿将 PxIFGx 中断标志位置位。
- 位为 1：下降沿将 PxIFGx 中断标志位置位。

注意：对于写 PxIESx 寄存器。写 P1IES 和 P2IES 可以导致相应中断标志位置位，如表 11-2 所示。

中断使能寄存器 P1IE、P2IE：PxIE 寄存器的每一位使能相联系 PxIFG 中断标志位。

- 位为 0：中断关闭。
- 位为 1：中断使能。

表 11-2　P1 和 P2 中断配置

PxIESx	PxINx	PxIFGx
0→1	0	可以置位
0→1	1	不改变
1→0	0	不改变
1→0	1	可以置位

11.2.3　配置未使用的端口管脚

未使用的 I/O 管脚应被设置为普通 I/O 功能、输出方向并且在 PCB 板上不连接这些管脚，以防止浮动的输入和降低功耗。因为这些管脚没有被连接，所以它们的输出值没有必要在意。

或者可以通过设置未使用管脚的 **PxREN** 寄存器来使能置高/置低寄存器以避免浮动输入的干扰。关闭未使用的管脚可以参考系统复位，中断和操作模式章节。

注意：配置 PJ 端口和共享 JTAG 管脚。

记住在应用中特别注意保证 PJ 口被合适的配置以防范浮动输入的干扰是很重要的。因为 PJ 端口被共享为 JTAG 功能，在仿真环境中浮动输入可能不会被注意到。

默认情况下 PJ 端口被初始化为高阻态。

结论：

(1) 基本每个管脚都可以复用。

(2) 外围功能模块丰富。

11.3　ADC12_A

ADC12_A 模块是一个高效的 12 位模数转换器。下面将主要介绍 MSP430 5XX 单片机的 ADC12_A 模块，如图 11-1 所示。

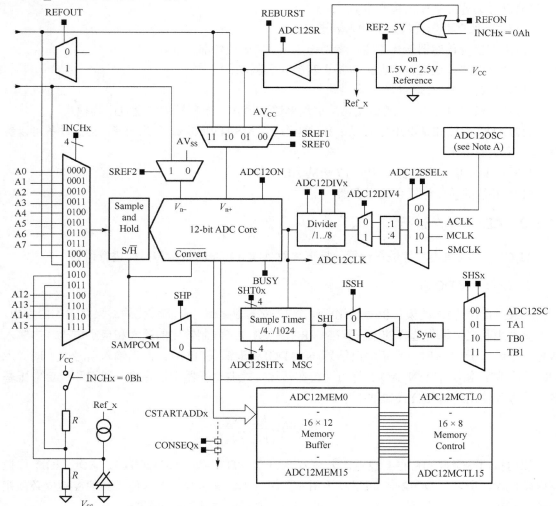

图 11-1　ADC12_A 方块图

11.3.1　ADC12_A 介绍

ADC12_A 模块支持高速的 12 位的模数转化。该模块应用了包括一个 12 位的 SAR 内核，基准电压发生器(只有 MSP430F54xx 具备，在其他设备中应用的是 REF 模式)和一个 16 字的转化—控制缓冲器。在没有 CPU 干预下，该缓冲器允许对 16 路独立采集而来的 ADC 信号进行转化和存储。

ADC12_A 的特点如下。

(1) 最大转化速度超过 200 ksps。

(2) 无数据丢失的单调的 12 位转化器。

(3) 采样—保持由采样周期控制，采样周期可通过设置软件或定时器确定。

(4) 利用软件，Timer_A 或者 Timer_B 对采样进行初始化。

(5) 件选择芯片内部的基准电压发生器(对于 MSP430F54xx 为 1.5V 或 2.5V。其他设备为 1.5V、2.0V 或 2.5V)。

(6) 软件选择外部或内部基准。

(7) 12 路独立可配置的外部输入通道。

(8) 内部温度传感器转化通道，参考电压为 AVcc 和外部基准。

(9) 独立的选择通道基准源，包括正基准和负基准。

(10) 可选择的转化时钟源。

(11) 四种转化模式：单通道模式，重复单通道模式，序列模式和重复序列模式。

(12) ADC 内核和基准电压可以单独掉电(只有 MSP430F54xx 有此功能。其他设备可以参考 REF 模块的说明)。

(13) 中断向量寄存器快速响应 19 路的 ADC 中断。

(14) 16 位的转化结果存储寄存器。

11.3.2　ADC12_A 运行

ADC12_A 模块由软件进行设置。接下来对 ADC12_A 的结构和操作进行讨论。

1. 12 位的 ADC 内核

ADC 内核将输入的模拟信号转化成一个 12 位的数字信号并将转化的结果存储到内存中。该内核利用两个可编程选择的电压基准(VR+ 和 VR-)来限制转化的最大和最小电压。当输入信号大于或等于 VR+ 时，数字输出结果(N_ADC)将取满(0FFFh)，而当输入信号小于或等于 VR- 时，数字输出结果(N_ADC)将为 0。在转化—控制寄存器中选择输入通道和设定电压基准。输入和输出的转化公式如下：

$$N_{\text{ADB}} = 4.90 \times \frac{V_{\text{in}} - V_{\text{R-}}}{V_{\text{R+}} - V_{\text{R-}}}$$

该内核由两个控制寄存器设定，分别为 ADC12CTL0 和 ADC12CTL1。ADC12ON 位控制内核使能，所以 ADC12_A 可以在不用时关闭省电。除了少数控制位，其他控制位必须在 ADC12ENC = 0 时才能更改。之后，ADC12ENC 必须置位才能进行转换。

ADC12CLK 既用作转化时钟，又用于工作在脉冲采样模式下时产生采样周期。我们利用预分频控制位(ADC12DIVx)和分频控制位(ADC12SSELx)来选择 ADC12_A 的时钟源。通过这两个控制位的组合，输入的时钟频率可以被分频至 1～32 的范围。可以作为时钟源的有 SMCLK、MCLK、ACLK 和 MODSC。

用户必须保证在信号转化期间 ADC12CLK 不能中断。如果在转化时时钟停止，那么操作就会中止而且产生的结果也是无效的。

2. ADC12_A 输入和多路复用器(Multiplexer)

在该模块中，利用"模拟输入多路复用器"可以选择 ADC12_A 的 12 路外部和 4 路内部模拟信号中的一路作为模拟输入信号。该输入多路复用器采用"先断后合"(BBM)方式，来减小输入端之间产生的干扰输入。这种干扰往往是在转换通道时产生的，可以参看图 11-2。不仅如此，该输入多路复用器还作为 T 开关将通道之间的耦合降至最低。当某一通道未被选定时，它与 A/D 是隔离的，而且中间的节点要连接模拟地(AVss)，以此来将内部的分布电容接地，从而达到消除干扰的目的。

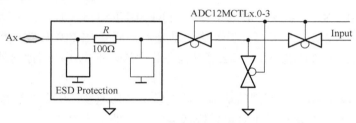

图 11-2　模拟多路复用器

ADC12_A 模块运用了指令重分配方式。当输入通道在内部切换时，该动作会引起输入信号的电压瞬间变化。这种分配方式会使这个瞬变的电压会在转化之前被消除并稳定下来，保证不会转化错误的信号。

模拟端口选择 ADC12_A 模块的模拟输入端是与数字通道管脚复合使用的。当模拟信号加在了数字通道的管脚上时，寄生电流会直接从 Vcc 流到 GND。而且，当模拟电压的大小与数字通道的门限电压接近时，就会产生这种寄生电流。只有禁止数字通道才能消除寄生电流进而降低系统的电流损耗。针对于此，控制位 PySELx 可以用来将数字通道的输入/输出缓冲器禁用。

3. 电压基准发生器

MSP430F54xx 中的 ADC12_A 模块包含内部电压基准，有两个可供选择的电压等级，分别是 1.5V 和 2.5V。这两个电压基准可以用作内部和外部电压源，对应的端口是 VREF+。

其他设备的 ADC12_A 模块包含一个独立电压基准模式。这种模式可以提供三种可供选择的电压等级，分别是 1.5V、2.0V 和 2.5V。这三个电压基准均可以用作内部和外部电压源，对应的端口是 VREF+。

将控制位 ADC12REFON 置 1，就启动 ADC12_A 模块的参考电压。当 ADC12REF2_5V = 1 时，内部基准电压是 2.5V；当 ADC12REF2_5V = 0 时，内部基准电压是 1.5V。当不使用基准电压时，可以将其关闭以省电。采用 REF 模块的设备可以利用在 ADC12_A 模块内的控制位或者 REF 模块中的控制寄存器来控制 ADC 的供电基准。

在 REF 模块中的控制位 REFMSTR 是用来将控制权交给 ADC12_A 模块中的基准电压控制寄存器来设置。如果寄存器控制位 REFMSTR = 1(缺省)，那么 REF 模块寄存器将控制基准电压的设定。相反，当 REFMSTR = 0 时，则由 ADC12_A 模块内的基准电压控制寄存器来定义对 ADC12_A 模块的供电标准。

外部电压可以分别通过管脚 VREF+/VeREF+和 VREF–/VeREF–向 ADC12_A 模块内提供基准。只有当 REFOUT=1，才需要外部存储电容器，而且这时的参考电压可以对外输出。

ADC12_A 模块内部基准电压发生器采用低功耗设计。该基准电压发生器包括一个带状能隙(band-gap)电压源和一个独立的缓冲器。两者的电流消耗分别在设备的数据表中可以找到。当 ADC12REFON = 1 时，两者都工作。当 ADC12REFON = 0 时，两者都停止工作。设定控制位 ADC12REFON = 1 的总时间不超过 30μs。

当 ADC12REFON = 1 且 REFBURST = 1 时，如果此时没有信号转化，那么缓冲器将自动关闭。一旦需要时就会自动开启。缓冲器关闭时不消耗电流。在这种情况下，带状能隙电压源始终保持开启状态。

控制位 REFBURST 控制缓冲器的运行。当 REFBURST = 1 时，在 ADC12_A 没有进行转化时，缓冲器自动关闭，一旦转化开始它自动开启。而当 REFBURST = 0 时，缓冲器将一直开启，如果此时的 REFOUT = 1，那么缓冲器还将允许基准电压持续地向外输出，供应外部设备。

内部的缓冲器还可以针对不同的功率消耗来设定转化速度。例如，当最大的转化速度小于 50ksps 时，将 ADC12SR 设为 1 时可以降低接近 50%的电流消耗。

4. 自动掉电 ADC12_A 模块

自动掉电 ADC12_A 模块是为低功耗应用而设计的。当 ADC12_A 没有进行转化活动时，ADC12_A 内核是自动关闭的，一旦需要工作时会自动回复。同样，MODOSC 也是自动调节的。

5. 取样和转化定时

输入信号 SHI 的上升沿触发对模数转化的初始化。SHI 的来源是由控制位 SHSx 决定的，包括如下的信号源：

①控制位 ADC12SC。

②Timer_A 输出单元 1。

③Timer_B 输出单元 0。

④Timer_B 输出单元 1。

SHI 信号的极性可以被 ADC12ISSH 置位反。SAMPCON 信号控制取样周期和开始转化。当 SAMPCON 为 1 时，开始取样。当 SAMPCON 由高向低发生跳变时，开始模数转化，转化在 12 位分辨率模式下时需要 13 个 ADC12CLK 周期。由控制位 ADC12SHP 控制两种不同的采样定时方法——扩展采样模式和脉冲模式。

1)扩展采样模式

当 ADC12SHP=0 时该模式被选中。此时，SHI 信号直接控制 SAMPCON，并定义采样周期 t_sample 的大小。当 SAMPCON 为 1 时，开始采样。该信号由高到低的跳变后，再经过一个同步延时(t_sync)就会启动转化过程，如图 11-3 所示。

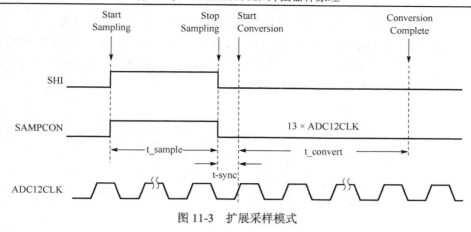

图 11-3　扩展采样模式

2) 脉冲取样模式

当 ADC12SHP=1 时，脉冲取样模式开启。SHI 信号用来触发取样计时器。在寄存器 ADC12CTL0 中的控制位 ADC12SHT0x 和 ADC12SHT1x 控制着取样定时器的取样间隔，该取样间隔用 SAMPCON 信号的采样周期 t_sample 来定义。取样定时器在经过同步延时 (t_sync) 之后将保持 SAMPCON 信号为 1，总的采样时间为 t_sample+ t_sync (参考图 11-4)。

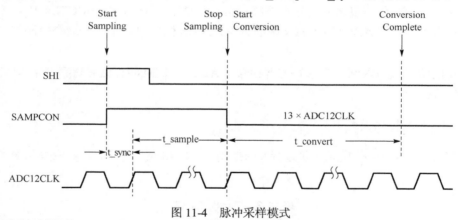

图 11-4　脉冲采样模式

控制位 ADC12SHTx 选择采样的时间，此时间必须以 ADC12CLK 的 4 倍频来调节。ADC12SHT0x 选择 ADC12MCTL0 至 ADC12MCTL7 的取样时间，ADC12SHT1x 用来选择 ADC12MCTL8 到 ADC12MCTL15 的取样时间。

取样定时器注意事项：

当控制位 SAMPCON=0 时，所有的 Ax 输入端口为高阻抗。当 SAMPCON=1 时，所选用的 Ax 输入端口在采样期间可以等效为一个 RC 低通滤波器，如图 11-5 所示。从源端观测，存在一个内部复用器输入阻抗 R_1（最大值为 2kΩ）和一个相应的电容 C_1（最大值为 40pF）。为保证能够精确地进行 12 为转化，则必须使电容 C_1 上的电压 V_c 小于所测电压 V_s 的最低位 (LSB) 的 1/2 倍。

6. 转化存储

ADC12_A 模块中含有 16 个 ADC12MEMx 转化存储寄存器，用于存储转化信息。每一个

ADC12MEMx 寄存器都由一个相应的 ADC12MCTLx 控制寄存器来进行设置。其中，SREFx 位用来定义基准电压，INCHx 位用来选择输入通道。当 ADC12_A 工作在序列模式时，ADC12EOS 位用来定义序列的结束。如果 ADC12MCTL15 中的 ADC12EOS 没有置位，序列会从 ADC12MEM15 中转移到 ADC12MEM0 中。

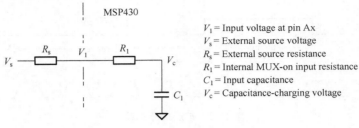

图 11-5　模拟输入等效电路

　　对于所有的转化模式而言，控制位 CSTARTADDx 定义的都是首个 ADC12MCTLx 寄存器。具体是这样的：转化模式如果为单通道或者重复单通道，CSTARTADDx 指向的是单一的寄存器 ADC12MCTLx。如果转化模式选为序列模式或者重复序列模式的话，那么 CSTARTADDx 将指向应用中的首个 ADC12MCTLx 寄存器（这时的寄存器有多个）。这时有一个对软件屏蔽的指针，在每次的转化结束之后会它会按顺序自动跳至下一个 ADC12MCTLx 中。这个序列会持续进行直到寄存器 ADC12MCTLx 中的 ADC12EOS 位作用为止——这个控制位是最后执行的。

　　当转化的结果被写入到一个选好的寄存器中 ADC12MEMx 时，这时寄存器中 ADC12IFGx 中的标志位置位。

　　7. ADC12_A 转化模式

　　ADC12_A 有四种运行模式可供选择，由控制位 CONSEQx 决定，其对应关系参考表 11-3 所示。

表 11-3　转化模式总结

ADC12CONSEQx	模式（Mode）	操作
00	单通道信号转化模式	一次转换一个通道
01	序列通道单次转换	一次转换一个序列
10	单通道多次转换	多次转换一个通道
11	序列通道多次转换	多次转换一个序列

　　1）单通道信号转化模式

　　一个通道只能采样和转化一次。ADC 的转化结果存储至由控制位 CSTARTADDx 控制的寄存器 ADC12MEMx 之中。如图 11-6 所示，为单通道转化模式的流程图。当 ADC12SC 启动了一次转化后，它将会连续地启动下面的转化。当其他的触发源发生时，ADC12ENC 在转化时必须跳变。

　　2）序列通道模式

　　一个序列的通道转化和采样各一次。ADC 转化的结果存储到了以 ADC12MEMx 为首的转化寄存器中，其中寄存器 ADC12MEMx 是由控制位 CSTARTADDx 控制的。当检测到通道中的 ADC12EOS 置位时，序列转化将会终止。图 11-7 显示了序列通道模式的流程。当 ADC12SC 启动了一个序列后，它会启动相继的序列。当其他的触发源发生时，ADC12ENC 在序列期间必须跳变。

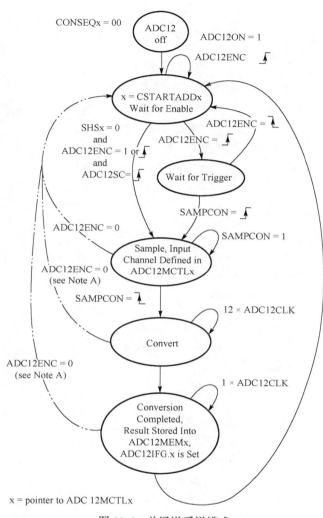

x = pointer to ADC 12MCTLx

图 11-6　单通道采样模式

3) 重复单通道模式

一个通道可以连续地采样和转化。ADC 转化结果存储在由控制位 CSTARTADDx 控制的 ADC12MEMx 寄存器中。因为每次只有一个 ADC12MEMx 在工作，所以在完成转化后要及时地读取转化的结果，否则就会将上次的结果覆盖。图 11-8 显示了重复单通道模式的流程。

4) 重复序列通道模式

一个序列的通道持续地采样和转化。ADC 转化的结果存储到了以 ADC12MEMx 为首的转化寄存器中，其中寄存器 ADC12MEMx 是由控制位 CSTARTADDx 控制的。当检测到通道内的 ADC12EOS 置位时，序列结束，下一个启动信号会重启序列。图 11-9 显示了重复序列通道模式的流程。

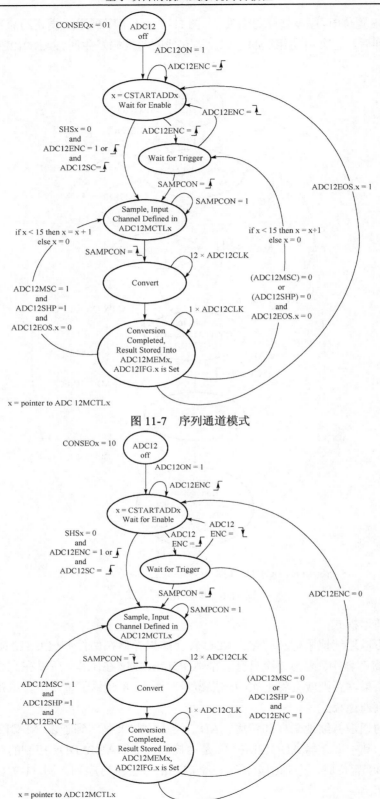

图 11-7　序列通道模式

图 11-8　重复单通道模式的流程

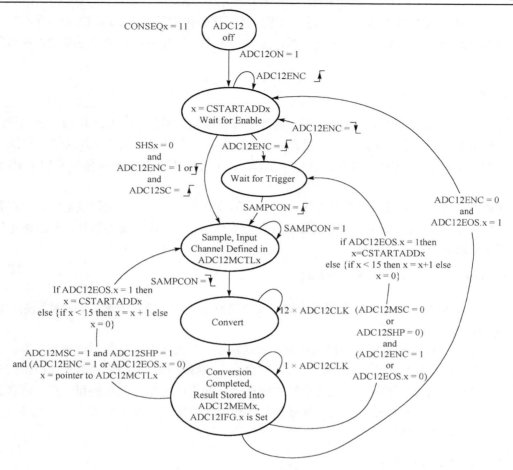

图 11-9　重复序列通道模式的流程

5) 启用多重采样和转化位 (ADC12MSC)

为了能使转化过程自动、快速和持续地进行，我们需要启用多重采样和转化功能。当 ADC12MSC=1，CONSEQx>0 且开启采样计时器时，SHI 信号的第一个上升沿就会启动第一次转化。紧接着，一旦前一次转化结束，后面的转化就开始了，且为持续进行。之后的 SHI 上升沿会被忽略，直到在单一序列模式下该序列结束，或是在重复单通道模式/重复序列模式下 ADC12ENC 位发生跳变为止。当使用控制位 ADC12MSC 时，控制位 ADC12ENC 的功能是不变的。

6) 停止转化

停止 ADC12_A 的转化取决于运行的方式。以下是推荐的停止转化 (序列转化) 的的方法：在单通道采样模式下，通过复位 ADC12ENC 来立即结束转化，但其结果是不准确的。想得到正确的结果，要在清除 ADC12ENC 之前切断 busy 位，直到复位。

(1) 在重复单通道模式下，在当前转化结束时通过复位 ADC12ENC 来结束转化。

(2) 在序列或重复序列模式下，在序列结束时通过复位 ADC12ENC 来结束转化。

(3) 任何模式下都可以通过设置 CONSEQx 为 0 或者复位 ADC12ENC 来停止转化。但其结果是不可靠的。

注意：无 ADC12EOS 置位的序列。如果选择了序列模式且没有 ADC12EOS 置位，那么复位 ADC12ENC 不能停止序列转化。要停止序列转化，首先要置为单通道模式，然后复位 ADC12ENC。

8. 启用内部温度传感器

要使用芯片内部的温度传感器，用户需要选择模拟输入通道 INCHx=1010。所以相应的配置包括基准电压、转化存储等都已经设置好，用户可以像普通的模拟输入通道一样进行使用。在 MSP430F54xx 中，温度传感器位于 ADC12_A 中，而在其他的设备中是位于 REF 部分的。

选择温度传感器后就会自动打开芯片内部的基准电压发生器，产生供电电压源。但是，这时不允许 VREF+ 向外供电，也不会影响转化的基准选择。温度传感器转化时的基准电压的选择和其他通道一样。

9. ADC12_A 接地和干扰注意事项

对于高分辨率的 ADC，应采用适当的印制电路板布局和接地技术来抑制接地回路、寄生效应和干扰。

地回路是 A/D 的回流经过与模拟或数字的回路相同的通道时产生的。如果不注意，这个回路会产生一个小的但是有害的补偿电压，它会增大或减小基准电压或者是输入模拟信号。除了接地以外，由于数字转化和改变电源供应所造成的供电电源上的纹波和干扰尖峰也会导致转化结果的错误。一种推荐使用的连接为将模拟地和数字地的连接分离为单点连接，这样可以消除干扰，提高精度。

10. ADC12_A 的中断

ADC12_A 有 19 个中断源：ADC12IFG0～ADC12IFG15、ADC12OV，ADC12MEMx 溢出和 ADC12TOV，ADC12_A 转化时间溢出。

当 ADC12MEMx 存储寄存器装入转化结果时，其相应的 ADC12IFGx 位置为 1。若此时控制位 ADC12IEx 和 GIE 置位时，则相应的中断请求产生。当 ADC12MEMx 中上一次的转化结果没有被读取且又存入新的转化结果时，ADC12OV 就会置位。在本次转化还未完成时，如果有新的转化请求发生，那么 ADC12TOV 就会置位。在单通道模式转化结束时或者是在序列通道模式的一个序列转化结束时，DMA 会被启动。

ADC12IV，中断向量发生器：ADC12_A 中所有中断源按优先级集成到了一个中断向量表中。中断向量寄存器 ADC12IV 用来判断响应哪个中断。

最高优先级允许 ADC12_A 的中断在 ADC12IV 寄存器中产生一个数值(参考寄存器说明)。这个数值可以获得，也可以加到程序计数器里，以自动执行合适的软件程序。没有发生中断则不会影响 ADC12IV 的值。

ADC12OV 或 ADC12TOV 两者若都不是最高级的未决中断，那么读或者写寄存器 ADC12IV 中的值都会使得两者复位。而且两个中断都没有容易获得的中断标志位。标志位 ADC12IFGx 不会被 ADC12IV 复位。它会通过访问相应的 ADC12MEMx 寄存器或者是通过软件复位。

如果在一个中断服务结束后刚好有另一个中断等待，那么另外一个中断就会产生。例如，当中断服务程序正在访问 ADC12IV 寄存器时，有两个中断 ADC12OV 和 ADC12IFG3 未决。那么 ADC12OV 中断会被自动复位。在当前中断服务完返回后，ADC12IFG3 会产生另一个中断。

11.4　实　时　时　钟

实时时钟模块(A，RTC_A)提供了具有日历模式、灵活可编程闹钟和校准的时钟计数器。本节介绍实时时钟 A 模块。实时时钟模块 A 执行于 MSP430x5xx 器件中。

11.4.1　实时时钟介绍

实时时钟模块提供了一个具有可以配置成一般目的计数器的日历时钟。

实时时钟特点如下。

- 可配置成实时时钟模式或者一般目的的计数器。
- 在日历模式中提供了秒钟、分钟、小时、星期、日期、月份和年份。
- 具有中断能力。
- 实时时钟模式里可选择 BCD 码或者二进制格式。
- 实时时钟模式里具有可编程闹钟。
- 实时时钟模式里具有时间偏差的逻辑校正。

注意：实时时钟初始化。实时时钟模块的大多数寄存器没有初始条件。在使用这个模块之前，用户必须通过软件对寄存器进行配置。

11.4.2　实时时钟操作

实时时钟模块可以被配置成具有日历作用的实时时钟或者是一个 RTCMODE 模式下的 32 位计数器。

1. 计数器模式

当 RTCMODE 被重置时，计数器模式被选择。在这个模式中，通过软件可以得到一个 32 位的计数器。从日历模式切换到计数器模式是通过重置计数值(RCTNT1、RCTNT2、RCTNT3、RCTNT4)和预换算计数器(RT0PS、RT1PS)。

时钟的增量计数器可源于 ACLK、SMCLK 或者是分频之后的 ACLK 或 SMCLK。分频之后的 ACLK 或 SMCLK 源自分频除法器 RT0PS、RT1PS。RT0PS 和 RT1PS 分别能输出 ACLK 和 SMCLK 的 2 分频、4 分频、8 分频、16 分频、32 分频、64 分频、128 分频、256 分频。RT0PS 的输出可以与 RT1PS 进行级联。级联的输出可用作 32 位计数器的时钟源。

4 个独立的 8 位计数器级联成为 32 位的计数器。这能提供计数时钟的 8 位、16 位、24 位、32 位溢出间隔。RTCTEV 位选择各自的触发。通过设置 RTCTEVIE 位，一个 RTCTEV 发生能够触发一个中断。

计数器 RTCNT1～RTCNT4，每一个都可以单独地访问，并可能被写入。

RT0PS 和 RT1PS 可以被配置成两个 8 位的计数器，或者级联成一个 16 位的计数器。通过设置各自的 RT0PSHOLD 和 RT1PSHOLD 位，RT0PS 和 RT1PS 可以暂停功能设置成各自独立的模块。当 RT0PS 和 RT1PS 级联的时候，通过置位 RT0PSHOLD 可以同时停止 RT0PS 和 RT1PS 被暂停。根据不同的配置，32 位的计数器可以有不同的方法被停止。如果 32 位的计数器直接源于 ACLK 或者 SMCLK，则通过置位 RTCHOLD 而被停止；如果它是源于 RT1PS 的输出，则通过置位 RT1PSHOLD 或者 RTCHOLD 而被停止；最后，如果它源于 RT0PS 和 RT1PS 的级联，则通过置位 RT0PSHOLD、RT1PSHOLD 或者 RTCHOLD 而被停止。

注意：访问 RTCNTx 寄存器。当计数器的时钟与 CPU 时钟是异步的，当计数器不被操作的时候，对于 RTCNTx、RT0PS、或者 RT1PS 的任一寄存器的任何读取应该发生。否则，结果将有可能是不可预知的。二者择一地，计数器在运行的时候应当被多次读取，软件通过绝大多数的结果来决定正确的读取结果。对于任一寄存器 RTCNTx、RT0PS 或者 RT1PS 的读取都会立即生效。

2. 日历模式

当 RTCMODE 置位的时候，日历模式就被选中了。在日历模式中，实时时钟模块可选择以 BCD 码或者是十六进制提供秒、分、小时、星期、月份和年份。日历有能计算能否被 4 整除的闰年算法。这个算法可以精确到 1901～2099 年。

1) 实时时钟和预分频

分频器自动将 RT0PS 和 RT1PS 配置成为实时时钟提供 1s 间隔的时钟。RT0PS 源于 ACLK。ACLK 必须是 32768Hz，名义上是为了实时时钟日历的运行。RT1PS 与 RT0PS 的 ACLK 的 256 分频输出进行级联。实时时钟源于 RT1PS 的 128 分频输出，因而提供所需的间隔 1s 的时钟。从日历模式切换到计数器模式时，会将秒、分、小时、星期、月份和年份全部置 1。另外，RT0PS 和 RT1PS 也会被置位。

当 RTCBCD=1 时，日历寄存器就会被选为 BCD 码格式。必须在时间设置之前选择好格式。改变 RTCBCD 的状态会将秒、分、小时、星期、月份和年份全部置 1。另外，RT0PS 和 RT1PS 也会被置位。在日历模式下，RT0SSEL、RT1SSEL、RT0PSDIV、RT1PSDIV、RT0PSHOLD、RT1PSHOLD 和 RTCSSEL 位都可以被忽略。置位 RTCHOLD 会停止实时计数器、分频计数器和 RT0PS、RT1PS。

2) 实时时钟的闹钟功能

实时时钟模块提供了一个灵活的闹钟系统。这个单独的、用户可编程控制的闹钟，在设置闹钟的秒、分、小时、星期、月份和年份寄存器的基础上进行编程设置。用户可编程闹钟功能只有在日历模式运行的时候才有效。

每一个闹钟寄存器都包括一个闹钟使能位，AE 可用来使能每一个闹钟寄存器。通过设置各式各样闹钟寄存器的 AE 位，可以生成多种闹钟。

比如说，一个用户需要在每一小时的 15min（也就是 00:15:00、01:15:00、02:15:00 等时刻）进行一次闹钟。这只要将 RTCAMIN 设置成 15 即可实现上述功能要求。通过设置 RTCAMIN 的 AE 位和置位闹钟寄存器的所有其他 AE 位，就会使能闹钟。使能时，AF 位就会在 00:14:59～00:15:00、01:14:59～01:15:00、02:14:59～02:15:00 等时刻被置位。

再比如说，一个用户希望设一个闹钟在每天 00:04:00 时刻。将 RTCAHOUR 位置位成 4 即可实现上述功能。通过设置 RTCHOUR 的 AE 位和置位闹钟寄存器的所有其他 AE 位，就会使能闹钟。使能时，AF 就会在 03:59:59～04:00:00 时刻被置位。

　　再举一个例子，一个用户希望设一个闹钟时刻在 06:30:00，将 RTCAHOUR 设置成 6，将 RTCAMIN 设置成 30 即可实现上述功能。通过设置 RTCAHOUR 和 RTCAMIN 的 AE 位，即可使能闹钟。一旦闹钟使能，AF 位将会在每一个 06:29:59～06:30:00 的过渡时刻被置位。在种种情形下，每天的 06:30:00 都会闹钟发生。

　　比如说，一个用户希望在每一个星期二的 06:30:00 时刻闹钟一次。那么，RTCADOW 位设置成 2，RTCAHOUR 设置成 6，RTCAMIN 将要被设置成 30。通过设置 RTCADOW、RTCAHOUR 和 RTCAMIN 的 AE 位，闹钟即被使能。一旦使能，AF 位将会在 06:29:59～06:30:00 的过渡时刻和 RTCDOW 位从 1 到 2 的过渡时刻被置位。

　　最后再举一例，一个用户希望在每一个月份的第五天的 06:30:00 时刻进行一次闹钟。那么，RTCADAY 位将要设置成 5，RTCAHOUR 位将要被设置成 6，RTCAMIN 位将要被设置成 30。通过设置 RTCADAY 位、RTCAHOUR 位和 RTCAMIN 位的 AE 位，闹钟即被使能。一旦使能，AF 位将要在 06:29:59～06:30:00 的过渡时刻和 RTCADAY 等于 5 的时刻被置位。

　　注意：(1)无效的闹钟设置。无效的闹钟设置不会通过硬件的检测。用户有责任将闹钟设置正确。(2)无效的时间和日期设置。指定的合法范围之外的无效日期、时间信息或者是日期值写入到 RTCSEC、RTCMIN、RTCHOUR、RTCDAY、RTCDOW、RTCYEARH、RTCYEARL、RTCAMIN、RTCAHOUR、RTCADAY 和 RTCADOW 寄存器将会导致不可预知的结果。(3)设置闹钟。为了防止发生潜在的错误的闹钟情形，在设置新的时间值到实时时钟寄存器之前，应当置位 RTCAIE、RTCAIFG 和 AE 位来使闹钟失效。

　　3) 在日历模式下读写实时时钟寄存器

　　因为系统时钟实际上是和实时时钟的时钟源是异步的，在进入实时时钟寄存器的时候要格外小心。

　　在日历模式下，实时时钟寄存器每秒钟更新一次。为了防止在更新的时候读取实时时钟数据而造成错误数据的读取，将会有一个禁止进入的窗口。这个禁止进入的窗口会在更新期间左右的 128/32768 中心时间里。在禁止进入窗口期间和窗口外期间，只有 RTCRDY 复位才可以读。在 RTCRDY 复位的时候，对时钟寄存器的任何读取都被认为是潜在错误的，并且时间读取是被忽略的。

　　一个简单而安全读取实时时钟寄存器的方法是利用 RTCRDYIFG 中断标志位。设置 RTCRDYIE 使能 RTCRDYIFG 中断。一旦中断使能，在 RTCRDY 位上升沿的时候将会产生中断，致使 RTCRDYIFG 被置位。在这一点上，这一应用几乎有一秒钟安全地去读取任一个或者所有的实时时钟寄存器。这一同步化的进程防止在过渡时间读取时间值。当中断得到响应的时候，RTCRDYIFG 会自动复位，也可以软件复位。

　　在计数器模式下，RTCRDY 位保持复位。可以不关心 RTCRDYIE 位，并且 RTCRDYIFG 维持复位。

　　注意：读写实时时钟寄存器。当计数器时钟和 CPU 时钟异步的时候，RTCRDY 位复位时，对 RTCSEC、RTCMIN、RTCHOUR、RTCDOW、RTCDAY、RTCMON、RTCYEARL 和 RTCYEARH 任一寄存器的任何读取都有可能导致错误的数据被读取。为了安全地读取计数器数据，多次读取 RTCRDY 位取平均值和同步读取操作等上述方法都可被使用。作为选择，在运行时，可以多次读取计数器寄存器，由软件多次读取来确定正确的数据。读取 RT0PS 和 RT1PS 位不仅可以通过多次读取计数器寄存器和软件多次读取来确定正确的数据，还可以暂定计数器。

对任何计数寄存器的写操作都是瞬时有效的。当然，在写的过程中，计数器是停止的。另外，RT0PS 和 RT1PS 寄存器复位。这有可能导致在写操作的过程中丢失近一秒钟。合法数据范围之外的写操作和不正确的时间结合将会导致不可预见的行为结果。

3. 实时时钟中断

实时时钟模块有 5 个中断源，每一个中断源都有独立的使能位和标志位。

1) 日历模式中的实时时钟中断

在日历模式中，有 5 个中断源是可用的，分别是 RT0PSIFG、RT1PSIFG、RTCRDYIFG、RTCTEVIFG 和 RTCAIFG。这些中断标志具有优先次序，结合指向独立的中断向量。中断向量寄存器 RTCIV 用来决定哪一个中断标志被请求。

最高优先级使能中断在 RTCIV 寄存器(见寄存器描述)里产生一个数字。这个数字能够被评估或者加载到编程计数器来自动地进入相应的软件程序中去。使实时时钟无效不会影响 RTCIV 中的值。

任何访问、读或者写 RTCIV 寄存器都会自动复位最高位未决定的中断标志位。如果一个中断标志位被设置了，在相应完最初的中断之后，另一个中断会立即被生成。另外，所有的标志位都可以通过软件清除。

用户可编程闹钟发生源自实时时钟中断 RTCAIFG。设置 RTCAIE 使能中断。用户可编程闹钟，实时时钟模块还提供了源于实时时钟中断的一个间隔闹钟 RTCTEVIFG。当 RTCMIN、RTCHOUR 位变化或者每天午夜(00:00:00)、中午(12:00:00)时，间隔闹钟可被选中来引起闹钟的发生。事件发生是可以由 RTCTEV 位设定 RTCTEVIE 位来使能中断。

RTCRDY 位源自实时时钟的中断和 RTCRDYIFG，在系统时钟下同步读取时间寄存器很有用。设置 RTCRDYIE 位使能中断。

通过 RT0IP 位，可以选择地让 RT0PSIFG 位用来生成间接中断。在日历模式下，RT0PS 的时钟源是 32768Hz 的 ACLK，所以可以产生 16384Hz、8192Hz、4096Hz、2048Hz、1024Hz、512Hz、256Hz 和 128Hz 的时间间隔。设置 RT0PSIE 位可以使能中断。

通过 RT1IP 位，可以选择地让 RT1PSIFG 位用来生成间接中断。在日历模式中，RT1PS 位源自 RT0PS 位的输出 128Hz(32768/256Hz)。所以，可以产生 64Hz，32Hz，16Hz，8Hz，4Hz，2Hz，1Hz 或者 0.5Hz 的间隔。设置 RT1PSIE 位可以使能中断。

2) 计数器模式中的实时时钟中断

在计数器模式中，三个中断源是可用的，分别是 RT0PSIFG、RT1PSIFG 和 RTCTEVIFG。RTCAIFG 位和 RTCRDYIFG 位被清除。RTCRDYIE 和 RTCAIE 位可以忽略。

通过 RT0IP 位，可以选择地让 RT0PSIFG 位用来生成间接中断。在计数器模式，RT0PS 位源自 ACLK 或者 SMCLK，所以是各个可用时钟源的 2 分频、4 分频、8 分频、16 分频、32 分频、64 分频、128 分频和 256 分频。设置 RT0PSIE 位可以使能中断。

通过 RT1IP 位，可以选择地让 RT1PSIFG 位用来生成间接中断。在计数器模式下，RT1PS 位源于 ACLK、SMCLK 或者是 RT0PS 位的输出，所以是各个可用时钟源的 2 分频、4 分频、8 分频、16 分频、32 分频、64 分频、128 分频和 256 分频。设置 RT1PSIE 位可以使能中断。

实时时钟模式提供了一个源于实时时钟中断的时间间隔测量器 RTCTEVIFG。选择时间间隔测量器,在 32 位计数器里,当 8 位、16 位、24 位或者 32 位溢出时产生中断。当 RTCTEVIE 位使能中断时,可通过 RTCTEV 位来选择。

4. 实时时钟校准

实时时钟具有校准逻辑,它会校准精确到标准晶体振荡的–2~+4ppm。

RTCCALx 位是用来校准频率的。当 RTCCALS 位设置好之后,每一个 RTCCALx 低位会导致+4ppm 的校准。当 RTCCALS 位被清除,每一个 RTCCALx 低位会导致–2ppm 的校准。

为了校准频率,在一个引脚上 RTCCLK 输出信号是有用的。RTCCALF 位可以用来选择输出信号的频率比率。在校准过程中,RTCCLK 位是可以被测量的。测量的结果可以应用到 RTCCALS 和 RTCCALx 位用来降低时钟的最初补偿。比如说,假使 RTCCLK 位的输出频率是 512Hz。RTCCLK 位的测量值是 511.9658Hz。这里的频率误差大约为 67ppm。为了提高 67ppm 的频率误差,RTCCALS 位将要被设置,并且 RTCCALx 位也要被设置成 17(67/4)。

在计数器模式下(RTCMODE = 0),校准逻辑是失效的。

注意:校准输出频率。校准设置发生改变时,在 RTCCLK 引脚观察 512Hz 和 256Hz 的输出频率是不会有影响的。而校准发生改变时,1Hz 的输出频率是有影响的。

11.4.3 实时时钟寄存器

实时时钟最基本的寄存器可以在器件手册里找到。实时时钟寄存器这里只是简单列举出来,如下所示。

(1)RTCNT1,RTC 控制寄存器 1,计时器模式。

(2)RTCNT2,RTC 控制寄存器 2,计数器模式。

(3)RTCNT3,RTC 控制寄存器 3,计数器模式。

(4)RTCNT4,RTC 控制寄存器 4,计数器模式。

(5)RTCSEC,秒寄存器,日历模式对于十六进制格式(低 3-0 位)。

(6)RTCSEC,秒寄存器,日历模式对于 BCD 格式(3-4 位为秒十位[0-5],1-0 位为秒个位[0-9])。

(7)RTCMIN,分寄存器,日历模式对于十六进制格式(低 3-0 位)。

(8)RTCMIN,分寄存器,日历模式对于 BCD 格式(3-4 位为秒十位[0-5],1-0 位为秒个位[0-9])。

(9)RTCHOUR,时寄存器,日历模式对于十六进制格式(低 1-0 位[0-24])。

(10)RTCHOUR,时寄存器,日历模式对于 BCD 格式(3-4 位为秒十位[0-2],1-0 位为秒个位[0-9])。

(11)RTCDOW,星期日数寄存器,日历模式(低 2-0 位[0-6])。

(12)RTCDAY,日(月)寄存器,日历模式对于十六进制格式(低 1-0 位[0-28,29,30,21])。

(13)RTCDAY,日(月)寄存器,日历模式对于 BCD 格式(3-4 位为秒十位[0-3],1-0 位为秒个位[0-9])。

(14)RTCMON,月寄存器,日历模式对于十六进制格式(低 1-0 位[0-12])。

(15)RTCMON,月寄存器,日历模式对于 BCD 格式(位 4 为秒十位[0-3],1-0 位为秒个位[0-9])。

（16）RTCYEARL，年低字节寄存器，日历模式对于十六进制格式（低 5-0 位[0-4095 的低字节]）。

（17）RTCYEARL，年低字节寄存器，日历模式对于 BCD 格式（5-4 位为十年位[0-9]，1-0 位为最低数字[0-9]）。

（18）RTCYEARH，年高字节寄存器，日历模式对于十六进制格式（低 5-0 位[0-4095 的高字节]）。

（19）RTCYEARH，年高字节寄存器，日历模式对于 BCD 格式（4-4 位为 100 年位[0-9]，1-0 位为最低数字[0-9]）。

（20）RTCAMIN，分闹铃寄存器，日历模式对于十六进制格式（3-0 位[0-59]）。

（21）RTCAMIN，分闹铃寄存器，日历模式对于 BCD 格式（4-4 位分高数位[0-59]，1-0 位分低数位[0-9]）。

（22）RTCAHOUR，时闹铃寄存器，日历模式对于十六进制格式（2-0 位[0-24]）。

（23）RTCAHOUR，时闹铃寄存器，日历模式对于 BCD 格式（2-5 位分高数位[0-2]，1-0 位分低数位[0-9]）。

（24）RTCADOW，星期闹铃寄存器，日历模式（2-0 位[0-6]）。

（25）RTCADAY，日闹铃寄存器，日历模式对于十六进制格式。（2-0 位[0-28，29，30，31]）。

（26）RTCADAY，日闹铃寄存器，日历模式对于 BCD 格式。（3-4 位高数字[0-3]，1-0 位低数位[0-9]）。

（27）RTCIV Btis13-0，RTC 中断向量值寄存器。

11.5　UART

通用串行通信接口（Universal Serial Communication Interface, USI）——UART 模式。

5xx 系列通用串行通信接口（USCI）在同一个硬件模块下支持多种串行通信模式，下面是异步 UART 模式的操作。

11.5.1　USCI 概述

通用串行通信接口（USCI）模块支持多种串行通信模式。不同的 USCI 模块支持不同的模式。每一个不同的 USCI 模块以不同的字母命名，例如，USCI_A，USCI_B 等。如果在一个设备上实现了不止一个相同的 USCI 模块，那这些模块将以递增的数字命名。例如，当一个设备上有两个 USCI_A 模块时，这两个模块应该被命名为 USCI_A0 和 USCI_A1。如有需要，可以通过查阅设备明细表来确定哪些 USCI 模块可以在哪些设备上实现。

USCI_Ax 模块支持：

（1）UART 模式。

（2）脉冲整形的 IrDA 通信。

（3）自动波特率检测的 LIN 通信。

（4）SPI 模式。

USCI_Bx 模块支持：

（1）I^2C 模式。

（2）SPI 模式。

11.5.2　UART 模式

在通用异步收发器模式中，USCI_Ax 模块通过两个外部引脚发送引脚 UCAxRXD 和接收引脚 UCAxTXD 把 MSP430 和一个外部系统连接起来。当 UCSYNC 位被清 0 时就选择了 UART 模式。

UART 模式的特征包括：

(1)传输 7 位或 8 位数据，可采用奇校验或偶校验或者无校验。

(2)独立地发送和接收移位寄存器。

(3)独立地发送和接收缓冲寄存器。

(4)支持最低位优先或最高位优先的数据发送和接收方式。

(5)多处理机系统，包括线路闲线和地址位通信协议。

(6)通过有效的起始位检测将 MSP430 从低功耗唤醒。

(7)可编程实现分频因子是小数的波特率。

(8)状态标志位用于检测错误或排除错误。

(9)状态标志位用于地址检测。

(10)独立的发送和接收中断。

11.5.3　USCI 操作：UART 模式

在 UART 模式下，USCI 异步地以一位速率向另一个设备发送和接收字符。每个字符的定时是基于软件对波特率的设定。发送和接收操作使用相同的波特率频率。

1.　USCI 初始化和复位

通过 PUC 信号或设置 UCSWRST 位可以使 USCI 复位。在 PUC 信号之后，UCSWRST 被自动置位，并使 USCI 复位。当 UCSWRST 置位时，它会重新置位 UCRXIE、UCTXIE、UCRXIFG、UCRXERR、UCBRK、UCPE、UCOE、UCFE、UCSTOE 和 UCBTOE 位，并置位 UCTXIFG。清除 UCSWRST 可以释放 USCI，使其进入操作状态。

USCI 模块初始化或重新配置推荐步骤如下：

(1)设置 UCSWRST(BIS.B #UCSWRST，&UCAxCTL1)。

(2)在 UCSWRST=1 时初始化所有的 USCI 寄存器(包括 UCTxCTL1)。

(3)配置端口。

(4)软件清除 UCSWRST(BIC.B #UCSWRST，&UCAxCTL1)。

(5)通过设置 UCRXIE 和 UCTXIE 或二者之一使能中断。

2.　字符格式

UART 字符格式，包括起始位，7 或 8 个数据位，一个奇偶校验位或没有校验位，一个地址位(地址位模式下)和一个或两个停止位。UCMSB 位用来设置传输的方向和选择最低位还是最高位先发送。UART 通信要求先发送最低位。

3.　异步通信格式

当两个设备异步通信时，不需要多机通信协议。当三个或更多的设备通信时，USCI 支持线路空闲和地址位多机通信格式。

1)线路空闲多机模式

当 UCMODEx=01 时，就选择了线路空闲多机模式。在这种模式下，发送和接收数据线上的数据块被空闲时间分隔。在字符的一个或两个停止位之后，收到 10 或 10 以上连续的 1，则表示接收线路空闲。在识别到空闲线路后，波特率发生器就会被关断，直到检测到下一个起始位才会重新被启动。当检测到空闲线路，UCIDLE 就会置位。

UCDORM 被用于在多机模式下控制数据接收。当 UCDORM=1 时，所有的非地址字符被拼装起来但不会将该字符移送到接收缓冲 UCAxRXBUF，也不会产生中断。当接收到地址符时，字符才会被移送到 UCAxRXBUF，同时产生中断标志 UCRXIFG=1。当 UCRXEIE=1 时，任何可用的错误标志被置位。当 UCRXEIE=0 并且接收到地址字符，但传输字符发生了帧错误或奇偶错误，字符不会被移送到 UCAxRXBUF，UCRXIFG 也不会置位。

如果接收到地址字符，用户软件使地址有效且必须复位 UCDORM 才可以继续接收数据。如果 UCDORM 一直保持置位，则只能接收地址字符。在接收字符期间若 UCDORM 被清 0，则在字符接收完成之后接收中断标志将被置位。UCDORM 位不会被 USCI 硬件自动修改。

对在线路空闲多机模式下发送地址而言，在 UCAxTXD 上产生地址字符标识的 USCI 会产生一个固定的空闲周期。如果装载在 UCAxTXD 上的下一个字符在 11 位的空闲线路之前，则双缓冲 UCTXADDR 标志就会设置。一旦起始位产生，UCTXADDR 就会自动清。

2)发送空闲帧

用发送空闲帧来识别在数据字符之前的地址字符的步骤如下：

（1）置位 UCTXADDR，然后把地址字符写入发送缓存 UCAxTXBUF。对新数据来说，UCAxTXBUF 必须是准备好的(UCTXIFG=1)。

这会产生一个 11 位的空闲周期，随后发送地址字符。当地址字符从发送缓存 UCAxTXBUF 进入移位寄存器时 UCTXADDR 会自动复位。

（2）把要发送的数据字符写入发送缓存 UCAxTXBUF。对新数据来说，UCAxTXBUF 必须是准备好的(UCTXIFG=1)。

对新数据来说，只要移位寄存器是准备好状态，写入发送缓存 UCAxTXBUF 的数据被传送到移位寄存器并被发送出去。在发送的地址和数据之间或在发送的数据之间空闲线路时间不能忽略，否则，发送的数据将被误解为地址。

3)地址位多机模式

当 UCMODEx=10，则就选择了地址位多机模式。每个处理过的字符都包含一个用于地址标识的附加位。字符块的第一个字符带有一个置位的地址位，用于表明该字符是地址。当接收的字符是地址时，USCI UCADDR 置位，并且将接收的字符送入接收缓存 UCAxRXBUF。

在地址位多机模式下 UCDORM 被用于数据接收。当 UCDORM 置位时，数据字符在地址位为 0 时由接收器拼装起来，但它们不会被送入接收缓存 UCAxRXBUF，也不会产生中断。只有当接收到一个地址位为 1 的字符时，字符才会被送入 UCAxRXBUF，同时 UCRXIFG 被置位。如果有错误即 UCRXEIE=1，则相应的错误标志被设置。当 UCRXEIE=0 且收到带有一个置位的地址位的字符，但是有帧错误和奇偶错误时，字符不会被送入接收缓冲器 UCAxRXBUF，UCRXIFG 也不会被置位。

如果接收到地址字符，用户软件使地址有效同时复位 UCDORM 以继续接收数据。如果

UCDORM 保持置位，则只有地址位为 1 的地址字符可以被接收。UCSI 硬件不会自动修改 UCDORM 位。

当 UCDORM=0，所有接收的字符都会置位接收中断标志 UCRXIFG。如果 UCDORM 在接收字符期间被清 0，则接收中断标志将会在接收完成之后被置位。在地址位多机模式下发送地址，字符地址位由 UCTXADDR 位控制。装载在字符地址位中的 UCTXADDR 位的值从 UCAxTXBUF 传送到发送移位寄存器中。当产生起始位时 UCTXADDR 被自动清 0 。

4）打断的接收和打断的产生

当 UCMODEx=00，01 或 10 时，且不考虑奇偶位，地址模式或其他字符值，所有数据，奇偶位和停止位都是低电平时接收器认为检测到打断。当检测到打断，UCBRK 位会置位。如果打断中断使能位 UCBRKIE 置位，则接收中断标志 UCRXIFG 也将被置位。在这种情况下，因为所有的数据位是 0 所以接收缓冲 UCAxRXBUF 中的值也是 0。为了发送，打断会置 UCTXBRK 位，然后把 0 写到 UCAxTXBUF 中。UCAxTXBUF 必须为新数据准备好（UCTXIFG=1）。在所有的位为低时会产生打断。当起始位产生时 UCTXBRK 被自动清 0。

4. 自动波特率检测

当 UCMODEx=11 时，就选择了带自动波特率检测的 UART 模式。对自动波特率检测方式，在数据帧前面会有一个包含打断/同步域的同步序列。当接收到 11 个或更多个连续的 0 时被识别为打断。如果打断的长度超过 21 位时，则打断超时错误标志 UCBTOE 被置位。当接收打断/同步域时 USCI 不能发送数据。

为了 LIN 一致性，字符格式应该设置为 8 个数据位，低位优先，没有奇偶位和停止位。地址位是不可用的。

在一个字节里同步域包含有数据 055H，同步是基于这种模式的第一个下降沿和最后一个下降沿之间的时间度量。如果通过设置 UCABDEN 使能自动波特率检测功能，则发送波特率发生器通常用于时间度量。否则，只接收模式并不量测。量测的结果被发送到波特率控制寄存器 UCAxBR0，UCAxBR1，UCAxMCTL。如果同步域的长度超过了可量测的时间则同步超时错误标志 UCSTOE 会置位。

在这种模式中，UCDORM 位用于控制数据接收。当 UCDORM 置位，所有的数据都会被接收但不会发送到接收缓冲器 UCAxRXBUF，也不会产生中断。当检测到打断/同步域时会置位 UCBRK 标志。在打断/同步域之后的字符会被发送到接收缓冲器 UCAxRXBUF 中并置位 UCRXIFG 中断标志。别的错误标志也会置位。如果 UCBRKIE 置位，打断/同步的接收会置位 UCRXIFG 标志。通过用户软件或读接收缓冲器可以复位 UCBRK 位。

当收到打断/同步域时，为了继续接收数据用户软件必须复位 UCDORM。如果 UCDORM 保持置位，则只有打断/同步域的下一个接收之后的字符能被接收。UCDORM 位不会由 USCI 硬件自动修改。

当 UCDORM=0，所有已接收字符将置位接收中断标志 UCRXIFG。如果在接收字符期间 UCDORM 被清 0，则接收中断标志会在接收完成之后被置位。

计数器用于检测波特率不大于 07FFFH（32767）值。这意味着在超采样模式下可检测最小波特率是 488 波特（Baud），而在低频模式下是 30 波特。

自动波特率检测模式能在带有某些限制的全双工通信系统中应用。当接收到打断/同步域时 USCI 不能发送数据，同时如果在帧错误下接收到一个 0 字节，那么此时任何的数据发送都会遭到破坏。后一种情况可以通过检查接收数据和 UCFE 位来发现。

发送打断/同步域的过程如下：

(1) 设置模式 UMODEx=11 并置位 UCTXBRK

(2) 写 055H 到发送缓冲器 UCAxTXBUF。UCAxTXBUF 必须为新数据做好准备 (UCTXIFG=1)。这会产生一个 13 位的打断域，随后会有打断分隔符和同步字符。打断分隔符的长度由 UCDELIMx 位控制。当同步字符从发送缓冲器 UCAxTXBUF 发送到移位寄存器时 UCTXBRK 会自动复位。

(3) 把需要发送的数据写入发送缓冲器 UCAxTXBUF。UCAxTXBUF 必须为新数据做好准备 (UCTXIFG=1)。写到发送缓冲器 UCAxTXBUF 中的数据被送入移位寄存器，只要移位寄存器为新数据做好准备数据就会发送出去。

5. USCI 接收使能

通过清 0 UCSWRST 位可以使能 USCI 模块，接收端准备接收数据并处于空闲状态。接收波特率发生器处于准备好状态但是没有时钟也不会产生任何时钟。

起始位的下降沿可以使能波特率发生器，UART 状态机检查有效起始位。如果没有检查到有效起始位则 UART 状态机返回到它的空闲状态，同时波特率发生器停止。如果检测到有效起始位则字符就会被接收。

若 UCMODEx=01 就会选择线路空闲多机模式，在接收完一个字符之后 UART 状态机检查空闲线路。若检测到一个起始位则接收下一个字符。否则若接收到 10 个 1 就会设置 UCIDLE 空闲标志，UART 状态机返回空闲状态，同时波特率发生器停止。

6. USCI 发送使能

通过清 0 UCSWRST 位可以使能 USCI 模式，发送端准备发送数据并处于空闲状态。发送波特率发生器处于准备好状态但是没有时钟也不会产生任何时钟。

通过写数据到发送缓冲 UCAxTXBUF 就可以开始发送。波特率发生器开始工作，在发送移位寄存器空时发送缓冲 UCAxTXBUF 中的数据在下一个 BITCLK 上被移入移位寄存器。当新数据写入 UCAxTXBUF 时 UCTXIFG 会置位。

在前一个字节发送之后只要 UCAxTXBUF 中新数据可用发送就可以继续。前一个字节发送完后新数据不在 UCAxTXBUF 中，发送端返回空闲状态，同时波特率发生器停止。

7. UART 波特率的产生

在 MSP430 系列单片机的 UART 通信中，波特率的产生比较特殊，即它可以使用低频晶振 (32678Hz) 来产生 9600bit/s 以下的波特率 (笔者在采用低频晶振进行 9600bit/s 通信测试时，发现误码率还是比较高，所以建议采用低频晶振时波特率不要超过 4800bit/s。如果需要较高的波特率可以使用 SMCLK 时钟作为时钟源)。其原因就是 MSP430 系列单片机的波特率发生器不仅有一个分频器，还使用了一个调整器。这种组合使得即使晶振不是标准波特率的整数倍，也能保证异步通信能够正常工作。

USCI 波特率发生器可以从非标准源频率产生标准波特率。通过设定 UCOS16 位可以选择两种模式中的一种。

1）低频波特率的发生

当 UCOS16=0 就选择了低频模式。这种模式允许从低频时钟源（来源 32768Hz 晶振的 9600 波特）上产生波特率。通过采用低输入频率减少模块的电源消耗。在高频和高分频设置下用这种模式将导致在更小的窗口下采用多数表决方式，因此降低了多数表决方式的优势。

在低频模式下，波特率发生器采用分频器和调整器来产生位时钟定时信号。这种方式支持产生不是整数的波特率。在这种方式下，最大 USCI 波特率是 UART 源时钟频率 BRCLK 的 1/3。

每一位的定时如图 11-10 所示。对接收到的每一位，多采用多数表决法决定这一位的值。这些采样点发生在 $N/2-1/2$，$N/2$，$N/2+1/2$ BRCLK 周期。N 值是每个 BITCLK 时钟中 BRCLKs 的数目。

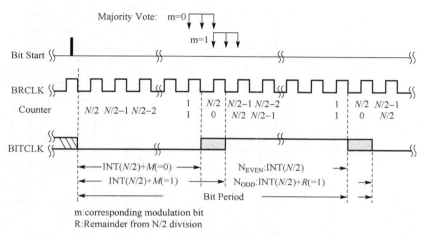

图 11-10　用 UCOS16=0 设定 BITCLK 波特率定时

基于 UCBRSx 设置的调整如表 11-4 所示。在这个表中的 A1 表示 $m=1$ 时相应的 BITCLK 周期，是一个 BRCLK 周期，它要比 $m=0$ 时 BITCLK 周期长。调整在 8 位后进行，但是在新开始位之后会重新开始。

表 11-4　BITCLK 调整位图

UCBRSx	Bit0(Start bit)	Bit 1	Bit 2	Bit 3	Bit 4	Bit 5	Bit 6	Bit 7
0	0	0	0	0	0	0	0	0
1	0	1	0	0	0	0	0	0
2	0	1	0	0	0	1	0	0
3	0	1	0	1	0	1	0	0
4	0	1	0	1	0	1	0	1
5	0	1	1	1	0	1	0	1
6	0	1	1	1	0	1	1	1
7	0	1	1	1	1	1	1	1

2）过采样波特率的产生

当 UCOS16=1 就选择了过采样模式。这种模式支持以高输入时钟频率采样 UART 位流。这导致以位时钟周期的 1/16 的多数表决原则。当 IrDA 编码器和解码器使能时这种模式也支持 3/16 位时间的 IrDA 脉冲。

这种模式使用一个分频器和一个调整器产生 BITCLK16 时钟，此时钟比 BITCLK 时钟快 16 倍。附加的分频器和调整器从 BITCLK16 产生 BITCLK 时钟。这种方式支持 BITCLK16 和 BITCLK 产生不是整数的波特率。在这种方式下，最大 USCI 波特率是 UART 源时钟频率 BRCLK 的 1/16。当 UCBRx 设置为 0 或 1 时第一分频和调整过程被绕过并且 BITCLK 等于 BITCLK16。在这种情况下，BITCLK16 没有调整的可能，因此 UCBRFx 位被忽略。

BITCLK16 的调整是基于 UCBRFx 位的设置。如表 11-5 所示。在这个表中的 A1 表示 $m=1$ 时相应的 BITCLK 周期，是一个 BRCLK 周期，它要比 $m=0$ 时 BITCLK 周期长。调整在每个新位时重新开始。

表 11-5　BITCLK16 调整位图

UCBRFx	No. of BITCLK16 Clocks after last falling BITCLK edge															
	0	1	2	3	4	5	6	7	8	9	10	11	12	13	14	15
00h	0	0	0	0	0	0	0	0	0	0	0	0	0	0	0	0
01h	0	1	0	0	0	0	0	0	0	0	0	0	0	0	0	0
02h	0	1	0	0	0	0	0	0	0	0	0	0	0	0	0	1
03h	0	1	1	0	0	0	0	0	0	0	0	0	0	0	0	1
04h	0	1	1	0	0	0	0	0	0	0	0	0	0	0	1	1
05h	0	1	1	1	0	0	0	0	0	0	0	0	0	0	1	1
06h	0	1	1	1	0	0	0	0	0	0	0	0	0	1	1	1
07h	0	1	1	1	1	0	0	0	0	0	0	0	0	1	1	1
08h	0	1	1	1	1	0	0	0	0	0	0	0	1	1	1	1
09h	0	1	1	1	1	1	0	0	0	0	0	0	1	1	1	1
0Ah	0	1	1	1	1	1	0	0	0	0	0	1	1	1	1	1
0Bh	0	1	1	1	1	1	1	0	0	0	0	1	1	1	1	1
0Ch	0	1	1	1	1	1	1	0	0	0	1	1	1	1	1	1
0Dh	0	1	1	1	1	1	1	1	0	0	1	1	1	1	1	1
0Eh	0	1	1	1	1	1	1	1	0	1	1	1	1	1	1	1
0Fh	0	1	1	1	1	1	1	1	1	1	1	1	1	1	1	1

8. 设置波特率

对于给定的 BRCLK 时钟源，波特率用于决定要求的分频因子 N：

$$N = f_{\text{BRCLK}} / \text{Baudrate}$$

分频因子 N 一般不是一个整数，因此一个分频器和一个调整器被用来满足 N 值的需要。如果 N 值等于或大于 16，可以通过设置 UCOS16 来选择过采样波特率发生模式。

1) 低频波特率模式设定

在低频模式下，分频计数器实现分频因子的整数部分：

$$\text{UCBRx} = \text{INT}(N)$$

小数部分由调整器来实现，公式如下：

$$\text{UCBRSx} = \text{round}((N - \text{INT}(N)) \times 8)$$

通过计数器增加或降低 UCBRSx 值可以对任何给定的位给一个比较低的极限位错误。为了确定事实是否就是这样，UCBRSx 设置的每一位都必须进行详细的错误计算。

2) 过采样波特率模式设置

在过采样模式下，分频器设置为

$$UCBRx=INT(N/16)$$

第一阶段的调整器设置为

$$UCBRFx=round((N/16)-INT(N/16)\times16)$$

当要求更高的精度时，UCBRSx 调整器用从 0～7 的值来实现。为了发现任何给定位的最低极限位错误率的设置，就应该对 UCBRSx 的从 0～7 所有设置值进行详细错误计算，不管这个值是初始设置还是通过加 1、减 1 的 UCBRSx 设置值。

9. 发送位定时

每个字符的时间是每个位时间的总和。用波特率发生器的调整特征可以减少位积累错误。每个位错误可以用下述步骤计算。

(1) 低频波特率模式位定时。

$$T_{\text{bit,TX}}[i] = (1/f_{\text{BRLCK}})(UCBRx + m_{\text{UCBRSx}}[i])$$

其中，$m_{\text{UCBRSx}}[i]$=表 11-4 中位 i 的调整值。

(2) 过采样波特率模式定位时。

在过采样波特率模式下，计算位 i 时间长度 $T_{\text{bit,TX}}[i]$ 是基于波特率发生器 UCBRx，UCBRFx 和 UCBRSx 设置值：

$$T_{\text{bit,TX}}[i] = \frac{1}{f_{\text{BRCLK}}}\left((16 + m_{\text{UCBRSx}}[i])\times UCBRx + \sum_{j=0}^{15} m_{\text{UCBRFx}}[j]\right)$$

其中，$\sum_{j=0}^{15} m_{\text{UCBRFx}}[j]$ 在表 11-5 中相应行的和，$m_{\text{UCBRSx}}[i]$ = 表 11-4 中位 i 的调整值。

这样末位时间 $t_{\text{bit,TX}}[i]$ 等于所有以前和当前位的时间总和。

$$T_{\text{bit,TX}}[i] = \sum_{j=0}^{i} T_{\text{bit,TX}}[j]$$

为了计算位错误，这个时间和理想位时间 $t_{\text{bit,ideal,TX}}[i]$ 进行比较：

$$t_{\text{bit,ideal,TX}}[i] = (1/\text{Baudrate})(i+1)$$

这样把一个位错误规格化到一个理想位时间(1/Baudrate)：

$$\text{Error}_{\text{TX}}[i] = (t_{\text{bit,TX}}[i] - T_{\text{bit,ideal,TX}}[i])\times\text{Baudrate}\times100\%$$

在低频模式下，计算位 i 时间长度 $T_{\text{bit,TX}}[i]$ 是基于 UCBRx 和 UCBRSx 设置值。

10. 接收位定时

接收定时错误包括两个错误源。类似于发送位定时错误，第一个是位与位之间的定时错误。第二个是在起始位发生和起始位被 USCI 模块接收之间的错误。在 UCAxRXD 接收引脚上的数据和内部波特率时钟之间的异步定时错误，这又会导致一个同步错误。同步错误时间 t_{SYNC} 为 -0.5BRCLKs～$+0.5$BRCLKs，不受选择的波特率发生器模式的限制。

11. 以低功耗模式在 UART 模式中使用 USCI 模块

USCI 模块在低功耗模式下提供自动时钟激活。当 USCI 时钟源因为设备在低功耗模式下处于非激活状态时，若需要 USCI 模块能自动激活它，而不管时钟源控制位的设置是什么。时钟源的活动状态将一直保持到 USCI 模块返回到它的空闲状态才会停止。在 USCI 模块返回到空闲状态后，时钟源的控制又会依赖于它的控制位的设置。

12. USCI 中断

USCI 模块发送和接收共用一个中断向量。USCI Ax 和 USCI Bx 模块有自己的中断向量。

1）USCI 发送中断操作

发送端设置 UCTXIFG 中断标志表示发送缓冲 UCAxTXBUF 准备接收下一个字符。如果 UCTXIE 和 GIE 也置位就会产生一个中断请求。若字符被写入发送缓冲 UCAxTXBUF，则中断标志 UCTXIFG 会自动复位。

PUC 后或 UCSWRST=1 时，UCTXIFG 置位，UCTXIE 复位。

2）USCI 接收中断操作

每次一个字符被接收并被装到接收缓冲 UCAxRXBUF 中，接收中断标志 UCRXIFG 都会置位。如果 UCRXIE 和 GIE 也置位就会产生一个中断请求。UCRXIFG 和 UCRXIE 由系统复位信号 PUC 或 UCSWRST=1 来复位。当接收缓冲 UCAxRXBUF 被读时 UCRXIFG 自动复位。

其他中断控制特征包括：

①当 UCAxRXEIE=0，错误字符将不会置位 UCRXIFG。

②当 UCDORM=1，在多机模式下非地址字符将不会置位 UCRXIFG。

③当 UCBRKIE=1，打断状态将置位 UCBRK 和 UCRXIFG 标志位。

3）UCAxIV，中断向量发生器

USCI 中断标志有不同优先级，这些中断标志都来源于一个中断向量。中断向量寄存器 UCAxIV 被用于决定哪一个中断标志请求了中断。使能的最高优先级中断在中断向量寄存器 UCAxIV 中产生一个数字，这个数字可以被计算或者被加到程序计数器上以自动进入相应的软件例程。禁止的中断不影响 UCAxIV 值。

任何对 UCAxIV 寄存器的存取，读或写都能自动复位最高优先级的挂起中断标志。如果另外的中断标志置位，则在响应完第一个中断后马上就会产生下一个中断。

11.5.4 USCI 寄存器：UART 模式

在 UART 模式下：

（1）UCAxCTL0，USCI_Ax 控制寄存器 0。

（2）UCAxCTL1，USCI_Ax 控制寄存器 1。

（3）UCAxBR0，USCI_Ax 波特率控制寄存器 0。

（4）UCAxBR1，USCI_Ax 波特率控制寄存器 1。

（5）UCAxMCTL，USCI_Ax 调整控制寄存器。

（6）UCAxSTAT，USCI_Ax 状态寄存器。

（7）UCAxRXBUF，USCI_Ax 接收缓冲寄存器。

(8) UCAxTXBUF，USCI_Ax 发送缓冲寄存器。

(9) UCAxIRTCTL，USCI_Ax 的 IrDA 发送控制寄存器。

(10) UCAxIRRCTL，USCI_Ax 的 IrDA 接收控制寄存器。

(11) UCAxABCTL，USCI_Ax 自动波特率控制寄存器。

(12) UCAxIE，USCI_Ax 中断允许寄存器。

(13) UCAxIFG，USCI_Ax 中断标志寄存器。

(14) UCAxIV，USCI_Ax 中断向量寄存器。

注意：典型波特率和错误请查看 TI 的相关手册 slau208f.pdf 等。

11.6　看门狗定时器及其他

WDT 可以工作在两种模式：一种是看门狗模式，时间一到就产生复位；另一种模式是普通的定时器模式，对 WDT 寄存器进行配置可以完成不同时间间隔的定时。

其他还包括 Port Mapping Controller 端口映射控制器、USB、定时器 A、定时器 B、硬件乘法器比较器 A、Flash 存储器、SPI、IIC 等，具体请查看 TI 提供的有关芯片文档，如 slau208f.pdf 等。

第 12 章　MSP430 开发简介

首先必须拥有一套简单的开发套件，包括了软件和硬件。

12.1　开发 MSP430 的入门套件

开发 MSP430 最简单的入门套件：编程器+目标板+ IDE。MSP430 的开发流程如图 12-1 所示。

要把编译好的程序下载到 MSP430 的 MCU 中需要连接线或者编译器（下载器），MSP430 的 Flash 系列单片机通常使用连接线 JTAG 线和 USB 线就可以下载到 MCU 中，也可以使用专门的下载调试器或者叫编程器（图 12-2）来把程序下载到开发板等目标板的 MCU 中，当然也有批量烧写的下载器。

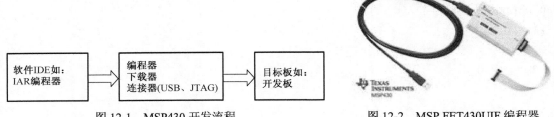

图 12-1　MSP430 开发流程　　　　　　　图 12-2　MSP FET430UIF 编程器

入门套件附带完成整个项目所需的一切，包括目标板、USB 调试和编程接口、免费的 IDE 软件、MSP430 样片和电缆。大多数目标板包括适用于特定封装和引脚数的插座。请在器件网页上核实打算使用的器件的推荐工具。

12.1.1　编程器

这里的编程器可以使用连接线也可以专门的下载器，这里主要是把编译好的代码下载到目标板中的 MCU 里。

这里编程器使用的目的是连接电脑和目标板，把代码下载到 MCU 中。编程器并不是所有 MSP430 的处理器都可以支持，这需要在选择时找到对应的处理器。

MSP430 编程器采用的主要接口有 JTAG 接口编程、SBW 接口编程和 BSL 编程。

JTAG 方式与 BSL 方式的区别：加密必须采用 JTAG 方式，加密以后如果需要更改程序，则必须使用 BSL 方式，如果没有加密而且不需要加密，则两种方式都可以编程，JTAG 方式比 BSL 方式要快很多。

表 12-1 中列出了 TI 官方的调试和编程工具。

1. JTAG 接口编程

JTAG 接口编程速度快，支持器件型号读取，代码回读；

表 12-1　TI 官方的调试和编程工具

器件型号	PC 端口	编程接口	价格/美元	供应商
MSP-FET430UIF*	USB	JTAG、Spy Bi-Wire	99	德州仪器 (TI)
MSP-FET430PIF	并行	JTAG	49	德州仪器 (TI)
FlashPro430	USB	JTAG、Spy Bi-Wire、BSL	219	Elprotronic
REP430	无	JTAG、Spy Bi-Wire、BSL 供应商	149	Elprotronic

（1）四线 JTAG 接口包括 TDI、TDO、TCK、TMS 以及 RST、VCC 和 GND 等引脚，支持的型号有 F13x、F14x、F15x、F16x、F4xx、FE4xx、FW4xx、FG4xx、F5xx 等。

（2）五线 JTAG 在四线 JTAG 基础上增加一条 TEST 引脚，支持的型号有 F11x、F11x1、F12x、F12x1、F21x1 等。

2. SBW 接口编程

支持 F2xxx 系列的两线 JTAG 接口编程。

SBW 接口是 F20xx 系列的精简型编程调试接口，支持编程、读取和加密，部分 F20xx 系列器件由于没有 BSL 接口，加密后就无法再修改程序了，因此请慎用加密功能。

3. BSL 编程

无论芯片是否加密，均可以通过 BSL 接口写入和校验代码，另外支持 BSL 读取和 BSL 模式下编程时可以不擦除信息 Flash（需要密码验证）。

BSL 接口包括 TX、RX、RST、TCK、TEST 以及 VCC 和 GND 等引脚，支持所有带 BSL 接口的型号（部分 F2xxx 系列器件没有 BSL 接口）。

12.1.2　目标板

目标板是开发的硬件电路板，即使各种各样的开发板和最小系统板以及带有调试下载接口的自制硬件电路等。

当然也可以是各种提供给 MSP430 开发者的带有开发接口的产品，如 MetaWatch 开发板。下面主要介绍 TI 官方的推荐与目标板相关的介绍。

1. MSP430 LaunchPad 和 BoosterPack

LaunchPad 是一款专为初级用户和熟练用户设计的易于使用的开发工具，用于创建基于微处理器的应用。只需 4.30 美元，LaunchPad 可为您提供使用项目所需的一切，以及 MSP430 的完整硬件和软件参考设计。BoosterPack 是一款对 LaunchPad 功能进行了扩展的 LaunchPad 插件板，可实现更多选择。表 12-2 中列出 LaunchPad 和 BoosterPack 的特性。

表 12-2　MSP430 LaunchPad 和 BoosterPack 开发工具

特色器件	特　性	价格/美元
MSP430G2211/MSP430G2231	集成闪存仿真工具、14/20 引脚 DIP 插座目标板、2 个按钮、2 个 LED 和 PCB 连接器。还附带 MSP430G2211 和 MSP430G2231 器件	4.3
MSP430G2452	电容触摸按钮、滚轮和近距离传感器；板载 LED；PC GUI 接口	10

2. eZ430™

eZ430 开发工具在一个便携式 USB 记忆棒中包含了完整的 MSP430 项目所需的所有硬件和软件，如图 12-3 所示。eZ430 工具包括免费的 IDE，提供全面仿真功能并包含可分离式目标板。表 12-3 中列出 eZ430 的型号和特性。

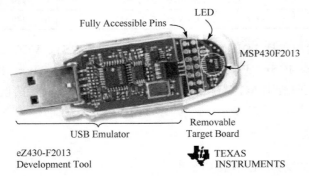

图 12-3　MSP430 开发工具

表 12-3　eZ430 开发工具

器件型号	描　述
EZ430-RF2560	MSP430 +CC2560Bluetooth®评估工具和软件开发工具，适用于 MSP430 以及使用便捷的 USB 记忆棒收录所有必要硬件和软件的 CC2560
eZ430-Chronos	高度集成的无线运动手表开发系统。包括一个基于 CC430 且支持射频的手表、一个 USB 射频接入点和一个 USB 仿真器
eZ430-F2013	带有可分离式目标板和 USB 仿真器的完整开发系统。新用户的理想选择
eZ430-RF2500	包括两个可分离式 2.4GHz 无线目标板和 USB 仿真器的无线开发系统。新用户处理无线的理想选择
eZ430-RF2500-SEH	太阳能收集开发系统。自加电无线传感器网络
eZ430-T2012	3 个 MSP430F2012 目标板(需要仿真器)
eZ430-RF2500T	用于扩展无线网络的 2.4GHz 无线目标板(需要仿真器)
AMB8423 (eZ430-RF1101T)	用于扩展无线网络的 900MHz 无线目标板(需要仿真器)

3. 试验板

德州仪器(TI)的试验板采用选定的 MSP430 器件以及附加硬件组件，以轻松进行系统评估和原型设计。它们是了解新架构或测试器件功能的理想平台。表 12-4 列出了 MSP430 试验板的型号和特性。

表 12-4　MSP430 试验板

器件型号	特色器件	特　性	价格/美元
MSP-EXP430F5438	MSP430F5438	点-矩阵 LCD、3 轴加速器、麦克风、音频输出、USB 通信、游戏手柄、2 个按钮、2 个 LED	149
MSP-EXP430FG4618	MSP430FG4618/MSP430F2013	LCD、电容敏感输入、音频输出、蜂鸣器、RS-232 通信、2 个按钮、3 个 LED	99
MSP-EXP430F5529	MSP430F5529	完整的 USB 开发板、点矩阵 LCD、microSD 卡、3 轴加速器、5 块电容触摸滑块、射频模块连接器、LED、集成闪存仿真工具	99
MSP-EXP430FR5739	MSP430FR5739	基于 FRAM 的实验板、加速计、热敏电阻、LED、开关、射频模块连接、集成闪存仿真工具	29

12.1.3　IDE

IED 这里是指用于开发 MSP430 使用的电脑软件，这里常用的是 Code Composer Studio（CCStudio）集成开发环境（IDE）v5、IAR 嵌入式工作平台（免费 4KB IDE）、MSPGCC，这也是 TI 官方推荐的。

（1）CCStudio。Code Composer Studio™（CCStudio）是用于德州仪器（TI）嵌入式处理器系列的集成开发环境（IDE）。CCStudio 包含一整套用于开发和调试嵌入式应用的工具。它包含适用于每个 TI 器件系列的编译器、源码编辑器、项目构建环境、调试器、描述器、仿真器、实时操作系统以及多种其他功能。直观的 IDE 提供了单个用户界面，可帮助完成应用开发流程的每个步骤。借助于精密的高效工具，用户能够利用熟悉的工具和界面快速上手并将功能添加至他们的应用。

Code Composer Studio 以 Eclipse 开源软件框架为基础。Eclipse 软件框架最初作为创建开发工具的开放框架而被开发。Eclipse 为构建软件开发环境提供了出色的软件框架，并且逐渐成为备受众多嵌入式软件供应商青睐的标准框架。CCStudio 将 Eclipse 软件框架的优点和 TI 先进的嵌入式调试功能相结合，为嵌入式开发人员提供了一个引人注目、功能丰富的开发环境。

Code Composer Studio 可在 Windows 和 Linux PC 上运行。 并非所有功能或器件都与 Linux 兼容，详细信息请参见 Linux 主机支持。

（2）IAR 将在后面做详细介绍，除了免费版其他版本需要购买。

（3）MSPGCC 是开源项目的，完全免费的，具体使用需要自己了解，比起 CCStudio 和 IAR 其安装和配置相对复杂，具体查看相关资料，http://mspgcc.sourceforge.net（http://sourceforge.net/apps/mediawiki/mspgcc/index.php?title=MSPGCC_Wiki）。

12.2　开 发 要 求

12.2.1　硬件基础

了解和学习相关硬件知识，要做到：

（1）了解和掌握单片机基础知识。

（2）了解和学习 MSP430 单片机。

（3）了解和学习对应目标板涉及的 MSP430 具体型号。

（4）多到 TI 的 MSP430 官网了解和学习相关资料。

这里推荐 MSP430 开发者到 TI 的官网 www.ti.com.cn 了解更多相关信息，在 MSP430™ 16bit 超低功耗 MCU 可以找到有关 MSP430 开发的各种有用信息。

12.2.2　软件基础

了解和学习的开发软件，并根据自身选择其中一种 IDE 软件，推荐使用 IAR、CCStudio、MSPGCC 这三种之一，逐渐掌握开发使用的 IDE，再进行编程和仿真调试。

12.2.3　调试目标板

使用 IDE 对拥有的目标板进行简单调试，并调试其相关的示例代码，加强对硬件和 IDE 的熟悉，最终能完成目标板的调试并可以利用目标板进行开发调试。

第13章 软件开发

13.1 IAR EW 开发环境

MSP430 系列单片机的开发工具比较多，有 IAR EW（Embedded Workbench）、AQ430、MSP430、MSP430GCC、Code Composer Studio（CCStudio）集成开发环境（IDE）v5 等。

IAR Embedded Workbench for MSP430（简称 IAR EWMSP430）是 IAR Systems 公司为 MSP430 微处理器开发的一个集成开发环境。IAR Systems 是全球领先的嵌入式系统开发工具和服务的供应商。公司成立于 1983 年，提供的产品和服务涉及嵌入式系统的设计、开发和测试的每一个阶段，包括带有 C/C++编译器和调试器的集成开发环境、实时操作系统和中间件、开发套件、硬件仿真器以及状态机建模工具。

嵌入式 IAR ED IDE 提供一个框架，任何可用的工具都可以完整地嵌入其中。嵌入式 IAR ED 适用于大量 8 位、16 位以及 32 位的微处理器和微控制器，使用户在开发新的项目时也能在所熟悉的开发环境中进行。它为用户提供一个易学和具有最大量代码继承能力的开发环境，以及对大多数和特殊目标的支持。嵌入式 IAR Embedded Workbench 有效提高用户的工作效率，通过 IAR 工具，用户可以大大节省工作时间。我们称这个理念为"不同架构，同一解决方案"。IAR ED 的 C/C++交叉编译器和调试器是当今世界最完整的和最容易使用的专业嵌入式应用开发工具。EW 对不同的微处理器提供一样直观用户界面。

EW 支持 35 种以上的 8 位/16 位/32 位 ARM 的微处理器结构，包括嵌入式 C/C++优化编译器、汇编器、连接定位器、库管理员、编辑器、项目管理器和 C-SPY 调试器中。使用 IAR 的编译器最优化、最紧凑的代码，节省硬件资源，最大限度地降低产品成本，提高产品竞争力。

IAR Embedded Workbench 集成的编译器主要产品特征：

（1）高效 PROMable 代码。

（2）完全标准 C 兼容。

（3）内建对应芯片的程序速度和大小优化器。

（4）目标特性扩充。

（5）版本控制和扩展工具支持良好。

（6）便捷的中断处理和模拟。

（7）瓶颈性能分析。

（8）高效浮点支持。

（9）内存模式选择。

（10）工程中相对路径支持。

详细信息请参阅 http://www.iar.com 网站的相关内容。

IAR 嵌入式工作平台 Embedded Workbench 为开发不同的目标处理器的项目提供强有力

的开发环境，并为每一种目标处理器提供工具的选择。下面给出嵌入式工作平台 Embedded Workbench 使用的项目模式 Project model 的简要讨论，并说明用户怎样用它来开发典型的应用程序。

IAR Embedded Workbench 免费的版本有两种形式：一种是 30 天试用版本(30-day time-limited evaluation license)和代码限制版本(Kickstart, size-limited evaluation license)。

具体信息可查看 IAR 官方网站：

(1) http://www.iar.com/en。

(2) http://www.iar.com/en/Service-Center/Downloads。

1. 怎样组织项目

嵌入式工作平台 Embedded Workbench 被专门设计成能适合通常的软件开发项目的组织方式。例如，用户可能需要开发适合于不同版本目标硬件的应用程序的相应版本，也可能想要的调试子程序包含到早期版本内，但不包含在最终代码中。

适用于不同目标硬件的用户应用程序版本常具有通用的源文件，用户想要维护这此文件的唯一副本，以便对应用程序的每一个版本自动地进行改进。也存在在应用程序的不同版本之间有差异的源文件，如与应用程序依赖于硬件的方面有关的那些文件，因此这些文件将需要分别维护以适应每一个目标版本。

嵌入式工作平台 Embedded Workbench 符合这些需求，提供功能强大的开发环境，它适合维护用于建造应用程序所有版本的源文件。它允许用户以树状体系结构组织项目，这种树状结构能一目了然地显示文件之间的依赖关系。

1) 目标 TARGETS

在结构的最高层，用户规定了他想要建立的应用程序的不同目标版本。对于简单的应用程序，用户可能只需要两个目标，称为 Debug(调试)和 Release(发布)。较复杂的项目可能包含另外的目标，它们适用于每一种应用程序将在其上运行不同处理器的类别(variants)。

2) 源文件 SOURCE FILES

每一个组用于把一个或多个相关的源文件组合在一起，每一个组可以被包含在一个或多个目标中以达到最大的灵活性。此外，每一个源文件可以包含在一个或多个组中，虽然由于连接时可能产生问题，这种做法并不被推荐。

当用户使用项目 Project 工作时，他总是有一个选定的当前目标(current target)，在 Project(项目)窗口中，只有作为该目标成员(member)的组以及它们所包括的文件才是可见的。只有这些文件将真正被建立并连接到输出代码中。

2. 设置选项

对于每一个目标，用户在目标层(target level)设置全局的汇编器和编译器选项，以规定怎样建立目标。在这一层上，用户通常定义他将使用的存储模式(memory model)以及处理器类型(processor variant)。

用户也可以在各个组和源文件上设置局部编译器和汇编器选项。这些局部选项将压倒(override)在目标层设置的任何相应的全局选项，并且是该目标所特有的。一个组可以含在两个不同的目标中且在每一个目标内可以具有不同的选项设置。例如，对于包含已调试的源文件的组，用户可以把最佳化（optimization）设置为高（high）；但是对于另一包含仍在开发之中的源文件的组，用户可以从中去掉 optimization。

3. 建立项目

嵌入式工作平台 Embedded Workbench Project 项目菜单上的 Compile 编译命令允许用户单独编译或汇编项目的文件，并调度任何产生的错误。嵌入式工作平台 Embedded Workbench 根据文件的扩展名自动决定源文件应当被编译还是被汇编。用户可以建立整个项目，使用 Make 生成命令自动编译和汇编所有的组成文件。这等同于在文件发生改变时，根据文件是否变化以及它们对于其他文件的依赖关系，在重新连接项目之前仅仅重新编译或汇编必需的文件。

Build All（建立全部）选项也被提供，此选项将重新产生所有的文件，而不管它们是否已被编辑。

当在 Windows NT 或 Windows95 上运行嵌入式工作平台 Embedded Workbench 时，Compile 编译 Make、生成 Link、连接以及 Build 建立命令全都在后台运行，进行编辑或工作。

4. 测试代码

编译器和汇编器完全和开发环境集成在一起，如果在用户源代码中存在错误，用户可以从错误列表直接跳到合适的源文件中需纠正的位置，能定位并纠正错误。

当用户解决了任何编译时 Compile-time 错误之后，可以直接转到 C-SPY 调试器，以便在源文件层（source level）测试产生的代码。C-SPY 调试器在分开的窗口中运行，以便当用户在 C-SPY 中识别出问题时，可以对原先的源文件作出修改从而纠正这些问题。

5. 样本应用程序

下面的例子叙述了两个样本应用程序以说明在典型的开发项目中怎样使用嵌入式工作平台 Embedded Workbench。

1）简单应用程序

如图 13-1 所示，在用户正在开发的简单应用程序中，对于目标硬件的一种类别，用户可能创建 Release 发行和 Debug 调试目标。

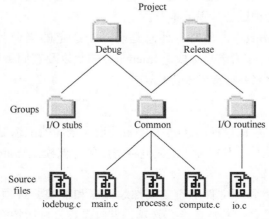

图 13-1　Project 目录结构

两个目标共用包含项目核心源文件的公共组（common group）。每一个目标还包含一个组，它包含了专用于该目标的源文件：

（1）I/O routines 组，它包含有关被用于最终发行代码的输入/输出子程序的源文件。

（2）I/O stubs 组，它包含输入/输出短程序 stubs，以便用 C-SPY 这样的调试器调试 I/O。

发行（release）和调试（Debug）目标通常具有适用于它们的不同的编译器选项，例如，用户可以用 trace（跟踪）、assertions（确定）等编译 debug 调试版本编译，（release）发行版本时则没有这些选项。

2）较复杂的项目

如图 13-2 所示，在下面较复杂的项目中，正在为几种包含不同类型的 MSP430 处理器以及不同的 I/O 端口和存储器配置不同的目标硬件开发应用程序。因此，项目 Project 包含调试目标（debug target），以及适用于不同的目标硬件组中每一种发行目标（release target）。

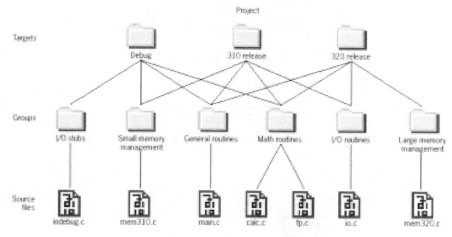

图 13-2　Project 目录结构

为了方便起见，把所有目标公用的源文件收集在一起，放在被包含在每一个目标之中的组内。这些组的名字反映了源代码与之有关的应用程序内的区域（area），如 I/O routines（I/O 子程序）、Small memory management（小存储器管理）等。

取决于目标硬件的应用程序区域，如存储器管理，被包含在许多单独的组之中，每个目标一个。最后，如前所述为 Debug（调试）目标提供调试程序。

当用大项目进行工作时，嵌入式工作平台 Embedded Workbench 通过帮助用户记住项目的结构使用户开发时间为最短，通过汇编和编译最小的源文件组（它们是文件被修改之后完全更新目标代码所必需的）优化开发周期。

13.2　IAR EW For MSP430 安装

下面将逐步介绍 IAR 安装、IAR 开发环境如何添加文件、新建程序文件、设置工程选项参数、编译和连接、程序下载、仿真调试。

如同 Windows 操作系统软件安装一样，双击 setup.exe 或者 EW430-EV- web-5201.exe 进行安装，将会看到图 13-3 所示的界面。

图 13-3　安装界面

单击"Next"按钮至下一步，如图 13-4 所示。

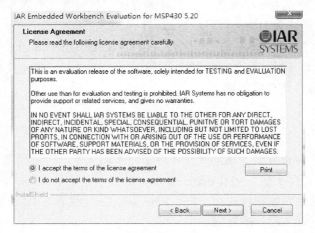

图 13-4　许可

选择"I accept the terms of the license agreement"，单击"Next"按钮至下一步，如图 13-5 所示。

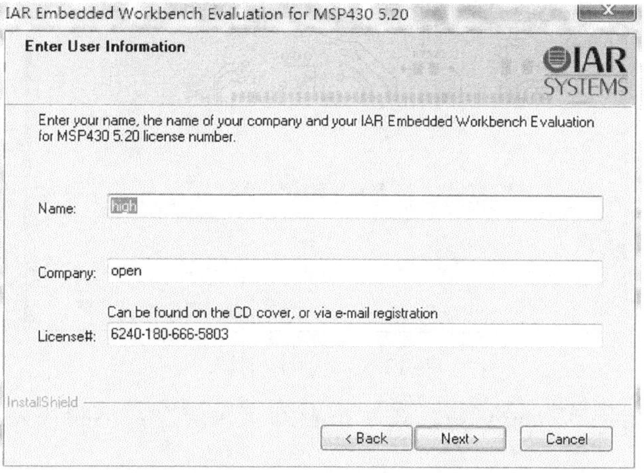

图 13-5　用户信息

这时需要破解注册，打开注册破解软件，可以看到类似的说明。这里打开"IAR kegen PartA.exe"（因为它包含了对 MSP430 的破解支持），如图 13-6 所示。

选择对 MSP430 的破解，单击"Generate"按钮产生注册码，如图 13-7 所示。

图 13-6　注册界面

图 13-7　产生注册码

把产生的注册码：4123-275-664-9717 复制到"License#"后单击"Next"按钮即可，如图 13-8 所示。

正确填写后，单击"Next"按钮至下一步，将进入下一步，后面就跟一般软件安装一样。

输入的认证序列以及序列钥匙正确后，单击"Next"按钮到下一步。将选择完全安装或是典型安装，在这里选择完全安装。

单击"Next"按钮到下一步，在这里将查证输入的信息是否正确。如果需要修改，单击"Back"按钮返回修改。

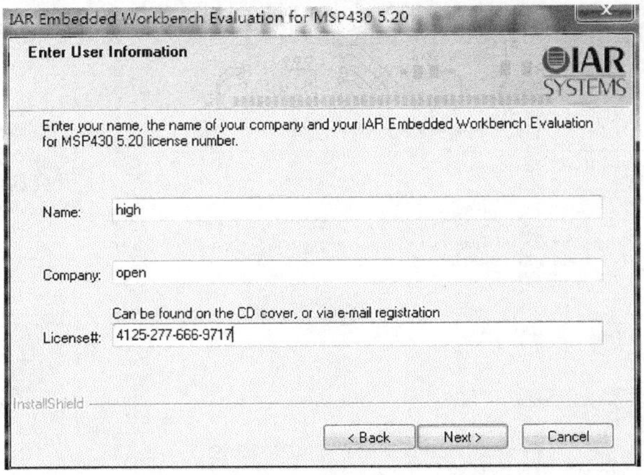

图 13-8　填写注册码

单击"Next"按钮正式开始安装。在这将看到安装进度，这将需要几分钟时间的等待，需要耐心等待。

当进度到 100%时，跳到下一个界面。在此可选择查看 IAR 的介绍以及是否立即运行 IAR 开发集成环境。单击"Finish"按钮完成安装。

13.3　IAR EW For MSP430 的使用及简单入门程序

13.3.1　创建项目和编写相关代码

完成安装后，可以从"开始"那里找到刚刚安装的 IAR 软件，如图 13-9 所示。

现在可以通过在桌面的快捷方式或在"开始"菜单中选择程序来启动 IAR 软件开发环境，如图 13-10 所示。

使用 IAR 开发环境应首先建立一个新的工作区。在一个工作区中可创建一个或多个工程。用户打开 IAR Embedded Workbench 时，已经建好了一个工作区，一般会显示如图 13-11 所示窗口，可选择打开最近使用的工作区或向当前工作区添加新的工程。

图 13-9　程序显示

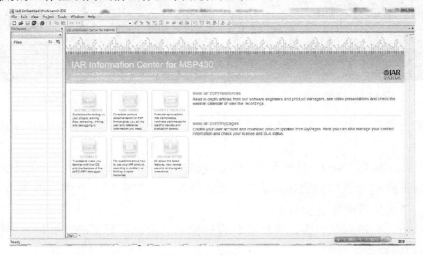

图 13-10　启动 IAR

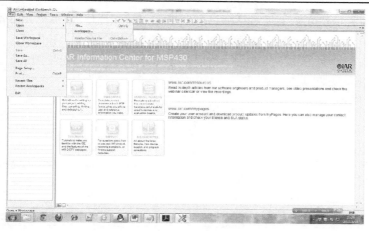

图 13-11　工作区

选择"File"/"New"/"Workspace"菜单命令。现在用户已经建好一个工作区，可创建新的工程并把它放入工作区(图 13-12)。

图 13-12　工作区界面

单击"Project"菜单，选择"Create New Project"子菜单，如图 13-13 所示。

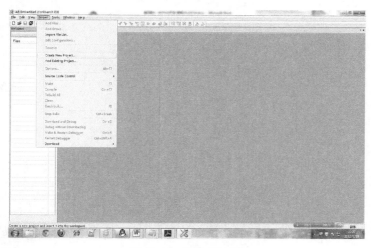

图 13-13　建立新工程

弹出图 13-14 所示建立新工程对话框，确认"Tool chain"栏已经选择"MSP430"，在"Project templates"栏选择"Empty project"，单击"OK"按钮或者 C 中选"mian"。

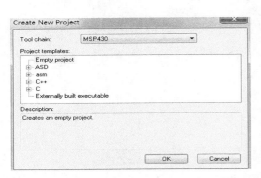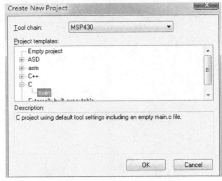

图 13-14　建立新工程对话框

根据需要选择工程保存的位置，更改工程名，如 test 2012 单击"保存"按钮来保存，如图 13-15 所示。这样便建立了一个空的工程，如图 13-16 所示。

图 13-15　保存工程

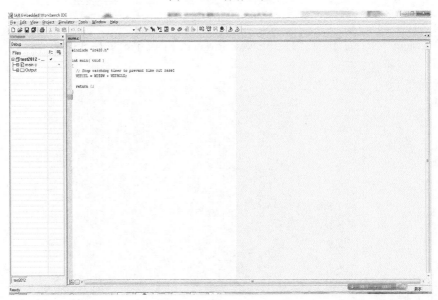

图 13-16　空的工程

系统产生两个创建配置：调试和发布。在这里只使用 Debug 即调试。项目名称后的星号 (*)指示修改还没有保存。选择 File\Save\Workspace 菜单命令，保存工作区文件，并指明存放路径，这里把它放到新建的工程目录下。单击"Save"子菜单保存工作区，如图 13-17 所示。

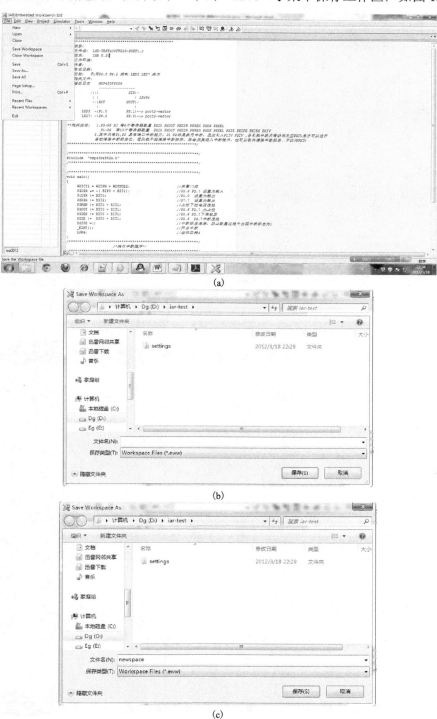

(a)

(b)

(c)

图 13-17 保存工作区

13.3.2　项目设置并调试

写好相关代码先要进行设置，设置方法，选择菜单栏中"Project"/"Options"进行设置，如图 13-18 所示。

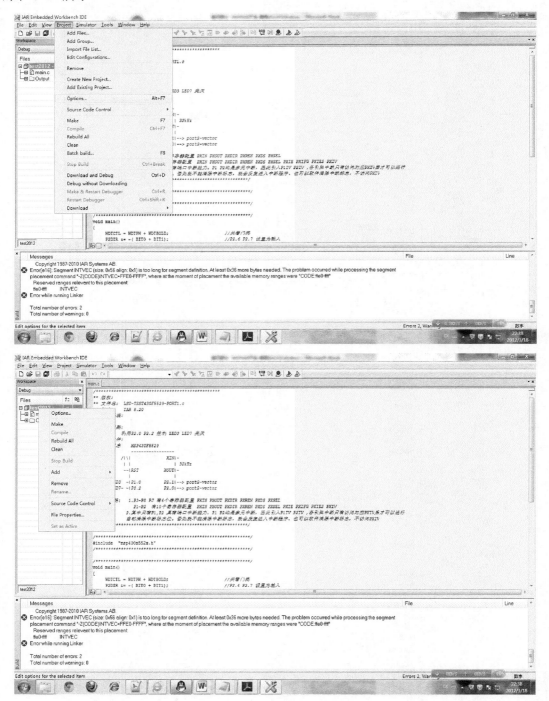

图 13-18　项目设置

　　如果不设置编译时即 Complie 时不会出错，但使用 Make 和 Download and Debug 时往往会报错，因为系统默认的芯片设备是"MSP430F149"，"Debugger"下载是"Simulator"，如图 13-19 所示。

　　出错信息如图 13-20 所示。

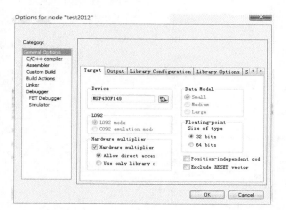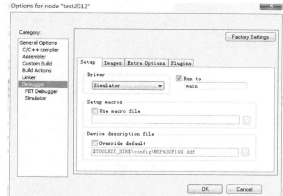

图 13-19　默认设置

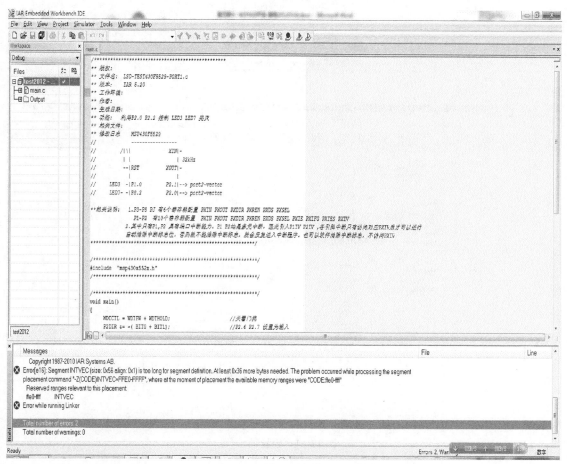

图 13-20　出错信息

因为现在要使用的是 MSP430F5529，在头文件里写的就是#include "msp430x552x.h"，所以才会出错。

把芯片选择为 F5529 就可以正常运行了，设置如图 13-21 所示。

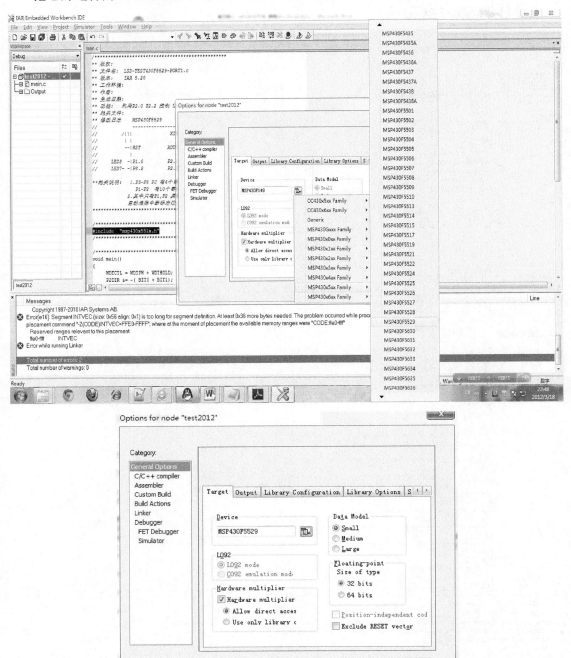

图 13-21　设置芯片

这时 Make 和 Download and Debug 都可以正常运行，如图 13-22 所示。

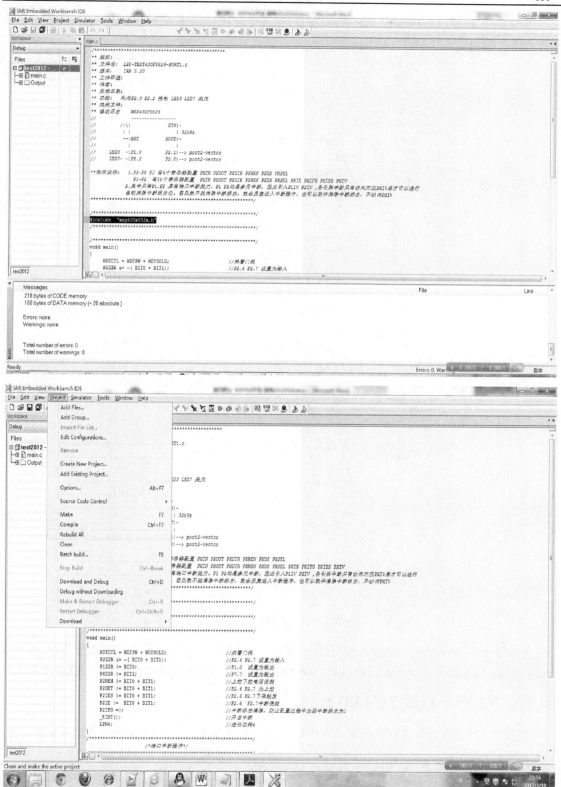

图 13-22 正常运行

如果要下载到 MSP430F5529 的开发板上就要对项目选项进行设置就可，选择"FET Debugger"就可以，如图 13-23 所示。

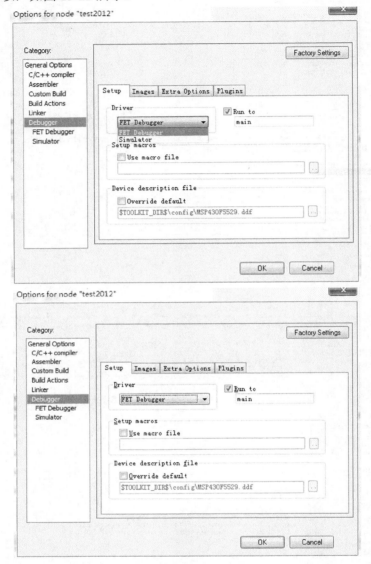

图 13-23　设置项目选项

注：这不是 IAR 开发环境的详细使用手册，关于 IAR 的详细说明文档请浏览 IAR 网站或安装文件夹"xx\IAR Systems\Embedded Workbench 6.0 Evaluation\430\doc"中的支持文档。

13.3.3　实例代码按键控制 LED 灯

下面是一个控制 I/O 的程序，采用了中断处理，通过按键可以使 LED 点亮和熄灭交替进行。

1. I/O 端口操作实例

1）目的

学会操作 MSP430F5529 一般端口，了解端口寄存器的组成。

2）要求

①编程要求：利用 C 语言，完成对 P2.0、P2.1、P1.0、P8.2 操作，其中 P2.0、P2.1 分别接有开关 K5、K6，P1.0、P8.2 分别接 LED3、LED7。

②实现功能：开关 K5 控制 LED3 的亮灭，开关 K6 控制 LED7 的亮灭。

③实验现象：当按下开关 K5 时，P1.0 指示灯亮（灭）；按下 K6 时，P8.2 指示灯亮（灭）。

3）原理

（1）P1～P8 PJ 有 6 个寄存器配置 PXIN、PXOUT、PXDIR、PXREN、PXDS、PXSEL。P1～P2 有 10 个寄存器配置 PXIN、PXOUT、PXDIR、PXREN、PXDS、PXSEL、PXIE、PXIFG、PXIES、PXIV。

（2）只有 P1、P2 具有端口中断能力。P1、P2 均是多元中断，因此引入 P1IV、P2IV，各引脚中断只有访问对应 PXIV 后才可以进行自动清除中断标志位。否则就不能清除中断标志，就会反复进入中断程序。也可以软件清除中断标志，不访问 PXIV。

（3）F5529 单片机端口引入上拉、下拉电阻，通过 PXREN、RXDIR、PXOUT 可以设置单口各引脚的状态。

（4）本程序 K5、K6 均被设置为下降沿端口中断，当按下 K5、K6 后会产生一个下降沿引起一个端口中断，在端口中断程序中就可以完成对 P1.0 指示灯、P8.2 指示灯的控制。

2．开发环境简介

1）开发调试软件

使用的软件是 Windows 版的 IAR 5.20，具体安装请参考相关资料，这里可以使用 IAR 官方提供的免费版本。

2）硬件环境

调试的实际硬件是利尔达的 F5529 开发板，LSD-TEST430F5529 学习板实物如图 13-24所示。

图 13-24　F5529 开发板

P1.0、P8.0 接 LED 灯，P2.0、P2.1 接按键的 MSP430F5529 的任何可以正常工作的开发板或自制板都可以。

实例中编程器使用 FET430UIF。

3. I/O 端口操作实际实现

1) 编译调试前操作

在一台安装了 IAR5.20 的 Windows 系统中打开 IAR 软件并创建一个全新的项目，项目命名为 MSP430F5529-PORT，主 C 文件建议命名为 "MSP430F5529-PORT"（也可以使用默认的命名文件名 "main"）。

把下面的代码复制或输入到主 C 文件中，并设置所针对的硬件为 "MSP430F5529"，然后保存所有文件和项目，如图 13-25 所示。

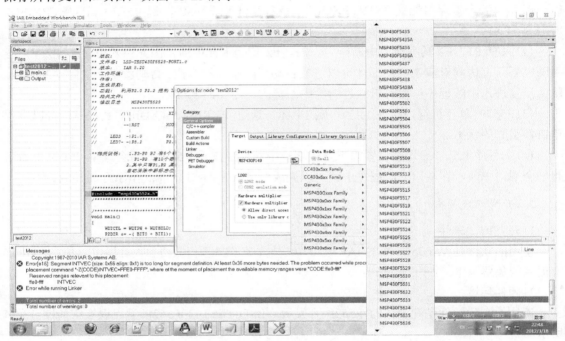

图 13-25 设置芯片

2) 编程代码

主文件的 C 代码：

```
/*********************************************
** 文件名：MSP430F5529-PORT.c
** 版本：  IAR 5.20
** 工作环境：Windows 操作系统(Windows XP 以上)
** 作者：  dev
** 生成日期：20120410
** 功能：  利用 P2.0 P2.1 控制 LED3 LED7 亮灭
** 相关文件：
** 修改日志  MSP430F5529
//         ----------------
//       /|\|           XIN|-
//        | |              | 32kHz
//       --|RST        XOUT|-
//         |              |
//   LED3 -|P1.0      P2.1|--> port2-vector
//   LED5- -|P8.2      P2.0|--> port2-vector
```

```
**相关说明：   1.P1-P8 PJ 有 6 个寄存器配置 PXIN PXOUT PXDIR PXREN PXDS PXSEL
              P1-P2  有 10 个寄存器配置  PXIN PXOUT PXDIR PXREN PXDS PXSEL PXIE
              PXIFG PXIES PXIV
            2.只有 P1,P2 具有端口中断能力。P1 P2 均是多元中断,因此引入 P1IV  P2IV,
              各引脚中断只有访问对应 PXIV 后才可以进行
              自动清除中断标志位。否则就不能清除中断标志,就会反复进入中断程序。
              也可以软件清除中断标志,不访问 PXIV
***********************************************************/


/************************************************************/
#include  "msp430x552x.h"
/************************************************************/


/************************************************************/
void main()
{
    WDTCTL = WDTPW + WDTHOLD;        //关看门狗
    P2DIR &= ~( BIT0 + BIT1);        //P2.0 P2.1 设置为输入
    P1DIR |= BIT0;                   //P1.0 设置为输出
    P8DIR |= BIT2;                   //P8.3 设置为输出
    P2REN |= BIT0 + BIT1;            //上拉下拉电阻使能
    P2OUT |= BIT0 + BIT1;            //P2.0 P2.1 为上拉
    P2IES |= BIT0 + BIT1;            //P2.0 P2.1 下降触发
    P2IE |= BIT0 + BIT1;             //P2.0  P2.1 中断使能
    P2IFG =0;                        //中断标志清除,防止配置过程中出现中断标志为 1
    _EINT();                         //开总中断
    LPM4;                            //进低功耗 4
}
/************************************************************/
                    /*端口中断程序*/
/************************************************************/
#pragma vector = PORT2_VECTOR
__interrupt void port2(void)
{
    switch(P2IV)
    {
      case 2: P1OUT ^= BIT0;break;        //LED1 亮灭
      case 4: P8OUT ^= BIT2;break;        //LED2 亮灭
      default :break;
    }
}
/************************************************************/
```

注：上面是使用中断处理,可以通过修改变成一个不使用中断来扫描按键并控制 LED 的程序,有意者可以尝试一下。

按键识别的另一种方式如下：

```
/************************************************************/
** 文件名： MSP430F5529-PORT2.c
** 版本：   IAR 5.20
** 工作环境： Windows 操作系统(Windows XP 以上)
```

```
** 作者：   dev
** 生成日期：20120410
** 功能：    利用 PORT2 中断来识别按键值
** 相关文件：无
** 修改日志    MSP430F5529
//          -----------------
//         /|\|           XIN|-
//          | |              | 32kHz
//          --|RST         XOUT|-
//            |            P8.0|--> LED0
//            |            P8.1|--> LED1
//            |            P8.2|--> LED2
**相关说明：  注意 PORT 的配置顺序    IES ---> IE ---> IFG
*********************************************************/


/*********************************************************/
#include "msp430x54x.h"
/*********************************************************/
              /*子函声明*/
/*********************************************************/
unsigned char Scan(void);                    // 矩阵键盘扫描
/*********************************************************/
              /*全局变量定义*/
/*********************************************************/
unsigned char key_code;                   // 返回的键盘扫描码
unsigned int  key_value;                  // 键盘对应的数字
unsigned char flag;                       // 按键按下标志
const unsigned char  key_table[17]={      // 扫描码译码表
    0x0F, // 无按键按下                   //高四位为扫描行，低四位为扫描列
    0x8E, // 1
    0x8D, // 2
    0x8B, // 3
    0x87, // 4
    0x4E, // 5
    0x4D, // 6
    0x4B, // 7
    0x47, // 8
    0x2E, // 9
    0x2D, // 10
    0x2B, // 11
    0x27, // 12
    0x1E, // 13
    0x1D, // 14
    0x1B, // 15
    0x17, // 16
};
/*********************************************************/


/*********************************************************/
```

```
void main(void)
{
    WDTCTL = WDTPW + WDTHOLD;              // 停止看门狗
    __delay_cycles(100000);
    P2DIR = BIT4 + BIT5 + BIT6 + BIT7;   //P2.4 P2.5 P2.6 P2.7 做输出
    P2OUT =0X00;
    P2IES = BIT0 + BIT1 + BIT2 + BIT3;   //P2.0 P2.1 P2.2 P2.3 下降沿触发
    P2IE |= BIT0 + BIT1 + BIT2 + BIT3;   //P2.0 P2.1 P2.2 P2.3 中断使能
    P2IFG =0;                             //中断标志清除，防止配置过程中出现中断标志为 1
    while(1)
    {
        if (flag==1)                      //键盘按下标志，判断是否有键按下
        {
            flag=0;                       //清除键盘按下标志
            key_code = Scan();            //调用扫描程序，返回扫描码
            for(char i=0; i<17; i++)      //查找扫描码表，得到键盘数字
            {
                if(key_table[i] == key_code)      //扫描码是否相符
                {
                    key_value = i;
                    break;
                }
            }
            __no_operation();
            if(key_value != 0)            //是否有键按下
            {
                __no_operation();         //在这里设置断点，观察扫描码和键盘数字
            }
            __bis_SR_register(LPM3_bits+GIE);
            __no_operation();
        }
        else
            __bis_SR_register(LPM3_bits+GIE);
        __no_operation();
    }
}
/**************************************************************/
                /*Scan() 返回 key_code*/
/**************************************************************/
unsigned char Scan(void)
{
    unsigned char col_scan = 0;          //行扫描变量
    unsigned char key_code = 0x0F;       //定义扫描码初始值
    P2OUT = 0x00;                        // P2 输出口全部置零，判断是否有键按下
    if((P2IN & 0x0F) != 0x0F)            //判断是否有键按下
    {
        if((P2IN & 0x0F) != 0x0F )       //再次判断按键是否有效
        {
            key_code = P2IN & 0x0F;      //保存列扫描码
            col_scan = 0x80;             //先扫描第一行
```

```
            for(char i=0 ;i<4; i++)           //扫描行
            {
                P2OUT = col_scan ;
                if((P2IN & 0x0F) == 0x0F)    //是否这一行有键按下
                {
                    key_code |= P2OUT;         //键盘扫描码为列值和行值相或
                    break;
                }
                col_scan = col_scan >> 1;    //扫描下一行
            }

            P2OUT = 0x00;                        //4 行全部置零，判断是否有键按下
            while((P2IN & 0x0F) != 0x0F);      //等待按键释放
        }
    }
    return (key_code);                          //返回键值
}
/**********************************************************************/
            /*P2 中断处理程序：键盘*/
/**********************************************************************/
#pragma vector = PORT2_VECTOR
__interrupt void port2(void)
{
    __disable_interrupt();                   //关总中断
    __delay_cycles(1000);                    //去抖动
    switch(P2IV)                             //当有键盘按下时，flag=1
    {
    case 0:  break;
    case 2:  flag =1;      break;
    case 4:  flag =1;      break;
    case 6:  flag =1;      break;
    case 8:  flag =1;      break;
    case 10: break;
    case 12: break;
    case 14: break;
    case 16: break;
    default: break;
    }
    __bic_SR_register_on_exit(LPM3_bits);      //退出低功耗
}
/**********************************************************************/
```

3）硬件调试

（1）硬件调试设置。

IAR5.20 编译通过后，进行设置项目选项中的"Debugger"为"FET Debugger"，在"FET Debugger"的"Setup"选项"Connection"中选择"Texas Instrument USB-IF"。只要设置项目选项中的"Debugger"为"FET Debugger"时，就默认"Texas Instrument USB-IF"，如图 13-26 所示。

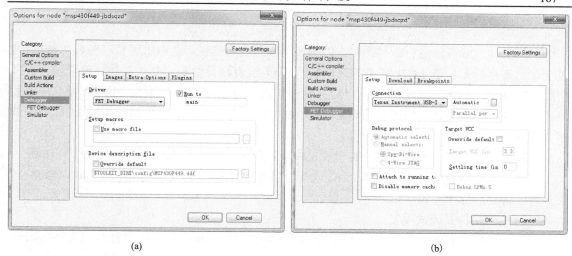

(a)   (b)

图 13-26　硬件调试设置

(2)在菜单栏"Project"中分别单击"make"和"Download and Debug"子菜单，如图 13-27 所示。使用"Make"生成命令自动编译和汇编所有的组成文件，"Download and Debug"是进行下载和调试。

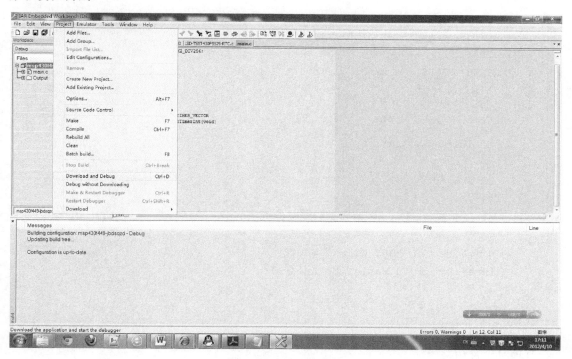

图 13-27　Project 菜单

在确认安装了对应的 FET430UIF 驱动后就可以下载和调试"Download and Debug"。

(3)在菜单栏"Veiw"中分别单击"Register"和"Watch"子菜单，出现两个窗口，其中"Register"可以查看所有相关寄存器的值，"Watch"可以查看程序中的变量值。运行后就可以看到相关的寄存器和变量，同时对应的硬件也会有所变化。

4. 软件仿真

利用 IAR5.20 可以进行软件仿真，以测试程序是否有错误，是否出现自己所要的结果（通过变量、寄存器和自带 LCD 模拟等来判断）。如果没有涉及中断，其仿真只要设置项目选项中的"Debug"为"Simulator"就可以进行软件仿真，通过仿真单步调试可以看到每一步寄存器和相关变量的值变化，如果是带有 LCD 驱动的芯片还可以调用 IAR 自带模拟 LCD 界面调试。这里主要介绍带中断的软件仿真。

中断模拟调试与真实调试的硬件调试的主要区别是：软件模拟中断直接设定产生中断。

下面对中断软件仿真进行简单介绍，实际需要根据不同情况设置，这里采用 MSP430F449 的基本时钟定时器来模拟调试。

1) 新建软件仿真调试项目

使用 IAR5.20 创建一个新项目，可以命名为 Simulator_BasicTimerInt_f5529，主文件（main.c）具体的 C 代码如下：

```c
#include <msp430x44x.h>
volatile int tick=0;
void main(void)
{
  //Stop watchdog timer to prevent time out reset
  WDTCTL = WDTPW + WDTHOLD;
  IE2=BTIE;
  BTCTL=BTSSEL+BT_fCLK2_DIV256;
  _EINT();
  while(1)
  {
    if(tick == 327)
    {
      tick+0;
    }
  }
}
#pragma vector =BASICTIMER_VECTOR
__interrupt void BasicTimerInt(void)
{
  tick +=1;
}
```

2) 项目设置和编译

对项目进行设置，主要是对应的芯片选择 MSP430F449，默认 Debugger 是软件仿真 Simulator，如图 13-28 所示。

3) 仿真中的中断设置

编译成功后，进入调试环境，单击"Simulator"/"Interrupts Setup"选项，如图 13-29 所示。

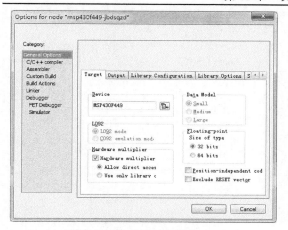

图 13-28　项目设置

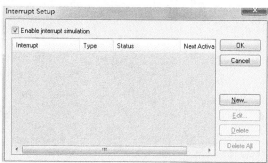

图 13-29　调试

新建中断仿真，单击图 13-29 中"New"按钮，进入软件中断设置对话框，如图 13-30 所示。

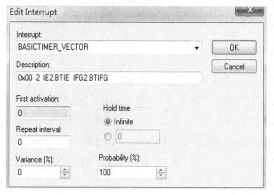

(a)

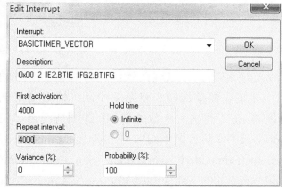

(b)

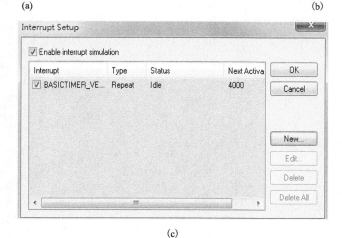

(c)

图 13-30　软件中断设置

4) 运行和查看状态

在菜单栏"Veiw"中分别单击"Register"和"Watch"子菜单，出现两个窗口，其中"Register"可以查看所有相关寄存器的值，"Watch"查看程序中的变量值，如图 13-31 所示。

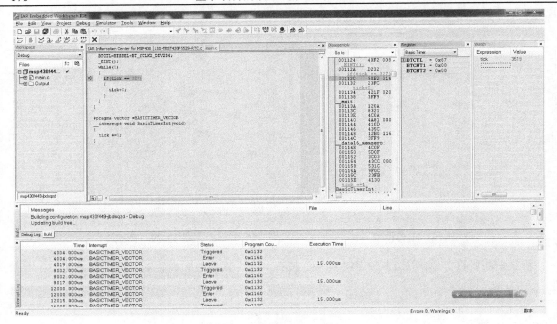

图 13-31　查看状态

　　运行程序，可以观察软件运行时中断产生的情况，tick 值会有所变化。

　　如果需要模拟较为复杂的中断，如 UART 的接收中断，就需要学习 C-SPY 宏文件的编写以及 C-SPY 调试宏函数的使用。详细情况请参见"EW430_User_Guide"文档及"IAR Embeded Workbech"安装目录中的"IAR Systems\Embedded Workbench 6.0 Evaluation\common\doc"和"IAR Systems\Embedded Workbench 6.0 Evaluation\430\doc"，以及"IAR Systems\Embedded Workbench 6.0 Evaluation\430\tutor"目录下的"tutorials"工作区文件。

第 14 章　MSP430F5529 应用实例

14.1　基于 MSP430F5529 开发的多功能手表实例

基于 MSP430F5529 开发的多功能手表系统为微型传感器集合,具有低功耗,性能稳定的特点。产品具有携带方便,操控简洁等优势,主要实现对环境温度、紫外线强度、运动量测量功能,同时有蓝牙接口,方便扩展各种医疗仪器设备。

14.1.1　多功能手表系统及功能

1. 系统架构图

多功能手表系统架构图如图 14-1 所示。

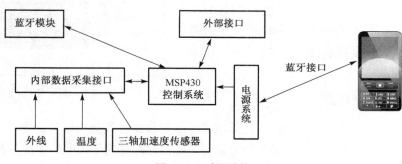

图 14-1　系统结构

2. 主要功能

(1)时钟功能。

(2)紫外线测量。

(3)非接触式温度测量。

(4)运动量测量。

(5)锂电池充电与电量检测。

(6)屏幕显示——LCD。

(7)蓝牙传输。

(8)存储。

14.1.2　系统硬件结构

1. 控制处理的硬件设计

核心处理和控制采用 TI 的 MCU,这里使用 MSP430F5529。通过 MCU 对各个模块进行控制和处理，并通过蓝牙传输和响应蓝牙接收到的信息。在对应的传感器模块，MCU 控制信号开启对应的传感器使其工作后即可采集相关信号。

2. 紫外线测量的硬件设计

紫外线传感器(UV sensor/transducer)是传感器的一种，能够将紫外线信号转换成可测量的电信号。

这里紫外线传感器采用的是 UVM-30 紫外线传感器模块(由深圳市诚立信传感技术有限公司提供)。

UVM-30 紫外线传感器模块是专为需要高可靠性和精确性测量紫外线指数(UVI)的场合所设计，适合测量太阳光紫外线强度总量，对照世界卫生组织紫外线指数分级标准，检测 UV 波长：200～370nm，线性电压信号输出，小尺寸，适用于移动电话等便携产品(尺寸 (L×W×H) 9mm×9mm×10mm)，其工作电压为 DC 3.0～5.0V，响应时间小于 0.5s，对应紫外线指数(UV Index)共有 12 级(0～10, 11+)，如图 14-2 所示。太阳 UV 指数(UVI)描述了地表的太阳 UV 辐射水平。该指数值>0——指数值越高，对皮肤和眼睛的潜在伤害就约大，产成危害需要的时间越短。UV 指数的计算要用到预报臭氧水平、臭氧水平和地表 UV 影响的关系计算模型、预报云量和预报城市的海拔。一些国家也用地面观测。

紫外线指数 UV Index	0	UV INDEX 1	UV INDEX 2	UV INDEX 3	UV INDEX 4	UV INDEX 5
Vout(mV)	<50	227	318	408	503	606
紫外线指数 UV Index	UV INDEX 6	UV INDEX 7	UV INDEX 8	UV INDEX 9	UV INDEX 10	UV INDEX 11+
Vout(mV)	696	795	881	976	1079	1170+

图 14-2　标准输出电压值

3. 温度测量的硬件设计

温度传感器采用 TI 的 TMP006，是采用芯片级封装的红外热电堆传感器。TMP006 是一个温度传感器系列中 TI 的首款红外传感器器件，可在无需与物体接触的情况下测量物体的温度。该传感器采用一个热电堆来吸收被测物体所发射的红外能量，并利用热电堆电压的对应变化来确定物体的温度。

红外传感器的电压范围针对–40～+125℃的温度区间而拟订，以适合于众多的应用。低功耗与低工作电压的组合使得该器件成为电池供电型应用的合适之选。芯片级格式的低封装高度允许采用标准的批量装配方法，并适用于那些至被测物体的可用间距受限的场合。

TMP006 具有特性：采用 1.6mm×1.6mm 晶圆芯片级封装(WCSP)，IC (DSBGA) 的完整解决方案，数字输出(传感器电压：7μV/℃，局部温度：–40～+125℃)，SMBus™ 兼容接口，引脚可编程接口寻址，低电源电流 240μA，低的最小电源电压 2.2V。其他请到 TI 官网对应查找，http://www.ti.com.cn/product/cn/tmp006。

4. 运动量测量的硬件设计

运动量测量主要采用三轴加速度传感器来完成，本设计使用的是 VIT 的 CMA3000-D01。VTI 的 CMA3000-D01 是针对小尺寸、低价格、低功耗的需求而设计的，由一个由 3D-MEMS 传感元件和信号调节专用芯片组成的晶片级的加速度传感器。CMA3000-D01 是 VTI 于 2009 年推出的一款划时代的加速度传感器，以 (2×2×0.9) mm³ 的封装，10μA 的工作电流，简单的寄存器设置，精简的引脚数量，成为消费类电子厂家的宠儿。其产品大量应用于手机、计步器、运动产品、MP3 等。

CMA3000-D01 具有特性：宽范围的供电电压 1.7～3.6V，极低的功耗，支持双量程工作（+/−2g，+/−8g 可选），可通过校准提高 10%的精度和 100mg 的漂移，多种工作模式下都支持中断功能，支持串行通信协议 SPI 和 I^2C。

5. 充电管理和电池电量检测

电源方面的充电管理和电池电量检测主要分别采用 TI bq24040（或者 bq24080）、bq2023 来实现。

6. 显示 LCD

显示器采用 Sharp LS013B4DN01 LCD 或者 Sharp LS013B4DN02 LCD。

7. 蓝牙

蓝牙采用 TI CC2560，CC2560-PAN1325 - 蓝牙 v2.1 + EDR 收发器，带集成天线。

8. 存储

本地存储采用三星的 Flash K9F1208UOC-PCBO（64MB）（或者其他 SRAM）。

14.1.3　软件系统结构描述、总体软件框图

软件模块分为数据接收模块、软件管理模块和数据处理模块，如图 14-3 所示。

（1）数据接收模块：软件直接通过蓝牙 API 读出蓝牙接收的数据，进行数据处理。

（2）数据处理模块：紫外线模块、环境温度模块、时钟模块、心电数据模块、物体温度模块、可增加计步器模块、天气模块和日历模块。

（3）软件管理模块：数据接收控制、显示风格设置、Widget 窗体设置、数据单位设置、语言设置、版本检测和软件基本信息。

软件模块的添加可在原有版本的代码上直接添加后编译发布，用户可直接下载安装进行版本替换。

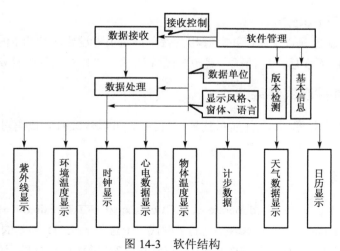

图 14-3　软件结构

14.1.4　产品开发环境

产品开发环境如下。

(1)MSP430 单片机开发：程序编程 IAR、CCS，USB 下载调试仿真器，MSP430F5529 开发板。

(2)PCB 软件：Altium Designer 10。

(3)单层板及双层板制作硬件环境：打印机、热转印机、腐蚀液。

(4)测试环境：信号发生器、数字示波器、测试管理软件、BUG 软件管理、软件测试和硬件测试。

(5)健康参数监测产品是由传感器采集信息，传输到 MCU 进行处理，显示，蓝牙或标准接口传输到外设。其他监测外设(特定、指定、技术支持)也可以通过 MCU 处理和显示。

14.2　MSP430F5529 中的 RTC 的应用实例

MSP430 中有一些 MCU 自身带有实时时钟 RTC，其中 MSP430F5 系统都带有 RTC，这里主要介绍 MSP430F5529 的实时时钟的一个实例，这个实例能实现时间、日期、闹钟等功能。

这里使用 LSD 的开发板 LSD TEST430F5529 为实例的硬件开发基础。

14.2.1　硬件简介

硬件方面主要使用 LSD TEST430F5529 V2.0 中的 32kHz 的晶体振荡器、LCD 显示屏和按键，其中 MCU 是 MSP430F5529，32kHz 的晶体振荡器提供时间的计时使用，LCD 主要用来显示使用，如果不使用把相关的删除即可，按键只是作为 LCD 显示的更多信息的扩展和设置时间等，按键部分如果不使用也可以删除并不影响 RTC 运行。

调试和下载使用的是 TI 的 MSP FET430UIF 编程器。

14.2.2　开发环境和开发调试

开发 IDE 是使用 IAR5.20。

首先使用 IAR 创建项目工程，并写好相关代码，在工程设置芯片为 MSP430F5529，就可以进行编译。在编译无误后，把调试方式改为硬件调试并选择对应的硬件接口。

14.2.3　调试硬件并观察结果

在对应的 LCD 上显示时间(并显示到秒)、日期。可以修改有关代码对 LCD 和按键进行操作。

14.2.4　实例代码

相关代码有 lcdoperate.c、lcdoperate.h、LCDziku.c 和 RTC_main.c。其中 lcdoperate.c、lcdoperate.h、LCDziku.c 三个由利尔达提供的示例代码中有关于 LCD 显示的代码，RTC_main.c 是根据 MSP430F5529 的 RTC 和 LSD TEST430F5529 V2.0 硬件而自行编写的代码，并下载调

试成功。如果没有前三个代码可以把 RTC_main.c 中有关 LCD 的代码删除或注释就可以成功编译和调试。有关按键的代码提供给后期开发扩展使用。

"RTC_main.c"的具体代码如下：

```
/******************************************************************
** 版权：   H&S 公司
** 文件名: Time_RTC_msp430f5529_20120305   参考 LSD-TEST430F5529-RTC.c
** 版本：   IAR 5.20
** 工作环境： Windows7 旗舰版
** 作者：   高波
** 生成日期:2012-01-05
** 硬件: HW1000M00
** 功能：    RTC 实时时钟
               MSP430F5529
//          -----------------
//        /|\|                XIN|-
//         | |                 | 32kHz
//         --|RST            XOUT|-
//           |                   |
//           |          P8.0  |--> LED5
//           |          P1.0  |--> LED3
//port1-vector|P2.0  P8.1  |--> LED6    port1-vector--Key5
//port2-vector|P2.1  P8.2  |--> LED7    port2-vector--Key6
//           |               |---->LCD 开发板自带
** 相关文件： 利尔达提供的开发板 LSD-TEST430F5529 V2.0
** 修改日志：2012-01-05
**相关说明：
******************************************************************/
#include "msp430x552x.h"
#include "lcdoperate.h"


void Init_Rtc(void);
void Init_Clk(void);
void Init_System(void);
void idle_loop(void);
void TA_init(void);
void display(void);
void init_key(void);
void display_bcd(uchar x,uchar y,uchar num);
void display_time(uchar x,uchar y,uchar num);
unsigned char update_time;
void main(void)
{
    // unsigned char time;
    WDTCTL = WDTPW + WDTHOLD;              //关看门狗
    Init_System();                        //系统初始化
    initLCDM();        //LCD 初始化
    TA_init();         //时钟 A 初始化，用于 LCD 显示，决定了 LCD 刷新时间
```

```
init_key();          //按键初始化
unsigned char min,second;
unsigned char hour,year_h,year_l,day,month,year,week;
unsigned char update_time_data;
//unsigned char *second;
ClearRAM(0,0,128,8);                    //清屏
_EINT();                                //中断使能
  Display_String(0,0,"Welcome to you!");
  Display_String(0,2,"F5529-TEST430");
  Display_String(0,4,"Time");
  second=RTCSEC;
  min=RTCMIN;
  hour=RTCHOUR;
  day=RTCDAY;
  month=RTCMON;
  //year=RTCYEAR;
  year_l=RTCYEAR_L;
  year_h=RTCYEAR_H;
  week=RTCDOW;
  display_time(12,4,second);
  display_time(9,4,min);
  display_time(6,4,hour);
  Display_String(8,4,":");
  Display_String(11,4,":");
  display_time(6,6,day);
  display_time(4,6,month);
  display_time(2,6,year_l);
  display_time(0,6,year_h);
  display_time(9,6,week);
  update_time=1;
while(update_time)
{

  second=RTCSEC;
  display_time(12,4,second);
  if(min!=RTCMIN)update_time_data=1;
  if(update_time_data==1)
  {
  update_time_data=0;
  second=RTCSEC;
  min=RTCMIN;
  hour=RTCHOUR;
  day=RTCDAY;
  month=RTCMON;
  //year=RTCYEAR;
  year_l=RTCYEAR_L;
  year_h=RTCYEAR_H;
  week=RTCDOW;
```

```
        display_time(12,4,second);
        display_time(9,4,min);
        display_time(6,4,hour);
        Display_String(8,4,":");
        Display_String(11,4,":");
        display_time(6,6,day);
        display_time(4,6,month);
        display_time(2,6,year_l);
        display_time(0,6,year_h);
        display_time(9,6,week);
        }
        if(year==RTCYEAR)
          update_time_data=0;
        else
          update_time_data=1;
        if(update_time_data==1)
        {
        display_time(6,6,day);
        display_time(4,6,month);
        display_time(2,6,year_l);
        display_time(0,6,year_h);
        display_time(9,6,week);
        update_time_data=0;
        }

        idle_loop();
        //ClearRAM(0,0,128,8);                      //清屏
    }


}


/************************** RTC 中断***************************/
#pragma vector=RTC_VECTOR
__interrupt void basic_timer(void)
{
    switch(RTCIV)
    {
    case 2 : break;//P1OUT ^= BIT0;break;                //RTCRDYIFG
    case 4 : break;
    case 6 : break;//P8OUT |= BIT0;break;                //RTCAIFG
    case 8 : break;
    case 10 : break;
    }


}


/*************************************************************
函数(模块)名称:void Init_System(void)
```

```
    功能：   该程序系统初始化
    本函数(模块)调用的函数(模块)清单：
    调用本函数(模块)的函数(模块)清单：
    输入参数：    void
    输出参数：    void
    函数返回值说明 :void
    使用的资源
    其他说明：
    *********************************************************/
    void Init_System(void)
    {
        Init_Rtc();                              //RTC 初始化

        PADIR  = 0xFFFF;                         //设置不用的 IO 口
        PAOUT  = 0;
        PASEL  = 0;
        PBDIR  = 0xFFFF;
        PBOUT  = 0;
        PBSEL  = 0;
        PCDIR  = 0xFFFF;
        PCOUT  = 0;
        PCSEL  = 0;
        PDDIR  = 0xFFFF;
        PDOUT  = 0;
        PDSEL  = 0;
        PJDIR = 0xFF;
        PJOUT = 0;

        P1DIR |= BIT0;                           //P1.0 为输出
        P1OUT &= ~BIT0;
        P8DIR |= BIT0;                           //P7.7 为输出
        P8OUT &= ~BIT0;
        Init_Clk();                              //调用时钟函数
    }


    /*********************************************************
    函数(模块)名称:void Init_Rtc(void)
    功能：  RTC 初始化
    本函数(模块)调用的函数(模块)清单：
    调用本函数(模块)的函数(模块)清单：
    输入参数：    void
    输出参数：    void
    函数返回值说明 :void
    使用的资源
    其他说明：
    *********************************************************/


    void Init_Rtc(void)
```

```
    {                                                   //BCD 码日历格式输出

        RTCCTL01 = RTCBCD +  RTCHOLD + RTCMODE + RTCTEV_0;
        RTCPS0CTL =   RT0PSHOLD ;                       //配置两个计数器分频
        RTCPS1CTL =  RT1PSHOLD ;
        RTCSEC =  0x54;                                 //初始化秒
        RTCMIN =  0X59 ;                                //初始化分钟
        RTCHOUR =0X21;                                  //初始化小时
        RTCDOW = 0X02;
        RTCDAY =  0x01;                                 //日期初始化
        RTCMON =  0X03;                                 //初始化月份
        RTCYEAR = 0x2012;                               //初始化年份
        RTCAMINHR = 0X2200 + BIT7;                      //闹钟小时和分钟设置
        RTCADOWDAY = 0X2402;                            //闹钟星期和日期设置
        RTCCTL01 &= ~RTCHOLD;                           //打开 RTC 模块
        RTCPS0CTL &= ~RT0PSHOLD;                        //打开 RTCPS0CTL
        RTCPS1CTL &= ~RT1PSHOLD;                        //打开 RTCPS1CTL
        RTCCTL0 |= RTCAIE + RTCRDYIE;                   //打开安全访问使能，闹钟使能


    }
/************************************************************
函数(模块)名称:void Init_Clk(void)
功能：时钟初始化
本函数(模块)调用的函数(模块)清单：
调用本函数(模块)的函数(模块)清单：
输入参数：    void
输出参数：    void
函数返回值说明 :void
使用的资源
其他说明：
************************************************************/
void Init_Clk(void)
{
    P5SEL = BIT4 + BIT5;                                //启动 XT1
    UCSCTL1 = DCORSEL_2;                                //DCO 范围配置
    UCSCTL4 = SELM_3 + SELA_0 + SELS_4;                 //设置时钟源
    while (SFRIFG1 & OFIFG)                             //等待时钟系统正常工作
    {
        __delay_cycles(100000);
        UCSCTL7 &= ~( XT1LFOFFG + DCOFFG);
        SFRIFG1 &= ~OFIFG;
        __delay_cycles(100000);
    }
}


// ********************************************************
// @fn          to_lpm
// @brief       Go to LPM0/3.
```

```
// @param        none
// @return       none
// ***********************************************************
void to_lpm(void)
{
    // Go to LPM3
    _BIS_SR(LPM3_bits + GIE);
    __no_operation();
}



// ***********************************************************
// @fn           idle_loop
// @brief        Go to LPM. Service watchdog timer when waking up.
// @param        none
// @return       none
// ***********************************************************
void idle_loop(void)
{
    // To low power mode
    to_lpm();

//#ifdef USE_WATCHDOG
    // Service watchdog
    //WDTCTL = WDTPW + WDTIS__512K + WDTSSEL__ACLK + WDTCNTCL;
//#endif
}

void TA_init(void)
{
    TA1CTL = TASSEL__ACLK + TAIE + TACLR;
    TA1CCR0 = 32768;
    TA1CTL |= MC__UP;
}
/***********************************************************
** 函数名称：TA(void)
** 功能：Timer_A 定时器中断服务程序
** 相关文件:if(++a > 1),表示 2s 中断显示一次;if(++a > 0)表示 1s 中断显示一次
** 修改日志：
***********************************************************/
#pragma vector=TIMER1_A1_VECTOR
__interrupt void TA(void)
{
    static uint a;
    TA1CTL &= ~TAIFG;
    if(++a > 0)
    {
        a = 0;
```

```
            LPM0_EXIT;
    }
}


/***********************************************************
** 函数名称: init_key(void)
** 功能: 按键初始化
** 相关文件:
** 修改日志:
***********************************************************/
void init_key(void)
{
    P2DIR &= ~( BIT0 + BIT1);        //P2.0 P2.1 设置为输入
    P8DIR |=BIT1;
    P8DIR |=BIT2;
    P2REN |= BIT0 + BIT1;            //上拉下拉电阻使能
    P2OUT |= BIT0 + BIT1;            //P2.0 P2.1 为上拉
    P2IES |= BIT0 + BIT1;            //P2.0 P2.1 下降触发
    P2IE |=  BIT0 + BIT1;            //P2.0 P2.1 中断使能
    P2IFG =0;                        //中断标志清除,防止配置过程中出现中断标志为1
}


 /*端口中断程序*/
/************************************************************/
#pragma vector = PORT2_VECTOR
__interrupt void port2(void)
{
    switch(P2IV)
    {
        case 2:
          P8OUT ^= BIT1;
          break;            //LED6 亮灭
        case 4:
          P8OUT ^= BIT2;
          break;            //LED7 亮灭
        default :break;
    }
}
/************************************************************/


/***********************************************************
** 函数名称: display_bcd(uchar x,uchar y,uchar num)
** 功能: BCD 码显示函数
** 相关文件:
** 修改日志:
***********************************************************/
void display_bcd(uchar x,uchar y,uchar num)
{
```

```c
    if(num==0x00)
        Display_String(x,y,"0");
    if(num==0x01)
        Display_String(x,y,"1");
     if(num==0x02)
        Display_String(x,y,"2");
     if(num==0x03)
        Display_String(x,y,"3");
    if(num==0x04)
        Display_String(x,y,"4");
     if(num==0x05)
        Display_String(x,y,"5");
     if(num==0x06)
        Display_String(x,y,"6");
    if(num==0x07)
        Display_String(x,y,"7");
     if(num== 0x08)
        Display_String(x,y,"8");
     if(num== 0x09)
        Display_String(x,y,"9");
}
/*****************************************************
** 函数名称：void display_time(uchar x,uchar y,uchar num)
** 功能：时间显示函数
** 相关文件：
** 修改日志：
*****************************************************/
void display_time(uchar x,uchar y,uchar num)
{
  uchar num1,num2;
  if(num<=0x09)
  {
   display_bcd(x,y,0);
   display_bcd(x+1,y,num);
  }
  else
  {
   num1=num>>4;
   display_bcd(x,y,num1);
   num2=num&0x0F;
   display_bcd(x+1,y,num2);
  }

}
```

14.2.5　基于 MSP430 的 C 语言编程

在了解 430 单片机的基础特性并对整体有了结构的印象后，下面简单介绍 C 语言对 430 编程的整体结构,基本上属于框架结构，即整体的模块化编程，其实这也是硬件编程的基本法则。

(1)程序的头文件，包括#include ＜MSP430x552x.h＞,这是 552x 系列，因为这里使用的是 MSP430F5529；其他型号可自己修改。还可以包括#include"data.h"等数据库头文件，或函数变量声明头文件，都是你自己定义的。

(2)函数和变量的声明　void Init_Sys(void);完成系统初始化。

系统初始化是个整体的概念，广义上讲包括所有外围模块的初始化，可以把外围模块初始化的子函数写到 Init_Sys()中，也可以分别写各个模块的初始化。但为了结构的简洁，最好写完系统的时钟初始化后，其他所用到的模块也在这里初始化。

示例代码如下：

```
void Init_Sys()
{
  unsigned int i;
  BCSCTL1&=~XT2OFF;                //打开 XT2 振荡器
  do
  {
  IFG1 &= ~OFIFG;                  //清除振荡器失效标志
  for (i = 0xFF; i > 0; i--);      //延时，等待 XT2 起振
  }
  while ((IFG1 & OFIFG) != 0);     //判断 XT2 是否起振

  BCSCTL2 =SELM_2+SELS;            //选择 MCLK、SMCLK 为 XT2

  //以下对各种模块、中断、外围设备等进行初始化
                    ....................................

  _EINT(); //打开全局中断控制
}
```

这里涉及时钟问题，通常选择 XT2 为 8MHz 晶振，即系统主时钟 MCLK 为 8MHz，CPU 执行命令以此时钟为准；但其他外围模块可以在相应的控制寄存器中选择其他的时钟，ACLK；当对速度要求很低，定时时间间隔大时，就可以选择 ACLK，如在定时器 Timea 初始化中设置。

(3)主程序。

```
void main( void )
    {

  WDTCTL = WDTPW + WDTHOLD;            //关闭看门狗

   InitSys();      //初始化

//自己任务中的其他功能函数

......

  while(1);

    }
```

(4) 主程序之后要介绍中断函数，中断是做单片机任务中不可缺少的部分。举个定时中断的例子：

```
/**********************************************************
                各中断函数，可按优先级依次书写
**********************************************************/
初始化        void Init_Timer_A(void)
  {
      TACTL = TASSEL0 + TACLR;              //ACLK, clear TAR
      CCTL0 = CCIE;                         //CCR0 中断使能
      CCR0=32768;                           //定时 1s
      TACTL|=MC0;                           //增计数模式
  }
//     中断服务 #pragma vector=TIMERA0_VECTOR
  __interrupt void TimerA0()

  {
    // 你自己要求中断执行的任务
  }
```

当然，还有其他的定时和多种中断，各系列芯片的中断向量个数也不同，这就是简单的整体程序框架。

第 15 章　实时操作系统

15.1　概　　述

实时操作系统(Real Time Operating System，RTOS)是指当外界事件或数据产生时，能够接受并以足够快的速度予以处理，其处理的结果又能在规定的时间内控制生产过程或对处理系统作出快速响应，并控制所有实时任务协调一致运行的操作系统。因而，提供及时响应和高可靠性是其主要特点。实时操作系统有硬实时和软实时之分，硬实时要求在规定的时间内必须完成操作，这是在操作系统设计时保证的；软实时则只要按照任务的优先级，尽可能快地完成操作即可。我们通常使用的操作系统在经过一定改变之后就可以变成实时操作系统。

15.1.1　实时操作系统定义

实时操作系统是保证在一定时间限制内完成特定功能的操作系统。例如，可以为确保生产线上的机器人能获取某个物体而设计一个操作系统。在硬实时操作系统中，如果不能在允许时间内完成使物体可达的计算，操作系统将因错误结束。在软实时操作系统中，生产线仍然能继续工作，但产品的输出会因产品不能在允许时间内到达而减慢，这使机器人有短暂的不生产现象。一些实时操作系统是为特定的应用设计的，另一些是通用的。一些通用目的的操作系统称自己为实时操作系统。但某种程度上，大部分通用目的的操作系统，如微软的 Windows NT 或 IBM 的 OS/390 有实时系统的特征。这就是说，即使一个操作系统不是严格的实时系统，它们也能解决一部分实时应用问题。

15.1.2　实时操作系统的特征

1. 高精度计时系统

计时精度是影响实时性的一个重要因素。在实时应用系统中，经常需要精确确定实时操作某个设备或执行某个任务，或精确计算一个时间函数。这些不仅依赖于硬件提供的时钟精度，也依赖于实时操作系统实现的高精度计时功能。

2. 多级中断机制

一个实时应用系统通常需要处理多种外部信息或事件，但处理的紧迫程度有轻重缓急之分。有的必须立即作出反应，有的则可以延后处理。因此，需要建立多级中断嵌套处理机制，以确保对紧迫程度较高的实时事件进行及时响应和处理。

3. 实时调度机制

实时操作系统不仅要及时响应实时事件中断，同时也要及时调度运行实时任务。但是，处理机调度并不能随心所欲地进行，因为涉及两个进程之间的切换，只能在确保"安全切换"的时间点上进行，实时调度机制包括两个方面：一是在调度策略和算法上保证优先调度实时任务；二是建立更多"安全切换"时间点，保证及时调度实时任务。

15.1.3　实时操作系统的相关概念

1.　基本概念

(1) 代码临界段：指处理时不可分割的代码。一旦这部分代码开始执行则不允许中断打入。

(2) 资源：任何为任务所占用的实体。

(3) 共享资源：可以被一个以上任务使用的资源。

(4) 任务：也称为一个线程，是一个简单的程序。每个任务被赋予一定的优先级，有它自己的一套 CPU 寄存器和自己的栈空间。典型地，每个任务都是一个无限的循环，每个任务都处在以下五个状态下：休眠态、就绪态、运行态、挂起态、被中断态。

(5) 任务切换：将正在运行任务的当前状态(CPU 寄存器中的全部内容)保存在任务自己的栈区，然后把下一个将要运行的任务的当前状态从该任务的栈中重新装入 CPU 的寄存器，并开始下一个任务的运行。

(6) 内核：负责管理各个任务，为每个任务分配 CPU 时间，并负责任务之间通信。分为不可剥夺型内核和可剥夺型内核。

(7) 调度：内核的主要职责之一，决定轮到哪个任务运行。一般基于优先级调度法。

2.　关于优先级的问题

(1) 任务优先级：分为优先级不可改变的静态优先级和优先级可改变的动态优先级。

(2) 优先级反转：优先级反转问题是实时系统中出现最多的问题。共享资源的分配可导致优先级低的任务先运行，优先级高的任务后运行。解决的办法是使用"优先级继承"算法来临时改变任务优先级，以遏制优先级反转。

3.　互斥

虽然共享数据区简化了任务之间的信息交换，但是必须保证每个任务在处理共享数据时的排他性。使之满足互斥条件的一般方法有：关中断，使用测试并置位指令(TAS)，禁止做任务切换，利用信号量。因为采用实时操作系统的意义就在于能够及时处理各种突发的事件，即处理各种中断，因而衡量嵌入式实时操作系统的最主要、最具有代表性的性能指标参数无疑应该是中断响应时间了。中断响应时间通常被定义为

中断响应时间=中断延迟时间+保存 CPU 状态的时间+该内核的 ISR 进入函数的执行时间

中断延迟时间=MAX(关中断的最长时间，最长指令时间) +开始执行 ISR 的第一条指令的时间

15.1.4　嵌入式实时操作系统

嵌入式实时操作系统(Embedded Real-time Operation System，RTOS)是实时操作系统在嵌入式领域的应用，也是目前实时操作系统的主要应用领域。通常说实时操作系统一般都是指嵌入式实时操作系统。

1. 嵌入式实时操作系统的定义

当外界事件或数据产生时，能够接受并以足够快的速度予以处理，其处理的结果又能在规定的时间之内来控制生产过程或对处理系统作出快速响应，并控制所有实时任务协调一致运行的嵌入式操作系统。

注：在工业控制、军事设备、航空航天等领域对系统的响应时间有苛刻的要求，这就需要使用实时系统。我们常说的嵌入式操作系统都是嵌入式实时操作系统。比如，μC/OS-II、eCOS 和 Linux。故对嵌入式实时操作系统的理解应该建立在对嵌入式系统的理解之上加入对响应时间的要求。

2. RTOS 市场和技术发展的变化

进入 20 世纪 90 年代后，RTOS 在嵌入式系统设计中的主导地位已经确定，越来越多的工程师使用 RTOS，更多的新用户愿意选择购买而不是自己开发。我们注意到，RTOS 的技术发展有以下一些变化：

(1)因为新的处理器越来越多，RTOS 自身结构的设计更易于移植，以便在短时间内支持更多种微处理器。

(2)开放源码之风已波及 RTOS 厂家。数量相当多的 RTOS 厂家出售 RTOS 时，就附加了源程序代码并含生产版税。

(3)后 PC 时代更多的产品使用 RTOS，它们对实时性要求并不高，如手持设备等。微软公司的 WinCE、Plam OS、Java OS 等 RTOS 产品就是顺应这些应用而开发出来的。

(4)电信设备、控制系统要求的高可靠性，对 RTOS 提出了新的要求。瑞典 Enea 公司的 OSE 和 WindRiver 新推出的 Vxwork AE 对支持 HA(高可用性)和热切换等特点都下了一番功夫。

(5)Windriver 收购了 ISI，在 RTOS 市场形成了相当程度的垄断，但是由于 Windriver 决定放弃 PSOS，转为开发 Vxwork 与 PSOS 合二为一版本，这便使得 PSOS 用户再一次走到重新选择 RTOS 的路口，给了其他 RTOS 厂家一次机会。

(6)嵌入式 Linux 已经在消费电子设备中得到应用。韩国和日本的一些企业都推出了基于嵌入式 Linux 的手持设备。嵌入式 Linux 得到了相当广泛的半导体厂商的支持和投资，如 Intel 和 Motorola。

3. 未来 RTOS 的应用

未来 RTOS 可能划分为以下三个不同的领域。

(1)系统级：指 RTOS 运行在一个小型的计算机系统中完成实时的控制作用。这个领域将主要是微软与 Sun 竞争之地，传统上 Unix 在这里占有绝对优势。Sun 通过收购，让他的 Solaris 与 Chrous os(原欧洲的 1 种 RTOS)结合，微软力推 NT 的嵌入式版本"Embedded NT"。此外，嵌入式 Linux 将依托源程序码开放和软件资源丰富的优势，进入系统级 RTOS 的市场。

(2)板级：传统的 RTOS 的主要市场。如 Vxwork、PSOS、QNX、Lynx 和 VRTX 的应用将主要集中在航空航天、电话电信等设备上。

(3)SOC 级(即片上系统)：新一代 RTOS 的领域，主要应用在消费电子、互联网络和手持设备等产品上。代表的产品有 Symbian 的 Epoc、ATI 的 Nucleus, Express logic 的 Threadx。老牌的 RTOS 厂家的产品 VRTX 和 Vxwork 也很注意这个市场。

从某种程度讲，不会出现一个标准的 RTOS，因为嵌入式应用本身就极具多样性。在某个时间段以及某种行业，会出现一种绝对领导地位的 RTOS，今天在宽带的数据通信设备中的 Vxwork 和在亚洲手持设备市场上的 WinCE 就是一例子。但是，这种垄断地位也并不是牢不可破的，因为在某种程度上用户和合作伙伴更愿意去培养一个新的竞争对手。比如，Intel 投资的 Montivista 和 Motorola 投资的 Lineo，这两家嵌入式 Linux 系统，就是说明半导体厂商更愿意看到一个经济适用的、开放的 RTOS 环境。

4. RTOS 在中国

中国将是世界上最大的 RTOS 市场之一。因为中国有着世界上最大的电信市场。据信息产业部预计，在未来 2～3 年内，中国将是世界上最大的手机市场(每部手机都在运行一个 RTOS)。

这样庞大的电信市场就会孕育着大量的电信设备制造商，这就造就了大量的 RTOS 和开发工具市场机会。目前，中国的绝大多数设备制造商在采用 RTOS 时，首先考虑的还是国外产品。

目前，在中国市场上流行的 RTOS 主要有 Vxwork、PSOS、VRTX、Nucleus、QNX 和 WinCE 等。由于多数 RTOS 是嵌入在设备的控制器上，所以多数用户并不愿意冒风险尝试一种新的 RTOS。

目前 RTOS 在中国市场的销售额还很小，这主要是以下两个原因。

(1)中国设备制造商的规模普遍还无法与国外公司相比，开发和人员费用相对还较高，所以 RTOS 对于中国用户来讲是比较贵的。

(2)多数国内用户还没有开始购买 RTOS 的版税，其主要原因有：产品未能按计划批量生产，没有交版税的意识。应该注意，大多数二进制的 RTOS 必须在产品量产时交版税，按数量买或者与厂家讨论一次性买断，而由厂家直接发给授权协议书。据国外某家 RTOS 厂家称，他们年收入的 30%来自版税。

15.1.5　嵌入式实时操作系统分类

1. VxWorks 嵌入式操作系统

VxWorks 是美国 WindRiver 公司的产品，是目前嵌入式系统领域中应用很广泛，市场占有率比较高的嵌入式操作系统。

VxWorks 实时操作系统由 400 多个相对独立、短小精悍的目标模块组成，用户可根据需要选择适当的模块来裁剪和配置系统；提供基于优先级的任务调度、任务间同步与通信、中断处理、定时器和内存管理等功能，内建符合 POSIX(可移植操作系统接口)规范的内存管理，以及多处理器控制程序；并且具有简明易懂的用户接口，在核心方面甚至可以微缩到 8 KB。

2. μC/OS-II 嵌入式操作系统

μC/OS-II 是在 μC-OS 的基础上发展起来的，是美国嵌入式系统专家 Jean J. Labrosse 用 C 语言编写的一个结构小巧、抢占式的多任务实时内核。μC/OS-II 能管理 64 个任务，并提供任务调度与管理、内存管理、任务间同步与通信、时间管理和中断服务等功能，具有执行效率高、占用空间小、实时性能优良和可扩展性强等特点。

3. μClinux 嵌入式操作系统

μClinux 是一种优秀的嵌入式 Linux 版本，其全称为 micro-control Linux，从字面意思看是指微控制 Linux。同标准的 Linux 相比，μClinux 的内核非常小，但是它仍然继承了 Linux 操作系统的主要特性，包括良好的稳定性和移植性、强大的网络功能、出色的文件系统支持、标准丰富的 API，以及 TCP/IP 网络协议等。因为没有 MMU 内存管理单元，所以其多任务的实现需要一定技巧。

4. eCos 嵌入式操作系统

eCos（embedded Configurable operating system），即嵌入式可配置操作系统。它是一个源代码开放的可配置、可移植、面向深度嵌入式应用的实时操作系统。最大特点是配置灵活，采用模块化设计，核心部分由不同的组件构成，包括内核、C 语言库和底层运行包等。每个组件可提供大量的配置选项（实时内核也可作为可选配置），使用 eCos 提供的配置工具可以很方便地配置，并通过不同的配置使得 eCos 能够满足不同的嵌入式应用要求。

5. RTXC 嵌入式操作系统

RTXC 是 C 语言的实时执行体（Real-Time eXecutive in C）的缩写。它是一种灵活的、经过工业应用考验的多任务实时内核，可以广泛用于各种采用 8/16 位单片机、16/32 位微处理器、DSP 处理器的嵌入式应用场合。中国单片机公共实验室"经过几年的考察，认为比较适合中国的国情后，引入中国市场的"嵌入式实时多任务操作系统两者之一。

6. FreeRTOS

在嵌入式领域中，嵌入式实时操作系统正得到越来越广泛的应用。采用嵌入式实时操作系统（RTOS）可以更合理、更有效地利用 CPU 的资源，简化应用软件的设计，缩短系统开发时间，更好地保证系统的实时性和可靠性。

在嵌入式领域，FreeRTOS 是不多的同时具有实行性、开源性、可靠性、易用性、多平台支持等特点的嵌入式操作系统。目前，FreeRTOS 已经发展到支持包含 X86、Xilinx、Altera 等多达 30 种的硬件平台，其广阔的应用前景已经越来越受到业内人士的瞩目。

FreeRTOS 官网：http://www.freertos.org。

15.2　FreeRTOS

15.2.1　概述

由于 RTOS 需占用一定的系统资源（尤其是 RAM 资源），只有 μC/OS-II、embOS、salvo、FreeRTOS 等少数实时操作系统能在小 RAM 单片机上运行。相对 μC/OS-II、embOS 等商业操作系统，FreeRTOS 操作系统是完全免费的操作系统，具有源码公开、可移植、可裁减、调度策略灵活的特点，可以方便地移植到各种单片机上运行，其最新版本为 7.1.0 版。

15.2.2　操作系统功能

作为一个轻量级的操作系统，FreeRTOS 提供的功能包括：任务管理、时间管理、信号量、消息队列、内存管理、记录功能等，可基本满足较小系统的需要。FreeRTOS 内核支持优先级调度算法，每个任务可根据重要程度的不同被赋予一定的优先级，CPU 总是让处于就绪态的、优先级最高的任务先运行。FreeRTOS 内核同时支持轮换调度算法，系统允许不同的任务使用相同的优先级，在没有更高优先级任务就绪的情况下，同一优先级的任务共享 CPU 的使用时间。

FreeRTOS 的内核可根据用户需要设置为可剥夺型内核或不可剥夺型内核。当 FreeRTOS 被设置为可剥夺型内核时，处于就绪态的高优先级任务能剥夺低优先级任务的 CPU 使用权，这样可保证系统满足实时性的要求；当 FreeRTOS 被设置为不可剥夺型内核时，处于就绪态的高优先级任务只有等当前运行任务主动释放 CPU 的使用权后才能获得运行，这样可提高 CPU 的运行效率。

15.2.3　操作系统的原理与实现

1. 任务调度机制的实现

任务调度机制是嵌入式实时操作系统的一个重要概念，也是其核心技术。对于可剥夺型内核，优先级高的任务一旦就绪就能剥夺优先级较低任务的 CPU 使用权，提高了系统的实时响应能力。不同于 μC/OS-II，FreeRTOS 对系统任务的数量没有限制，既支持优先级调度算法也支持轮换调度算法，因此 FreeRTOS 采用双向链表而不是采用查任务就绪表的方法来进行任务调度。系统定义的链表和链表节点数据结构如下：

```
typedef struct xLIST{               //定义链表结构
unsigned portSHORPT usNumberOfItems;
                               //usNumberOfItems 为链表的长度，为 0 表示链表为空
volatile xListItem * pxHead;      //pxHead 为链表的头指针
volatile xListItem * pxIndex;     //pxIndex 指向链表当前结点的指针
volatile xListItem xListEnd;      //xListEnd 为链表尾结点
}xList;
struct xLIST_ITEM {  //定义链表结点的结构
port Tick type xItem Value; //xItem Value 的值用于实现时间管理
                               //port Tick Type 为时针节拍数据类型，
                               //可根据需要选择为 16 位或 32 位
volatile struct xLIST_ITEM * pxNext;   //指向链表的前一个结点
void * pvOwner;               //指向此链表结点所在的任务控制块
void * pvContainer;           //指向此链表结点所在的链表};
FreeRTOS 中每个任务对应于一个任务控制块(TCB)，其定义如下所示：
typedef struct tskTaskControlBlock {
portSTACK_TYPE * pxTopOfStack;         //指向任务堆栈结束处
portSTACK_TYPE * pxStack;              //指向任务堆栈起始处
unsigned portSHORT usStackDepth;       //定义堆栈深度
signed portCHAR pcTaskName[tskMAX_TASK_NAME_LEN];   //任务名称
unsigned portCHAR ucPriority;          //任务优先级
xListItem xGenericListItem;            //用于把 TCB 插入就绪链表或等待链表
```

```
xListItem xEventListItem;        //用于把 TCB 插入事件链表(如消息队列)
unsigned portCHAR ucTCBNumber;   //用于记录功能
}tskTCB;
```

FreeRTOS 定义就绪任务链表数组为 xList pxReady-TasksLists[portMAX_PRIORITIES]。其中 portMAX_PRIORITIES 为系统定义的最大优先级。若想使优先级为 n 的任务进入就绪态，需要把此任务对应的 TCB 中的结点 xGenericListltem 插入到链表 pxReadyTasksLiStS[n]中，还要把 xGenericListItem 中的 pvContainer 指向 pxReadyTasksLists[n]方可实现。

当进行任务调度时，调度算法首先实现优先级调度。系统按照优先级从高到低的顺序从就绪任务链表数组中寻找 usNumberOfItems 第一个不为 0 的优先级，此优先级即为当前最高就绪优先级，据此实现优先级调度。若此优先级下只有一个就绪任务，则此就绪任务进入运行态；若此优先级下有多个就绪任务，则需采用轮换调度算法实现多任务轮流执行。

若在优先级 n 下执行轮换调度算法，系统先通过执行 (pxReadyTasksLists[n])→pxIndex=(pxReadyTasks-Lists[n])→pxlndex→pxNext 语句得到当前结点所指向的下一个结点，再通过此结点的 pvOwner 指针得到对应的任务控制块，最后使此任务控制块对应的任务进入运行态。由此可见，在 FreeRTOS 中，相同优先级任务之间的切换时间为一个时钟节拍周期。

为了加快任务调度的速度，FrecRTOS 通过变量 ucTopReadyPriotity 跟踪当前就绪的最高优先级。当把一个任务加入就绪链表时，如果此任务的优先级高于 ucTopReadyPriority，则把这个任务的优先级赋予 ucTopReadyPriority。这样当进行优先级调度时，调度算法不是从 portMAX_PRIORITIES 而是从 ucTopReady-Priority 开始搜索。这就加快了搜索的速度，同时缩短了内核关断时间。

2. 任务管理的实现

实现多个任务的有效管理是操作系统的主要功能。FreeRTOS 下可实现创建任务、删除任务、挂起任务、恢复任务、设定任务优先级、获得任务相关信息等功能。下面主要讨论 FreeRTOS 下任务创建和任务删除的实现。当调用 sTaskCreate() 函数创建一个新的任务时，FreeRTOS 首先为新任务分配所需的内存。若内存分配成功，则初始化任务控制块的任务名称、堆栈深度和任务优先级，然后根据堆栈的增长方向初始化任务控制块的堆栈。接着，FreeRTOS 把当前创建的任务加入到就绪任务链表。若当前此任务的优先级为最高，则把此优先级赋值给变量 ucTopReadyPriorlty。若任务调度程序已经运行且当前创建的任务优先级为最高，则进行任务切换。

不同于 μC/OS-II，FreeRTOS 下任务删除分两步进行。当用户调用 vTaskDelete() 函数后，执行任务删除的第一步：FreeRTOS 先把要删除的任务从就绪任务链表和事件等待链表中删除，然后把此任务添加到任务删除链表，若删除的任务是当前运行任务，系统就执行任务调度函数，至此完成任务删除的第一步。当系统空闲任务即 prvldleTask() 函数运行时，若发现任务删除链表中有等待删除的任务，则进行任务删除的第二步，即释放该任务占用的内存空间，并把该任务从任务删除链表中删除，这样才彻底删除了这个任务。值得注意的是，在 FreeRTOS 中，当系统被配置为不可剥夺内核时，空闲任务还有实现各个任务切换的功能。

通过比较 μC/OS-II 和 FreeRTOS 的具体代码发现，采用两步删除的策略有利于减少内核关断时间，减少任务删除函数的执行时间，尤其是当删除多个任务的时候。

3. 时间管理的实现

FreeRTOS 提供的典型时间管理函数是 vTaskDelay()，调用此函数可以实现将任务延时一段特定时间的功能。在 FreeRTOS 中，若一个任务要延时 xTicksToDelay 个时钟节拍，系统内核会把当前系统已运行的时钟节拍总数（定义为 xTickCount，32 位长度）加上 xTicksToDelay 得到任务下次唤醒时的时钟节拍数 xTimeToWake。然后，内核把此任务的任务控制块从就绪链表中删除，把 xTimeToWake 作为结点值赋予任务的 xItemValue，再根据 xTimeToWake 的值把任务控制块按照顺序插入不同的链表。若 xTimeToWake>xTickCount，即计算中没有出现溢出，内核把任务控制块插入到 pxDelayedTaskList 链表；若 xTimeToWake 每发生一个时钟节拍，内核就会把当前的 xTick-Count 加 1。若 xTickCount 的结果为 0，即发生溢出，内核会把 pxOverflowDelayedTaskList 作为当前链表；否则，内核把 pxDelaycdTaskList 作为当前链表。内核依次比较 xTickCotlrtt 和链表各个结点的 xTimcToWake。若 xTick-Count 等于或大于 xTimeToWake，说明延时时间已到，应该把任务从等待链表中删除，加入就绪链表。

由此可见，不同于 µC/OS-II，FreeRTOS 采用"加"的方式实现时间管理。其优点是时间节拍函数的执行时间与任务数量基本无关，而 µC/OS-II 的 OSTimcTick() 的执行时间正比于应用程序中建立的任务数。因此当任务较多时，FreeRTOS 采用的时间管理方式能有效加快时钟节拍中断程序的执行速度。

4. 内存分配策略

每当任务、队列和信号量创建的时候，FreeRTOS 要求分配一定的 RAM。虽然采用 malloc() 和 free() 函数可以实现申请和释放内存的功能，但这两个函数存在以下缺点：并不是在所有的嵌入式系统中都可用，要占用不定的程序空间，可重入性欠缺以及执行时间具有不可确定性。为此，除了可采用 malloc() 和 free() 函数外，FreeRTOS 还提供了另外两种内存分配的策略，用户可以根据实际需要选择不同的内存分配策略。

方法一，按照需求内存的大小简单地把一大块内存分割为若干小块，每个小块的大小对应于所需求内存的大小。这样做的好处是比较简单，执行时间可严格确定，适用于任务和队列全部创建完毕后再进行内核调度的系统；这样做的缺点是，由于内存不能有效释放，系统运行时应用程序并不能实现删除任务或队列。

方法二，采用链表分配内存，可实现动态的创建、删除任务或队列。系统根据空闲内存块的大小按从小到大的顺序组织空闲内存链表。当应用程序申请一块内存时，系统根据申请内存的大小按顺序搜索空闲内存链表，找到满足申请内存要求的最小空闲内存块。为了提高内存的使用效率，在空闲内存块比申请内存大的情况下，系统会把此空闲内存块一分为二。一块用于满足申请内存的要求，一块作为新的空闲内存块插入到链表中。

方法二的优点是，能根据任务需要高效率地使用内存，尤其是当不同的任务需要不同大小的内存的时候。方法二的缺点是，不能把应用程序释放的内存和原有的空闲内存混合为一体，因此，若应用程序频繁申请与释放"随机"大小的内存，就可能造成大量的内存碎片。这就要求应用程序申请与释放内存的大小为"有限个"固定的值。方法二的另一个缺点是，程序执行时间具有一定的不确定性。

µC/OS-II 提供的内存管理机制是把连续的大块内存按分区来管理，每个分区中包含整数个大小相同的内存块。由于每个分区的大小相同，即使频繁地申请和释放内存也不会产生内存碎片问题，但其缺点是内存的利用率相对不高。当申请和释放的内存大小均为一个固定值时（如均为 2 KB），FreeRTOS 的方法二内存分配策略就可以实现类似 μC/OS-Ⅱ 的内存管理效果。

5. FreeRTOS 的移植

FreeRTOS 操作系统可以被方便地移植到不同处理器上工作，现已提供了 ARM、MSP430、AVR、PIC、C8051F 等多款处理器的移植。FrceRTOS 在不同处理器上的移植类似于 μC/OS-II，故本文不再详述 FreeRTOS 的移植。此外，TCP/IP 协议栈 μIP 已被移植到 FreeRTOS 上，具体代码可见 FreeRTOS 网站。

6. FreeRTOS 的不足

相对于常见的 μC/OS-II 操作系统，FreeRTOS 操作系统既有优点也存在不足。其不足之处，一方面体现在系统的服务功能上，如 FreeRTOS 只提供了消息队列和信号量的实现，无法以后进先出的顺序向消息队列发送消息；另一方面，FreeRTOS 只是一个操作系统内核，需外扩第三方的 GUI（图形用户界面）、TCP/IP 协议栈、FS（文件系统）等才能实现一个较复杂的系统，不像 μC/OS-II 可以和 μC/GUI、μC/FS、μC/TCP-IP 等无缝结合。

其他具体信息请到 FreeRTOS 了解，http://www.freertos.org。

15.3　RTOS 在 MSP430 中应用简介

MSP430 中可以应用的 RTOS 也较多，主要有 TI 的实时操作系统和第三方 RTOS 技术产品。

15.3.1　TI 的实时操作系统 SYS/BIOS 简介

SYS/BIOS 是一款高级实时操作系统，能配合多种 TI DSP、ARM 以及 MSP430 等微控制器使用。

（1）MSP430 具有独特超低功耗特性。

（2）基于 GUI 的 RTOS 配置工具。

（3）调试工具显示执行序列、CPU 负载等。

（4）小巧的机型，不到 8KB 的闪存/512B RAM，提供堆栈空间。

15.3.2　第三方 RTOS 技术产品

利用第三方 RTOS 解决方案：

（1）Micrium μC/OS-II™ 和 μC/OS-III™。

（2）CMX Systems CMX-Tiny+™。

（3）Segger embOS。

（4）FreeRTOS™。

（5）Quantum Leaps QP™。

（6）Pumpkin、Inc Salvo™。

（7）TinyOS 联盟。

(8) ELESOFTROM DioneOS。

这里是官网上推荐的上推荐有关 RTOS 的信息。

思考与练习

1. 简述 MSP430 系列 MCU 微控制器的优缺点。

2. 分析 RTOS 操作系统的特点。

参 考 文 献

曹磊. 2007. MSP430 单片机 C 程序设计与实践[M]，北京：航空航天大学出版社

秦龙. 2006. MSP430 单片机 C 语言应用程序设计实例讲解[M]，北京：电子工业出版社

http://baike.baidu.com/view/215429.htm, MSP430 单片机[EB/OL].

http://en.wikipedia.org/wiki/TI_MSP430，http://zh.wikipedia.org/wiki/MSP430, MSP430 维基百科[EB/OL]

http://lsdmcu.cn.gongchang.com

http://www.ti.com.cn/lsds/ti_zh/microcontroller/14-bit_msp430/getting_started.page，MSP430^{TM} 超低功耗

http://www.ti.com/mcu/docs/mcuorphan.tsp?contentId=61835&DCMP=MSP430&HQS=Other+OT+ulp，MSP430^{TM}- The World's Lowest Power MCU[EB/OL]

http://www.weeqoo.com/zhuanti/msp430/, MSP430 [EB/OL]

第 4 篇

基于C2000 DSP的设计

第 16 章　C2000 DSP 系列简介

16.1　DSP 基础知识

DSP 的前身是 TI 公司设计的用于玩具上的一款芯片，经过二三十年的发展，在许多科学家和工程师的努力下，如今 DSP 已经成为数字化信息时代的核心引擎，广泛应用于家电、通信、航空航天、工业测量、控制、生物医学工程以及军事等许多需要实时实现的领域。从 DSP 最初的应用来看，DSP 的学习也是一件轻松愉快的事情。

16.1.1　DSP 的定义

DSP（Digital Signal Processing）是数字信号处理技术，也是数字信号处理器（Digital Signal Processor）。本书中讲的 DSP 是数字信号处理的意思，主要研究如何将理论上的数字信号处理技术应用于数字信号处理器中。

通常流过器件的电压、电流信号都是时间上连续的模拟信号，可以通过 A/D 器件对连续的模拟信号进行采样，转换成时间上离散的脉冲信号，然后对这些脉冲信号量化、编码，转换成由 0 和 1 构成的二进制编码，也就是常说的数字信号，如图 16-1 所示。当然，采样、量化、编码这些操作都是由 A/D 转换器件来完成的。

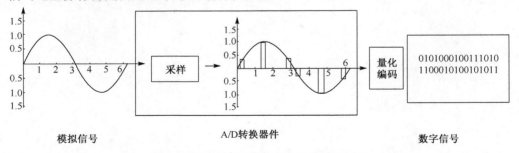

图 16-1　模拟信号转换为数字信号的过程

DSP 能够对这些数字信号进行变换、滤波等处理，还可以进行各种各样复杂的运算，来实现预期的目标。

16.1.2　DSP 的特点

DSP 芯片一般具有下面所述的主要特点。

(1)程序空间和数据空间分开，CPU 可以同时访问指令和数据。

(2)在一个指令周期内可以完成一次乘法和一次加法运算。

(3)具有快速 RAM，可以通过独立的数据总线在程序空间和数据空间同时访问。

(4)具有低开销或无开销循环及跳转的硬件支持。

(5)具有快速的中断处理和硬件 I/O 支持。

(6)可以并行执行多个操作。

(7)支持流水线操作，使得取址、译码和执行等操作可以重叠执行。

16.1.3　DSP 与 MCU、ARM、FPGA 的区别

DSP 与 MCU 之间的区别。DSP 采用哈佛结构，数据空间和程序空间分开，通过独立的数据总线在程序空间和数据空间同时访问。MCU 采用冯·诺依曼结构，数据空间和程序空间共用一个存储器空间，通过一组总线连接到 CPU。在运算处理能力上，MCU 不如 DSP，但 MCU 价格便宜。

ARM 是 Advanced RISC（精简指令集）Machines 的缩写，是面向低预算市场的 RISC 微处理器。ARM 具有较强的事务管理能力，适合用来跑界面、操作系统等，其优势主要体现在控制方面。DSP 的优势是有强大的数据处理能力和较高的运行速度，多用于数据处理，例如加密/解密、调制/解调等。

FPGA（现场可编程门阵列）是在 PAL、GAL、PLD 等可编程器件的基础上进一步发展的产物，是专用集成电路中集成度最高的一种。FPGA 采用了逻辑单元阵列 LCA 的概念，内部包括了可配置逻辑模块 CLB、输入/输出模块 IOB、内部连线三个部分。使用 FPGA 来开发数字电路，可以大大缩短设计时间，减少 PCB 面积，提高系统可靠性。缺点价格比较昂贵。

16.1.4　学习开发 DSP 所需要的知识

学习哪一款微处理器，无关乎两部分：一个是硬件，一个是软件。硬件部分最好有过 MCU 或者是 ARM 之类相关微处理器的开发经验。软件部分，需要会 C 或者 C＋＋。除了掌握上面两方面的技能之外，如果在信号处理理论方面有一些基础，例如知道时域与频域、S 域、Z 域的变换，知道 FFT、各种数字滤波器的知识那就更好了。

16.2　如何选择 DSP

16.2.1　DSP 厂商介绍

TI 是世界知名的 DSP 芯片生产厂商，1982 年推出第一代真正意义上的 DSP 芯片——TMS32010，这是 DSP 应用历史上的一个里程碑。它的 TMS320 系列的 DSP 具有价格低廉，简单易用，功能强大等优点，逐渐成为目前世界上最有影响力、最为成功的 DSP 系列处理器。

在 DSP 芯片领域这块大蛋糕上，除了 TI 之外还有几家熟知的国际大公司也在生产 DSP 芯片，如美国模拟器件公司 ADI 和 Freescale 公司。

ADI 公司的定点 DSP 芯片有 ADSP2101/2103/2105、ADSP2111/2115、ADSP2126/2162/2164、ADSP2127/2181/ADSP—BF532 以及 Blackfin 系列；浮点 DSP 芯片有 ADSP21000/21020、ADSP21060/21062 等。

16.2.2　TI 公司各个系列 DSP 的特点

目前，TI 公司在市场上主要有三大系列 DSP 产品。

(1)TMS320C2000 系列，面向数字控制、运动控制领域。主要包括：TMS320C24xx、TMS320F24xx、TMS320C28xx、TMS320C28xx 等。现在相对比较多的芯片有定点芯片

TMS320F2407、TMS320F2812、TMS320F2808 和浮点芯片 TMS320F28335，其中 TMS320F2812 使用最为广泛。

（2）TMS320C5000 系列，面向低功耗，手持设备，无线终端应用领域。主要包括 C54X、C54xx、C55xx 等。目前使用较多的芯片有 C5402、C5416、C5520、C5509 等。

（3）TMS320C6000 系列，面向高性能、多功能、复杂应用领域，例如图像处理，主要包括 C62xx、C64xx、C67xx 等。使用比较多的是 C6416、C6713 等。

TI 公司的 DSP 产品除了上面介绍的三大系列外，还有面向低端应用、价格可以和 MCU 竞争、功能稍微减弱的 Piccolo 平台的产品，目前主要有 TMS320F2803x/2x。Piccolo 系列芯片采用最新的架构技术成果和增强型外设，封装尺寸最小为 38 引脚，能够为通常难以承担相应成本的应用带来 32 位实时控制功能的优势。实时控制通过在诸如太阳能逆变器、白色家电设备、混合动力汽车电池和 LED 照明等应用中实施高级算法，实现更高系统效率与精度。TI 在规划此系列产品时就是将其定位成 MCU 的，希望 Piccolo 平台的芯片能在 MCU 领域大展拳脚。

TI 公司的 DSP 还有面向高端视频处理的达芬奇平台，例如 DM642、DM6437、DM6467 等；有面向移动终端的双核处理器 OMAP 平台，例如 OMAP3530。

在 HELLODSP 上曾经做过一次"大家都做哪个 DSP 型号"的调查，总共有 276 人参与投票，具体数据如表 16-1 所列。此次调查并没有加入 DM642 等高端 DSP，其结果虽然并不全面，但能够反映大家使用 DSP 的情况，仅供参考。

表 16-1　TI 的 DSP 使用调查结果

DSP 型号	投票人数	所占百分比/%
TMS320C24x	37	13.41
TMS320C28x	109	39.49
TMS320C54x	39	14.13
TMS320C55x	24	8.7
TMS320C62x	1	0.36
TMS320C64x	44	15.94
TMS320C67x	14	5.07
其他	8	2.9

16.2.3　TI DSP 具体型号的含义

TI 公司 DSP 型号中的各个字母代表的含义如图 16-2 所示。

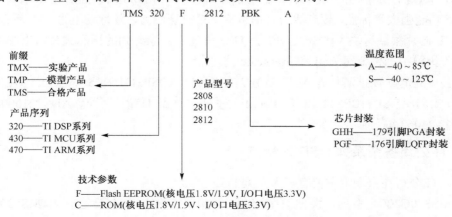

图 16-2　TI DSP 具体型号的含义

16.2.4　C2000 系列 DSP 选型指南

对于刚接触 DSP 的朋友，选择一款合适的 DSP 进行学习或者开发，对就业和工作有很好的帮助。

下面了解 C2000 系列中各款 DSP 芯片的资源情况，以便于具体选择时做参考。表 16-2 是 TMS320F/C24x 的各款芯片资源汇总，表 16-3 是 TMS320F/C28x 的各款芯片资源汇总，其中，256KB=256K×16 位。

表 16-2　TMS320F/C24x 芯片资源汇总

型号	MIPS	Boot ROM/B	RAM /KB	Flash /KB	ROM /KB	通用的时器	PWM 通道	10 位 A/D 转换通道/转换时间/μs	EMIF	Watch dog Timer	SPI	SCI	CAN
TMS320LC2401AVFA	40	/	2	/	16	2	7	5ch/0.5	/	Y	/	Y	/
TMS320LC2402APGA	40	/	1	/	12	2	8	8ch/0.425	/	Y	/	Y	/
TMS320LC2402APAGA	40	/	1	/	12	2	8	8ch/0.425	/	Y	/	Y	/
TMS320LC2403APAGA	40	/	2	/	32	2	8	8ch/0.425	/	Y	Y	Y	Y
TMS320LC2404APZA	40	/	3	/	32	4	16	16ch/0.375	/	Y	Y	Y	Y
TMS320LC2406APZA	40	/	5	/	64	4	16	16ch/0.375	/	Y	Y	Y	Y
TMS320LF2401AVFA	40	512	2	16	/	2	7	5ch/0.5	/	Y	/	Y	/
TMS320LF2402APGA	40	512	2	16	/	2	8	8ch/0.5	/	Y	/	Y	/
TMS320LF2403APAGA	40	512	2	32	/	2	8	8ch/0.5	/	Y	Y	Y	Y
TMS320LF2406APZA	40	512	5	64	/	4	16	16ch/0.5	/	Y	Y	Y	Y
TMS320LF2407APGEA	40	512	5	64	/	4	16	16ch/0.5	Y	Y	Y	Y	Y

表 16-3　TMS320F/C28x 芯片资源汇总

型号	处理器			存储器			控制接口						通信接口				
	主频 /MHz	FPU	DMA	RAM /KB	Flash /KB	ROM /KB	PWM 通道	高分辨率 PWM	定时器	捕获单元	正交编码电路	12 位 A/D 转换通道/转换时间/μs	SPI	SCI	CAN	I²C	Mc-BSP
TMS320F28335	150	Y	Y	68	512	Boot	18	6	9	6	2	16ch/80	1	3	2	1	2
TMS320F28334	150	Y	Y	68	256	Boot	18	6	9	4	2	16ch/80	1	3	2	1	2
TMS320F28332	100	Y	Y	52	128	Boot	16	6	9	4	2	16ch/80	1	2	2	1	1
TMS320F28235	150	N	Y	68	512	Boot	18	6	9	6	2	16ch/80	1	3	2	1	2
TMS320F28234	150	N	Y	68	256	Boot	18	6	9	4	2	16ch/80	1	3	2	1	2
TMS320F28232	100	N	Y	52	128	Boot	16	6	9	4	2	16ch/80	1	2	2	1	1
TMS320F2812	150	N	N	36	256	Boot	16	/	7	6	2	16ch/80	1	2	1	/	1
TMS320F2811	150	N	N	36	256	Boot	16	/	7	6	2	16ch/80	1	2	1	/	1
TMS320F2810	150	N	N	36	128	Boot	16	/	7	6	2	16ch/80	1	2	1	/	1
TMS320F28015	60	N	N	12	32	Boot	8	4	7	2	2	16ch/267	1	1	/	1	/
TMS320F28016	60	N	N	12	64	Boot	8	4	7	2	2	16ch/267	1	1	/	1	/
TMS320F2801-60	60	N	N	12	32	Boot	8	3	9	2	1	16ch/267	2	1	1	1	/
TMS320F2802-60	60	N	N	12	64	Boot	8	3	9	2	2	16ch/267	2	1	1	1	/
TMS320F2801	100	N	N	12	32	Boot	8	3	9	2	1	16ch/160	2	1	1	1	/
TMS320F2802	100	N	N	12	64	Boot	8	3	9	2	2	16ch/160	2	1	1	1	/
TMS320F2806	100	N	N	20	64	Boot	16	4	15	4	2	16ch/160	4	2	1	1	/
TMS320F2808	100	N	N	36	128	Boot	16	4	15	4	2	16ch/160	4	2	1	1	/
TMS320F2809	100	N	N	36	256	Boot	16	6	15	4	2	16ch/80	4	2	1	1	/

型号	处理器			存储器			控制接口						通信接口				
	主频/MHz	FPU	DMA	RAM/KB	Flash/KB	ROM/KB	PWM通道	高分辨率PWM	定时器	捕获单元	正交编码电路	12位 A/D转换通道/转换时间/μs	SPI	SCI	CAN	I²C	Mc-BSP
TMS320F28044	100	N	N	20	128	Boot	16	16	19	/	/	16ch/80	1	1	1	1	/
TMS320C2810	150	N	N	36	0	128	16	/	7	6	2	16ch/80	1	2	2	/	1
TMS320C2811	150	N	N	36	0	256	16	/	7	6	2	16ch/80	1	2	2	/	1
TMS320C2812	150	N	N	36	0	256	16	/	7	6	2	16ch/80	1	2	2	/	1
TMS320C2801	100	N	N	12	0	32	8	3	9	2	1	16ch/160	2	1	1	1	/
TMS320C2802	100	N	N	12	0	64	8	3	9	2	2	16ch/160	2	1	1	1	/

第 17 章　DSP 开发环境

DSP 开发如图 17-1 所示，软件需要 TI 公司提供的 CCS 软件，硬件则需要仿真器和目标板。

图 17-1　DSP 开发时所需的工具

CCS（Code Composer Studio）是开发 DSP 时所需要的软件开发环境，即编写、调试 DSP 代码都需要在 CCS 软件中进行。

由于本书讨论的是 TMS320F2812 的 DSP，因此所需要的目标板是基于 TI 公司的 DSPTMS320F2812 的标准化开发平台，如 HELLODSP—Super2812。开发时，需要将编译成功的代码下载到 HDSP—Super2812 上的 DSP 中，然后运行代码，进行调试。

那如何将在 CCS 中编译完成的代码下载到 DSP 中呢？这就需要仿真器了，例如 HEL-LODSP 的 HOSP-XDS510 USB2.0 仿真器。仿真器的作用就是链接了 CCS 软件和 DSP 芯片，起到了协议转换、数据传输等作用，就像一个桥梁一样，DSP 开发时的调试、下载、烧写等操作都是需要通过仿真器来完成的。

准备好上述三个工具后，接下来需要使用这些工具来搭建一个 DSP 系统的开放平台，在这个过程中一起来了解目前 CCS 的各个版本、CCSv4 的安装过程、仿真器的详细安装步骤以及 CCSv4 Setup 的配置等相关内容。

17.1　CCS 的版本

目前，TI 公司发布的 CCS 软件版本中常用的有 CCS2.2、CCS3.1 及 CCS3.3。CCS2.2 是一个分立版本的开发环境，即针对 TI 公司每一个系列的 DSP 都有一个相应的 CCS 软件，例如，CCS2.2forC5000 是针对 TI C5000 系列 DSP，而 CCS2.2forC6000 是针对 TI C6000 系列 DSP。需要开发哪个系列的 DSP，就得安装哪一款 CCS2.2。CCS3.1 和 CCS3.3 是一个集成版本的开发环境，它包含了 TI 公司几乎所有的 DSP 型号，所以不管需要开发哪款 DSP，只需要安装一个 CCS 软件就可以了。当然，CCS 家族还有一些针对特殊型号 DSP 的版本，例如，CCS3x4x 是用来开发 VC33 的。VC33 是 TI 公司的一款浮点 DSP，此款芯片在电力装置中应用的很多，但是随着 28335 的推出，VC33 逐渐地被 28335 取代，据悉即将停产。各版本 CCS 与可以开发的 DSP 芯片之间的关系如表 17-1 所示。

CCS2.2 是分立版本，所以体积较小，使用起来也比较稳定；但是使用 C 语言编程时代码优化效率相对较低。而 CCS3.1 和 CCS3.3 是集成版本，所以体积比较大；虽然在 C 语言编程时，代码优化方面和 CCS2.2 相比，做了很多的改进，但是系统的稳定性稍显欠缺。可见，几个 CCS 的版本各有优缺点。CCS3.3 是比较新的版本，所以目前使用的人最多。TI 已推出最新版本的 CCSv4，将 Eclipse 软件框架的优势和来自 TI 的高级嵌入式调试功能相结合，为嵌入式程序开发人员生成一个功能丰富的吸引人的开发环境。为方便后期嵌入式的学习，本书将以 CCS4.1.2 为软件开发环境讲解。

表 17-1　各版本 CCS 与可以开发的 DSP 芯片关系

安装软件名称	软件版本	可以开发的 TI DSP 芯片
CC3.3.exe	3.3	除了 TI 3000 系列以外的 DSP
CC3.1.exe	3.1	除了 TI 3000 系列以外的 DSP
CCS2000.exe	2.21	F24x、F20x、LF24xxA、F28xx
CCS5000.exe	2.20	VC54xx、VC55xx
C5000-2.20.00-FULL-to-C5000-2.21.00.exe	2.21	VC54xx、VC55xx
CCS6000.exe	2.20	C6x0x、C6x1x、C6416
C6000-2.20.00-FULL-to-C6000-2.21.01.exe	2.21	C6x0x、C6x1x、C6416、DM642
CC2000.exe	4.10	F24x、F20x、LF24xxA
CC3x/4x.exe	4.10	C30、C31、C32
CC3x/4x.spl.exe	4.10	VC33

17.2　CCSv4 的安装

CCSv4 的安装步骤如下。

（1）双击可执行安装程序<setup_CCS_4.x.x.xxxxx>或<setup_CCS_MC_Core _4.x.xxxxx>（x 表示软件版本，实际可能会有所不同）。

说明：需要拥有管理权限才能进行安装。

如果在 Windows Vista 或 Windows7 上安装并且用户访问控制(UAC)正在运行，此时 UAC 将会要求提供运行此安装程序的权限。CCSv4 安装程序会建议禁用 UAC，如图 17-2 所示。

图 17-2　UAC 警告

视 Windows 版本而定，如果未禁用 UAC，则有可能出现一些类似于图 17-3 中的警告消息。

图 17-3　UAC 驱动程序安装警告

(2)欢迎屏幕如图 17-4 所示。单击"Next"按钮进入下一步。

(3)安装程序将显示许可协议。必须接受该协议方可继续下一步，如图 17-5 所示。

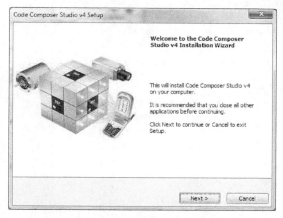

图 17-4　安装程序欢迎屏幕

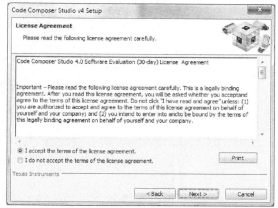

图 17-5　许可证

(4)选择所需的安装位置。

如果使用 64 位版本的 Windows，默认安装位置将为 C:\Program Files （x86）\Texas Instruments，如图 17-6 所示。

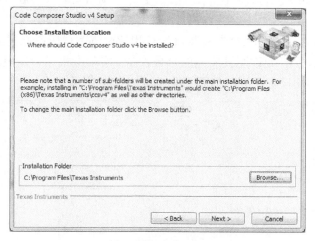

图 17-6　安装目录

提示：除非在 Vista 或 Windows7 中运行，否则，强烈建议在默认目录中安装 CCSv4，因为在安装时会自动选择对组件(DSP/BIOS、代码生成工具、RTSC 等)的更新。

在 Windows Vista 中安装时会显示图 17-7 所示警告。可以忽略此警告，除非 CCSv4 将由具有普通(非管理员)权限的用户使用或者目录允许所有用户进行读/写操作。

图 17-7　Vista 安装警告

（5）选择所需的安装版本，如图 17-8 所示。

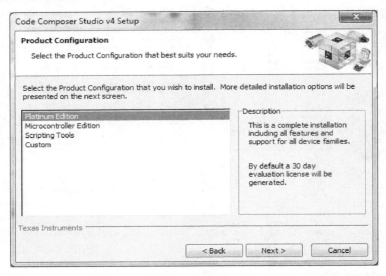

图 17-8　版本

① "Platinum Edition（铂金版）" 用于所有设备的安装。

② "Microcontroller Edition（微控制器版）" 仅支持 MSP430、C2000、Cortex M3 和 Cortex R4 设备。

③ "Scripting Tools（脚本工具）" 安装可加载和调试脚本代码所必需的一组工具。

④ "Custom（自定义）" 允许配置所需的每台设备。实际上相当于安装 "Platinum Edition"。

（6）幕显示要安装的设备系列，如图 17-9 和图 17-10 所示。

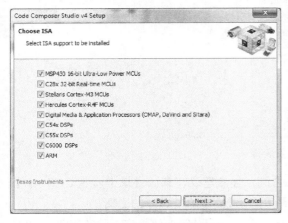

图 17-9　铂金版设备系列

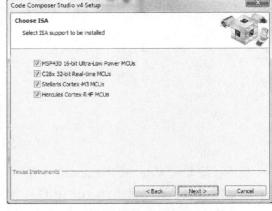

图 17-10　微控制器版设备系列

提示：①为了获得最佳性能，建议只安装需要的设备系列。

②要调试 DaVinci 或 OMAP 等系统芯片设备，请同时安装 ARM 和 C6000 DSP 设备系列。

（7）显示组件安装屏幕。根据所选择的版本，此屏幕会有所不同，如图 17-11 所示。

MSP430 警告：在默认情况下不安装 MSP430 Parallel FET 调试程序。

（8）单击图 17-11 中 "Next" 按钮显示所选安装选项的摘要，如图 17-12 所示。

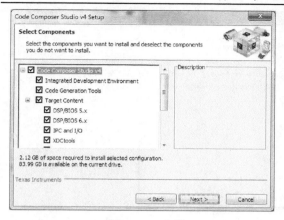
图 17-11　组件

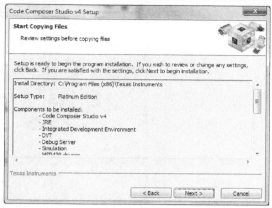
图 17-12　摘要

（9）在安装过程中，将显示图 17-13 所示的安装程序主屏幕。有时会显示"（Not Responding（无响应））"字样，这是正常的，因为它在等待每个组件安装程序完成其操作。

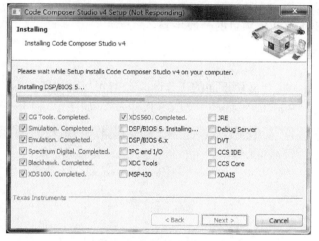
图 17-13　安装进度

（10）在安装过程中，某些窗口可能会弹出对话框，要求提供安装仿真设备驱动程序的权限。单击"Install（安装）"按钮，如图 17-14 和图 17-15 所示。

图 17-14　光谱数字设备驱动程序警告

图 17-15　Blackhawk 设备驱动程序警告

（11）一段时间之后，安装程序完成其作业，Code Composer Studio 即准备好启动，如图 17-16 所示。

图 17-16　结束

17.3　创　建　工　程

本节说明在 CCSv4 中创建项目的一般步骤。

17.3.1　创建新工程

关闭欢迎屏幕之后，将会显示下面的工作区，此时可以创建新工程。

(1)转到菜单命令"File"/"New"/"CCS Project"，如图 17-17 所示。

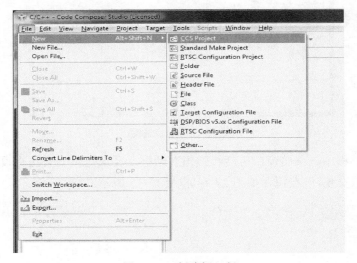

图 17-17　创建新工程

(2)如图 17-18 所示，在"Project Name"字段中，键入新项目的名称。若选中"Use default location"选项，将会在工作区文件夹中创建项目。取消选中该选项可以选择一个新位置(使用"Browse"按钮)，单击"Next"按钮。将项目命名为 Sinewave，然后单击"Next"按钮。

(3)如图 17-19 所示，在"Project Type"下拉菜单中选择要使用的体系结构，单击"Next"按钮。

注意：将在步骤(5)中选择具体设备。

①如果项目针对的是 Cortex 设备(Stellaris 或 Hercules),请选择"ARM"。

②如果项目针对的是 SoC 设备(DaVinci、OMAP),请根据所使用的芯片核选择"ARM"或"C6000"。

用户还可以在此屏幕中为项目选择或添加生成配置。默认情况下,Debug 和 Release 处于启用状态。

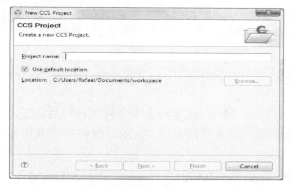

图 17-18　命名新项目

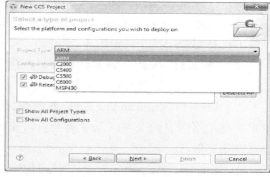

图 17-19　体系结构选择

这里选择"C6000",然后单击"Next"按钮。

(4)如图 17-20 所示,通常可留空,但是如果该项目依赖于需要首先生成的其他项目,请在此处选择这些相关项目。单击"Next"按钮。

"C/C++ Indexer(C/C++ 索引器)"选项卡可配置索引器的级别。索引器是 CCSv4 的一项功能,用于创建源代码信息列表,这些信息可支持编辑器中的自动完成和"转到定义"功能。默认选项为"Full C/C++ Indexer(完整 C/C++索引器)",该选项可提供最多的功能。这里单击"Next"按钮即可。

(5)在图 17-21 所示界面中,大部分选项都可保留为默认值。根据所做的选择,将会显示其他界面。

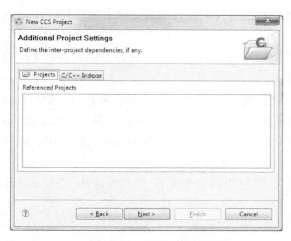

图 17-20　定义项目相关性

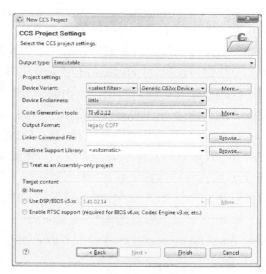

图 17-21　项目选项

"Device Variant(设备变量)"：根据步骤(3)中指定的设备系列选择要使用的设备。某些系列(如 C6000)的设备通用性较强，而其他一些系列(如 MSP430)的设备则与具体应用密切相关。第一个下拉框为常规筛选器，而第二个下拉框则为设备选择器本身。

这里选择"Generic C674x Device"，其他选项可保留为默认值，单击"Finish"按钮。

① "Output type"：将设置保留为"Executable"以生成完整的程序。另一个选项为"Static Library"，静态库是其他项目要使用的功能的集合。

② "Code Generation tools(代码生成工具)"：保留默认设置(除非安装了其他版本的代码生成工具且要使用某个特定版本)。

③ "Output Format"：通常此选项以灰色显示为"legacy COFF"。目前只有 ARM 系列还允许选择另外一个选项"eabi(ELF)"。

④ "Linker Command File(链接器命令文件)"：可留空，链接器命令文件可在稍后添加。如果存在可用的有效文件，系统将会预填充该字段。如果项目使用 BIOS，则将自动添加链接器命令文件。

⑤ "Runtime Support Library(运行时支持库)"：通常将其保留为"<automatic>(<自动>)"，因为代码生成工具会自动选择正确的运行时支持库。如果需要，可在此处选择其他运行时支持库。

⑥ "Treat as an Assembly-only project(视为仅汇编项目)"：通常将其取消选中。正如其名称所示，如果项目中没有 C 源代码文件，请选中此复选框。选中此复选框后，系统还将从项目中移除运行时支持库。

(6)单击"Finish"按钮创建工程。所创建的工程将显示在"C/C++ Projects"选项卡中，可随时用于创建或添加源文件。

(7)要为工程创建文件，请在"C/C++ Projects"视图中右击工程名称，并选择菜单命令"New"/"Source File"。在打开的文本框中，键入包含与源代码类型对应的有效扩展名(.c、.C、.cpp、.c++、.asm、.s64、.s55 等)的文件名称。单击"Finish"按钮。

CCSv4 附带了一个易用的代码模板，可从编辑器中使用该模板：

①如果使用 MSP430，请在刚创建的空白源文件中键入字母"b"。然后同时按 Ctrl 键和空格键，添加"Blink LED"示例代码。

②如果使用其他设备系列，请在刚创建的空白源文件中键入字母"h"。然后同时按 Ctrl 键和空格键，添加"Hello world!"示例代码。

代码模板是可使用编辑器"内容辅助"功能引用的代码的模板。也可以创建自定义代码模板。这是快速入门 Code Composer Studio IDE 的一种方式。

(8)要向项目添加现有源文件，请在"C/C++ Projects"选项卡中右击项目名称，并选择"Add Files to Project(将文件添加到工程)"，将源文件复制到项目目录。也可以选择"Link Files to Project(将文件链接到工程)"来创建文件引用，这样可以将文件保留在其原始目录中。如果源代码将文件包含在非常特定的目录结构中，这是十分必要的。

添加位于以下目录的源代码 sinewave_int.c 和链接器命令文件 C6748.cmd：C:\Program Files\Texas Instruments\ccsv4\C6000\examples。

17.3.2　编译工程

在创建了项目并且添加或创建了所有文件之后，需要生成工程。

只需转到菜单命令"Project"/"Build Active Project"。

"Rebuild Active Project"选项可重新生成所有源文件和引用的项目。不过如果项目较大，这可能是一个漫长的过程。

注意：如果遇到生成错误，而且没有创建可执行文件，屏幕底部的控制台窗口将会显示一条错误或警告消息，并且不会启动调试会话。

17.3.3　配置工程

要配置生成设置，请在"C/C++ Projects"视图中右击项目，并选择"Build Properties"菜单命令。有多个适用于编译器、汇编器和链接器的选项。

17.4　工　程　调　试

本部节说明了在 CCSv4 中创建目标配置和调试项目所需的一般步骤。

17.4.1　启动调试器之前

在启动调试器之前，需要选择并配置代码将要执行的目标位置。目标可以是软件模拟器或与开发板相连的仿真器。

(1)软件模拟器不需要外部硬件，对于执行基准和算法验证十分有用。有关模拟技术的其他信息，请参阅以下链接：http://processors.wiki.ti.com/index.php/Category:Simulation。

(2)仿真器是用于直接对硬件进行调试的硬件设备，可以内置到开发板(DSK、eZdsp、EVM等)，也可以采取独立形式(XDS100v2、XDS510 USB、XDS560 等)。有关仿真技术的其他信息，请参阅以下链接：http://processors.wiki.ti.com/index.php /Category:Emulation。

注意：如果熟悉 CCSv3.3，应该知道目标配置是通过外部程序 CCSetup 来完成的。而在 CCSv4 中，这种配置在 IDE 内部完成，它不仅可以创建整个系统范围的配置，还可以创建各个项目的单独配置。这样做还有一个好处，就是在每个目标配置更改后无需重新启动 CCS。

在本例中使用模拟器。以下介绍如何创建目标配置文件。

CCSv4 提供了一个十分简单易用的图形目标配置编辑器，它提供多个预配置的设备和开发板，而且还可以在自定义硬件中使用。

每个项目可以拥有一个或多个目标配置，但只能有一个处于活动状态。

CCSv4 还允许创建一个系统范围的目标配置，以便可以在各个项目之间进行共享。

(1)右击工程名称，并选择"New"/"Target Configuration File"菜单命令，如图 17-22 所示。

(2)为配置文件命名，将会添加扩展名.ccxml。建议根据所使用的目标和仿真器指定一个有意义的名称，如果使用的是 F28335 设备和 XDS510USB 仿真器，就可以命名为 F28335_XDS510USB。

如果选中"Use shared location(使用共享位置)"选项，新的目标配置将在所有项目之间共享，并存储在默认的 CCSv4 目录下。这里使用模拟器，因此将新配置命名为"C6748_sim"。

(3)单击"Finish"按钮，此时打开目标配置编辑器，如图 17-23 所示。

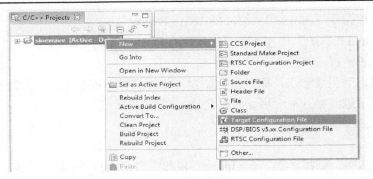

图 17-22　创建新目标

图 17-23　目标配置编辑器

（4）目标中有两项元素是必须配置的。

①通过"Connection（连接）"下拉菜单可以选择使用一个软件模拟器，或者使用多种内置或独立仿真器。

②"Device（设备）"部分包含与所选连接兼容的所有设备。上部的框是筛选器，可以帮助在下部框中的浏览表中选择正确设备。

选择"Texas Instruments Simulator（Texas Instruments 模拟器）"作为连接，选择"C674x CPU Cycle Accurate Simulator, Little Endian"作为设备。

（5）选择设备后，单击"Save"按钮。该配置将自动设置为"Active"。

每个项目可以拥有多个目标配置，但只能有一个处于活动状态，该配置将会自动启动。

注意：要查看系统现有的所有目标配置，只需转到菜单命令"View" / "Target Configurations"。

17.4.2　启动调试器

创建配置之后，可通过转到"Target"/"Debug Active Project"菜单命令启动调试器。将会打开"Debug Perspective"，专为调试定制的一组专用窗口和菜单。

注意：如果对源代码或生成选项进行了修改，启动调试器可能会导致 CCSv4 生成活动项目。

加载代码

调试器完成目标初始化之后，项目的输出文件.OUT 将自动加载到活动目标，并且默认情况下代码将在 main()函数处停止，如图 17-24 所示。

代码将自动写入 MSP430、F28x 和 Stellaris 设备闪存中。要配置闪存加载程序属性，请启动调试器并转到"Tools"/"On-chip Flash"菜单命令。

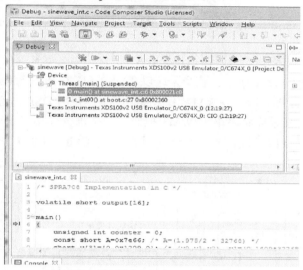

图 17-24　设备连接、调用堆栈和源代码

(1)"Debug(调试)"视图包含每个芯片核的目标配置和调用堆栈。

(2)源代码视图显示了在 main()处停止的程序。

(3)基本调试功能(运行、停止、步入/步出、复位)位于"Debug"视图的顶部栏中。"Target"菜单还有其他几种调试功能。

通过转到"Target"/"Debug Active Project"菜单命令启动调试器。

如果目标配置需要先运行脚本再加载代码，将打开"Console"视图，如图 17-25 所示。这些脚本采用 GEL(通用扩展语言)编写而成，在对包含复杂外部内存时序和电源配置的设备进行配置时尤其需要此类脚本。

图 17-25　GEL 输出

在模拟器中未使用任何 GEL 文件。

第 18 章　TMS320F28335 应用实例

本章提出了一种基于 DSP(TMS320F28335)的音频频率数字扫频仪设计方法,详细介绍了由 DSP 产生正弦扫频信号和幅频特性测量的核心算法和实现过程。按此方案设计的扫频仪,可测得被测网络在 20Hz~20kHz 范围内的幅频特性,并将测量结果发送给 PC 显示。同时,文中还为 C2000 设计了幅频均衡算法,并分析了该算法的运算量,给出了 C2000 能否实时处理的依据。

18.1　总 体 介 绍

系统由扫频信号产生电路、带阻网络电路、ADC 驱动电路、系统与 PC 通信、PC 终端显示等几大部分构成,如图 18-1 所示。整个系统以 TMS320F28335 为控制和测量的核心:正弦扫频信号由该 DSP 的 ePWM1 和 ePWM2 模块控制产生;使用 DSP 内部的 ADC 模块采集通过带阻网络后的信号,其采样频率由 ePWM3 控制;通信部分使用了 DSP 的 SCIA 单元,采用 RS-232 标准与计算机进行通信;此外,还使用 DSP 的 GPIO 对系统中使用到的模拟开关进行控制选择。

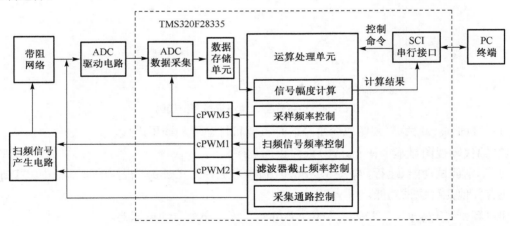

图 18-1　总体设计

当系统运行时,用户由 PC 终端显示程序向 DSP 发出扫频命令,DSP 收到该命令后,启动相关的外设模块,产生扫频信号,同时采集经过带阻网络后的信号并进行相应数据处理工作。数据处理完成后,计算结果通过 DSP SCIA 接口发送给 PC 终端显示程序,在 PC 终端显示程序上显示并存储该带阻网络的幅特性。

18.2　硬 件 设 计

系统硬件部分主要由以下几部分组成:扫频信号产生电路、带阻网络、ADC 驱动电路、

DSP 系统模块以及通信模块，其中 DSP 系统模块使用的是 ICETEK-28333-DIMM 开发板。所有模块均设计为单电源供电。

18.2.1　扫频信号产生电路

如图 18-2 所示，本设计选用 TI 公司的 TLC04 为核心设计程控滤波器。TLC04 是单片集成巴特沃斯低通开关电容滤波器，能够提供精的四阶低通滤波器功能，成本低、易使用。TLC04 的截止频率稳定性只和外部时钟频率稳定性有关。截止频率是时钟可调的，时钟与截止频率比为 50：1，误差小于±0.8%，可以很方便地通过 DSP 控制 TLC04 的截止频率，以产生需要的正弦波。

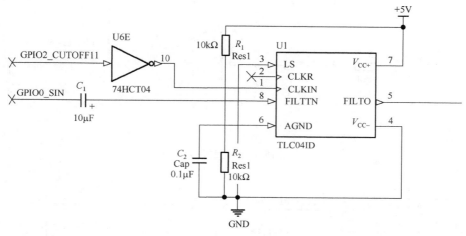

图 18-2　TLC04 滤波电路

DSP 输出的高电平为 3.3V，如果直接与 TLC04 的 CLKIN 相连，则与 TLC04 的 CMOS 时钟不匹配，因此需要进行电平转换。本设计采用 TI 公司的 74HCT04 芯片进行电平转换。74HCT04 是一款高速六反相器，输入电平与 LSTTL 兼容，而输出为 CMOS 电平，可以很巧妙地将 DSP 输出电平转换为与 TLC04 匹配的 CMOS 电平。另外，在 DSP 输出的 PWM 波与 TLC04 的 FILTIN 端之间加入了一个 10μF 的隔直电容，用来隔离虚地和地之间的直流电压。

使用 TLC04 滤波后的波形直流偏置在 2.5V，且峰峰值大于 3V，因此需要进行信号衰减。本设计选用 TI 公司的 OPA2364 设计衰减电路，使输出信号的直流偏置在 1.5V，幅度在 0～3V 之间，如图 18-3 所示。

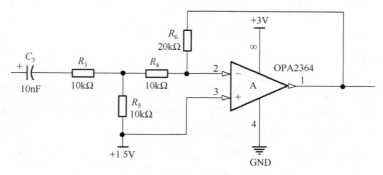

图 18-3　信号幅度衰减电路

由图 18-3 输出的波形中仍有阶梯波，需要再对波形进行平滑滤波，以提高系统的测量精度。为了使输出的正弦波更加平滑，设计了 4 个滤波器，采用分段滤波，滤波器的结构如图 18-4 所示。滤波后的 4 个波形信号由 DSP 控制信号开关 CD74HC4066 选择要进入带阻网络的信号，如图 18-5 所示。同时为了与 CD74HC4066 的控制电平相匹配，由 DSP 输出的控制信号要先经过 74HCT04 进行电平转换。为了使扫频信号产生电路的输出阻抗为 600Ω，需在电压跟随电路输出端串联一个 600Ω 的电阻。但在实际的电路中，考虑到运算放大器有一定的输出阻抗，没有直接选择阻值为 600Ω 的电阻，而是通过测量，选择了阻值为 580Ω 左右的电阻。

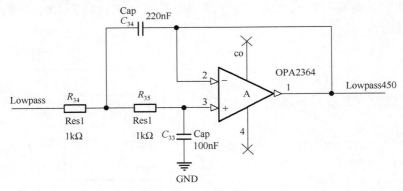

图 18-4　平滑滤波器

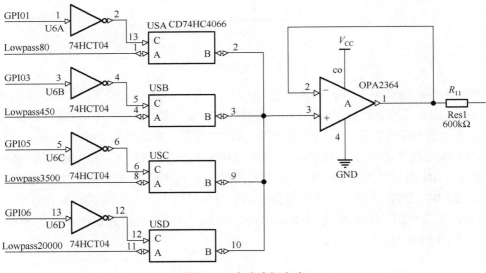

图 18-5　多路选择电路

18.2.2　带阻网络

带阻网络模块是用运放 OPA2364 组成的二阶有源带阻滤波器，其原理如图 18-6 所示。原理图的中 1.5V 是直流偏置，实际硬件实现时可对电源+3V 分压得到。用 Multisim 电路仿真软件对其进行仿真，测出带阻网络的幅频特性如图 18-7 所示。

当频率=10kHz 时，衰减 0.011dB≈0dB；且带阻网络的最大衰减值为 –38.129dB，设计满足题目所给要求。

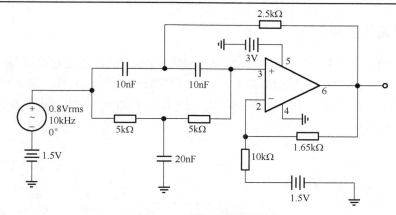

图 18-6　带阻网络原理图

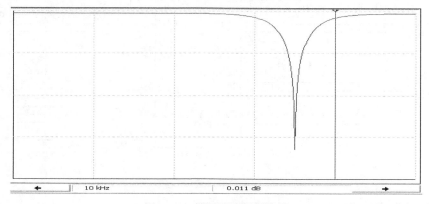

图 18-7　带阻网络幅频特性

18.2.3　ADC 驱动电路

　　为了更好地采集模拟信号，设计中在 DSP 内部 ADC 进行数据采集前加了一个运算放大器，作为ADC采样的驱动电路和缓冲器，它可以提供低且稳定的输出阻抗，并且可以保护 DSP 内部模数转换器的输入。驱动电路如图 18-8 所示。其中运算放大器选用 TI 公司的 OPA354，该运放单位增益带宽为250MHz，转换速率高，能够很好地驱动高速和中速模数转换器。按照题目要求，需要在运放的同相输入端并联一个 600Ω 的电阻，以保证信号调理 2 的输入阻抗为 600Ω。但在实际的电路中，考虑到运算放大器的输入阻抗并不是无穷大，因此并联的电阻阻值要稍大于 600Ω，经过测量，使用 610Ω 左右的电阻。

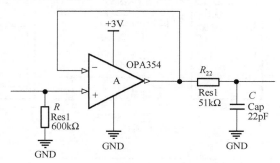

图 18-8　ADC 驱动电路

18.2.4　串口通信模块

TMS320F2808 内部有专门的支持异步串行通信模块(SCI)，通过它可以与计算机串口进行通信。本设计采用 SCIA 作为通信端口，经过 MAX3238 电平转换后，与 9 针标准 RS-232 口相连。这样 DSP 与计算机之间就可以通过串口线来进行数据的传输。图 18-9 为开发板中的串口部分硬件连接图。

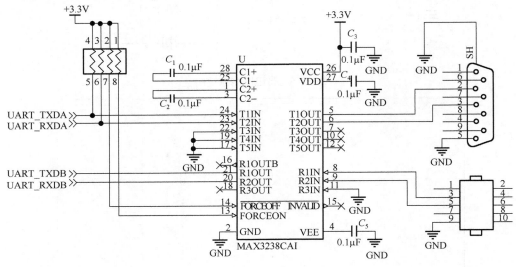

图 18-9　串口通信模块

18.2.5　电源管理模块

系统供电电路总体框图如图 18-10 所示。系统设计为单电源+5V 供电。系统内部需要用到的其他电源使用 TPS70302 分压而得。TPS70302 是 TI 公司推出的一款 LDO 稳压器，其输出电压可通过外部电阻调整。同时，为了减小数字部分与模拟部分间的干扰，系统中将模拟地与数字地分开，最后在一点接于电源地。另外，在每个数字芯片的供电电源引脚旁均并联了一个 0.1μF 的去耦电容(图中均未标出)，以滤除纹波和旁路器件的高频噪声。

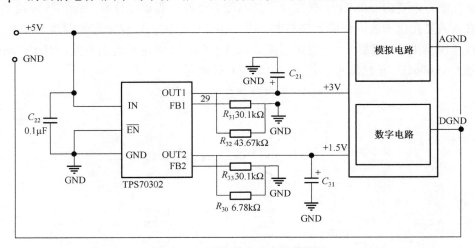

图 18-10　系统供电电路总体框图

18.3　软　件　设　计

18.3.1　软件总体框图

　　系统软件框图如图 18-11 所示。在设计时将特定功能的子程序组合成功能模块，由主程序或 ADC 中断子程序调用。其主要功能模块有：主程序模块、ADC 和 ePWM 初始化模块、SCI 接收中断模块、ADC 中断模块，以及 ePWM 时钟控制模块、滤波器选择控制模块、幅值计算模块和 SCI 数据传送模块。

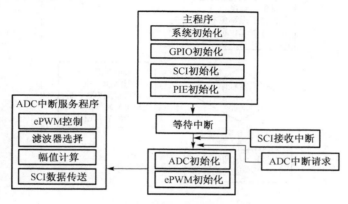

图 18-11　系统软件总体框图

18.3.2　ADC 中断模块

　　在 ADC 中断服务子程序中，将完成程序的核心工作，包括信号幅度的计算、将计算结果通过 SCI 传送给上位机、扫频信号频率的变换以及滤波器的选择控制等。程序流程图如图 18-12 所示。

　　进入 ADC 中断服务子程序后，首先将 ADC 转换结果缓冲寄存器 ADCRESULT0、ADCRESULT1 中的数据分别读取到指定的存储单元 adcina0[index]和 adcinb0[index]中，然后数组下标 index 加 1，以保存下一次转换结果。如果此时 index 为 16，则表示当前频率下已采够足够点的数据，转而进行信号幅度的计算。由于信号幅值为 0～3V 的浮点值，而 TMS320F2808 是定点运算处理器，为了提高运算效率，利用 TI 公司提供的 IQmath 程序库中的相关函数进行运算，这样浮点运算就转换成速度快得多的整数运算。其主要计算代码如下：

```
void computation(void)
{
    _iq A1,A2,A,B,S;        //使用 IQmath 中 IQ 格式的变量
    int n;
    //A0 通道采集信号的幅值计算
    for(n=0;n<16;n++)
    {
    //将采样值转换成相应的 IQ 格式
        adcvalue[n] = _IQ(adcina0[n]*3.0/4096);
```

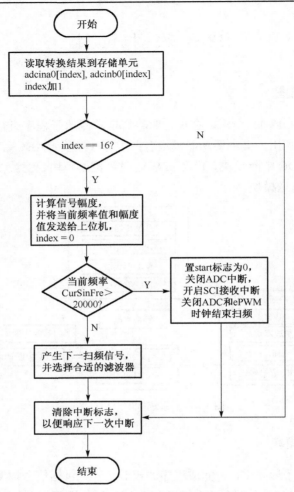

图 18-12　ADC 中断服务子程序流程图

```
}
//实部运算
A1 = 0;
for(n=0;n<16;n++)
{
    A1 += _IQmpy(adcvalue[n],cos_table[n]);
}
//虚部运算
A2 = 0;
for(n=0;n<16;n++)
{
    A2 += _IQmpy(adcvalue[n],sin_table[n]);
}
//求复数的幅值
    A = _IQmag(A1,A2);


//B0 通道采集信号的幅值计算
```

```
for(n=0;n<16;n++)
{
    adcvalue[n] = _IQ(adcinb0[n]*3.0/4096);
}
//实部运算
A1 = 0;
for(n=0;n<16;n++)
{
    A1 += _IQmpy(adcvalue[n],cos_table[n]);
}
//虚部运算
A2 = 0;
for(n=0;n<16;n++)
{
    A2 += _IQmpy(adcvalue[n],sin_table[n]);
}
B = _IQmag(A1,A2);

//将由两个通道计算出的值求平均
S = (A+B)/2;

//将 S 转换成浮点数后再放大一定的倍数, 以便于 SCI 传送
ampvalue = (unsigned int)(_IQtoF(S) * 64);
```

　　计算结束后, 将结果和当前扫频信号的频率通过 SCI 发送给上位机, 并将 index 复位为 0。如果当前扫频信号的频率大于 20kHz, 则置 start=0, 结束扫频。系统将处于待机状态, 直至接收到上位机重新发给的扫频指令。否则, 通过更改 ePWM 相应设置, 并选择合适的低通滤波器, 产生下一扫频信号, 具体程序流程图如图 18-11 所示。在所有工作完成后, 复位序列发生器 SEQ1, 清除 SEQ1 中断标志位 INT_SEQ1, 清零 PIEACK 中的第 1 组中断对应位, 以响应下一次中断。

　　在系统使用 100MHz 产生 PWM 波时, 随着扫频信号频率的增加, 步进频率不能达到 1Hz。为了避免出现前后两个扫频信号的频率相同, 使用 While 循环来进行判断和修改。首先每次将计算得的 ePWM1 的周期寄存器值保存在全局变量 Prdtmp 中, 在需要产生下一扫频信号时, 将当前计算的 tmp 与上一次保存的 Prdtmp 进行比较。如果两者相等, 则表示当前扫频信号的频率与上一次相同, 需要继续增加频率值, 直至重新计算得的 tmp 与 Prdtmp 不相等。这时才使用该 tmp 值设置 ePWM1、ePWM2、ePWM3 的周期寄存器值。

18.4　利用 Altium Designer 10 绘制原理图及 PCB

18.4.1　绘制原理图

　　利用 Altium Designer 10 绘制原理图步骤如下。

　　(1)启动 Protel DXP 后, 选择 "File" / "New" / "Project" / "PCB Project" 菜单命令, 如图 18-13 所示。

（2）保存 PCB 项目（工程）文件。

选择"File"/"Save Project"菜单命令，弹
出保存对话框"Save [PCB_Project1.PrjPCB]AS"
对话框，如图18-14 所示；选择保存路径后在"文
件名"栏内输入新文件名保存到自己建立的文件
夹中。

（3）创建原理图文件。

注意：在新建的 PCB 工程下新建原理图文件。
在新建的 PCB 工程下，选择"File"/"New"/
"Schematic"菜单命令，完成后如图 18-15 所示。

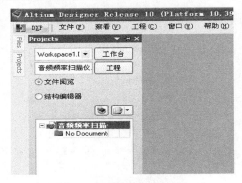

图 18-13　新建 PCB 工程

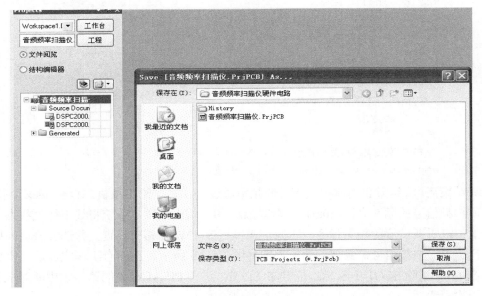

图 18-14　保存工程文件

图 18-15　新建原理图

（4）保存原理图文件。

选择"File"/"Save"菜单命令，弹出保存对话框"Save [Sheet1.SchDoc]AS"对话框，
如图18-16 所示；选择保存路径后在"文件名"栏内输入新文件名保存到自己建立的文件夹中。

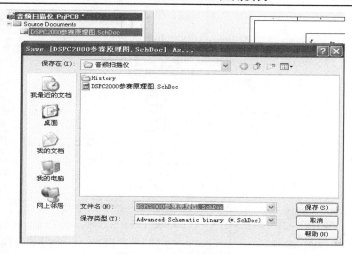

图 18-16　保存原理图

(5)放置元件。

在放置元件之前需要加载所需要的库(系统库或者自己建立的库)。

方法一：安装库文件的方式放置。

如果知道自己所需要的元件在哪一个库，则只需要直接将该库加载，具体加载方法如下。

选择"Design"/"Add/Remove library"菜单命令，弹出"Available Library"对话框，如图 18-17 所示，单击安装所找到库文件即可。

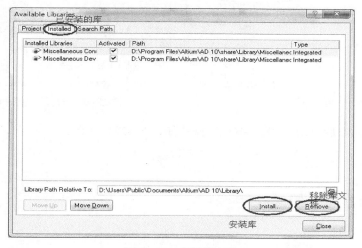

图 18-17　安装库文件

方法二：搜索元件方式放置。

在我们不知道某个需要用的元件在哪一个库的情况下，可以采用搜索元件的方式进行元件放置。具体操作如下：选择"Place"/"Part"菜单命令，弹出"Place Part"对话框，如图 18-18 所示。

选择"Choose"按钮，弹出"Browse Librarys"对话框，如图 18-19 所示。单击"Find"按钮进行查找。

单击"Find"按钮后弹出"Librarys Search"对话框，如图 18-20 所示。

图 18-18　放置元器件

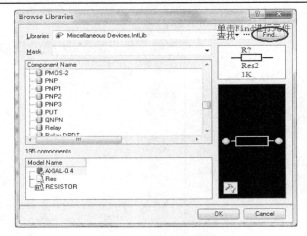

图 18-19　浏览元器件

设置完成后单击"Search"按钮，弹出如图 18-21 所示的对话框。

图 18-20　查找元器件

图 18-21　查找元器件列表

选中所需的元件后单击"OK"按钮后操作如图 18-22(a)所示。

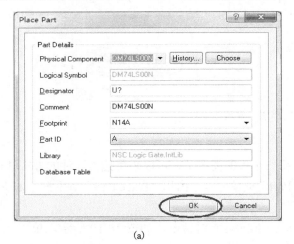

(a)

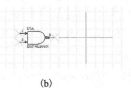

(b)

图 18-22　放置元器件

此时元件就粘到了鼠标上，如图 18-22（b）所示，单击即可放置元件。

方法三：自己建立元件库。

具体建库步骤参见原理图库的建立一章。

添加元件同方法一，不再再述。

注意：在放置好元件后需要对元件的位置、名字、封装、序号等进行修改和定义。除元件位之外其他修改也可以放到布线以后再进行。

元件放置好后的原理图如图 18-23 所示。

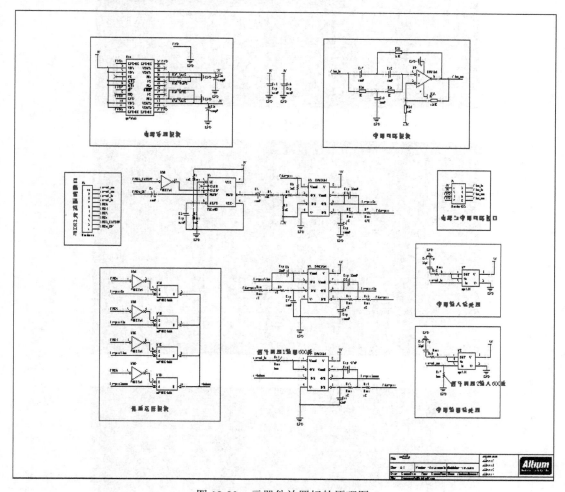

图 18-23　元器件放置好的原理图

18.4.2　绘制 PCB

利用 Altium Designer 10 绘制 PCB 的步骤如下。

（1）新建 PCB，导入原理图，并加以布局，如图 18-24 所示。

（2）自动布线，如图 18-25 所示。

（3）在自动布线的基础上，手动布线，如图 18-26 所示。

（4）添加丝印层及文本，如图 18-27 所示。

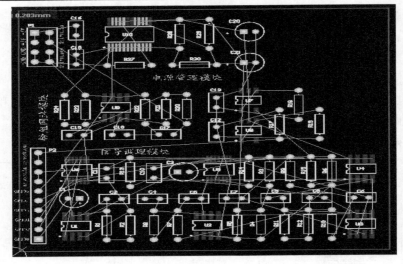

图 18-24　PCB

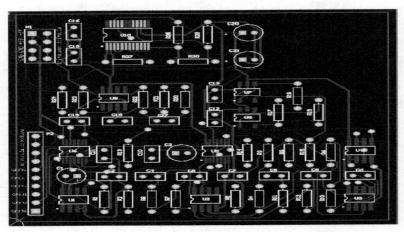

图 18-25　自动布线

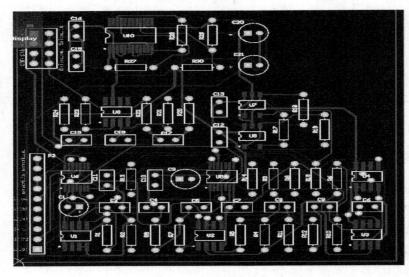

图 18-26　手动布线

图 18-27　增加丝印层和文本

（5）敷铜，如图 18-28 所示。

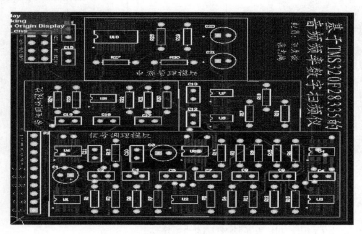

图 18-28　敷铜

18.4.3　利用热转印技术制作 PCB

　　热转印法就是使用激光打印机，将设计好的 PCB 图形打印到热转印纸上，再将转印纸以适当的温度加热，转印纸上原先打印上去的图形就会受热融化，并转移到敷铜板上面，形成耐腐蚀的保护层。通过腐蚀液腐蚀后将设计好的电路留在敷铜板上面，从而得到 PCB。

　　准备材料：激光打印机一台、TPE-ZYJ 热转机一台、剪板机一台、热转印纸一张、150W左右台钻一台、敷铜板一块、钻花数颗、砂纸一块、工业酒精、松香水、腐蚀剂若干。

　　（1）将 PCB 图打印到热转印纸上。

　　（2）将敷铜板根据实际电路大小裁剪出来。裁剪后如图 18-29 所示。

　　（3）用砂纸将敷铜板打磨干净后，用酒精进行清洗，晾干备用。

　　（4）将打印好的热转印纸有图面贴到打磨干净的敷铜板上。

　　（5）将敷铜板和同热转印纸一同放到热转印机中进行转印，如图 18-30 所示。

　　（6）将热转印纸从敷铜板上揭下，此时电路图已经转印到覆铜板上了。

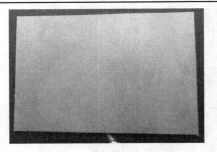

图 18-29　裁剪好的敷铜板

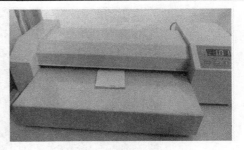

图 18-30　进行热转印

(7)将转印好的放到腐蚀液里面进行腐蚀。

(8)将腐蚀好的电路板用酒精清洗。晾干后进行打孔。

(9)将顶层和顶层丝印层打印(需要镜像)后,以同样的方法转印到电路板正面,此时在电路板上涂上一层松香水即完成整个电路板制作。

制作出来的 PCB 板如图 18-31 和图 18-32 所示。

图 18-31　正面图

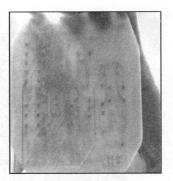

图 18-32　反面图

18.4.4　VB 开发 GUI 界面

采用 VB 开发的上位机 GUI 界面如图 18-33 所示。

上位机采集信号显示如图 18-34 所示。

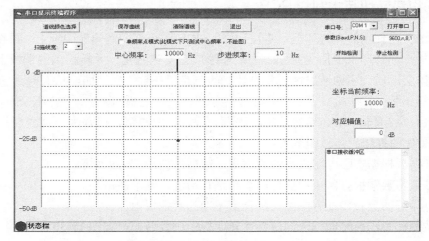

图 18-33　上位机 GUI

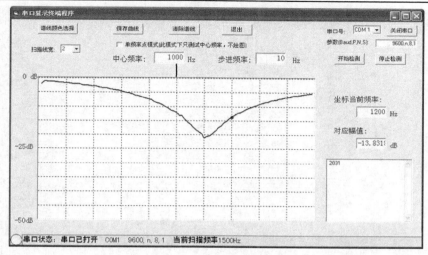

图 18-34　上位机信号采集显示

18.5　原理图、PCB、源代码

原理图如图 18-35 所示。

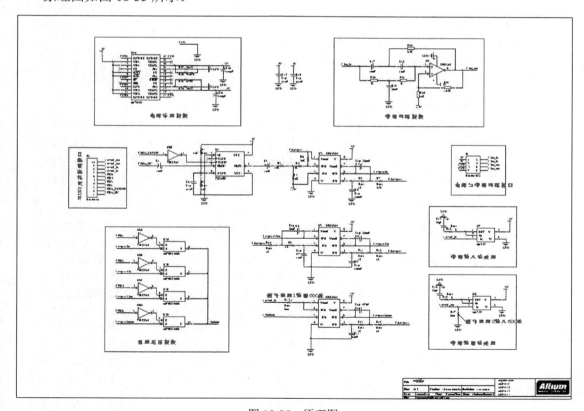

图 18-35　原理图

PCB 图如图 18-36 所示。

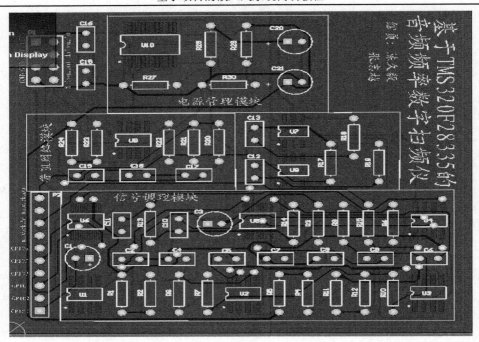

图 18-36　PCB

源代码清单如下：

```
#include "DSP280x_Device.h"
#include "DSP280x_Examples.h"
#include "IQmathLib.h"

//初始化全局正弦表 n=0:15
_iq cos_table[32] = {_IQ(1.0),_IQ(0.9239),_IQ(0.7071),_IQ(0.3827),
                     _IQ(0.0),_IQ(-0.3827),_IQ(-0.7071),_IQ(-0.9239),
                     _IQ(-1.0),_IQ(-0.9239),_IQ(-0.7071),_IQ(-0.3827),
                     _IQ(-0.0),_IQ(0.3827),_IQ(0.7071),_IQ(0.9239),
                     _IQ(1.0),_IQ(0.9239),_IQ(0.7071),_IQ(0.3827),
                     _IQ(0.0),_IQ(-0.3827),_IQ(-0.7071),_IQ(-0.9239),
                     _IQ(-1.0),_IQ(-0.9239),_IQ(-0.7071),_IQ(-0.3827),
                     _IQ(-0.0),_IQ(0.3827),_IQ(0.7071),_IQ(0.9239)};
_iq sin_table[32] = {_IQ(-0.0),_IQ(0.3827),_IQ(0.7071),_IQ(0.9239),
                     _IQ(1.0),_IQ(0.9239),_IQ(0.7071),_IQ(0.3827),
                     _IQ(0.0),_IQ(-0.3827),_IQ(-0.7071),_IQ(-0.9239),
                     _IQ(-1.0),_IQ(-0.9239),_IQ(-0.7071),_IQ(-0.3827),
                     _IQ(-0.0),_IQ(0.3827),_IQ(0.7071),_IQ(0.9239),
                     _IQ(1.0),_IQ(0.9239),_IQ(0.7071),_IQ(0.3827),
                     _IQ(0.0),_IQ(-0.3827),_IQ(-0.7071),_IQ(-0.9239),
                     _IQ(-1.0),_IQ(-0.9239),_IQ(-0.7071),_IQ(-0.3827)};


_iq adcvalue[32];

//修改正弦波频率
```

```c
void SinFreChange(void);
void InitScia(void);
//SCI-A 发送数据
void sciatx(void);
void computation(void);        //计算幅值

//ADC 中断服务函数
interrupt void adc_isr(void);
interrupt void scia_rx_isr(void);

unsigned int start;            //启动标志
unsigned int CurSinFre;        //当前正弦波的频率
unsigned int PrdTmp;
unsigned int adcina0[32];      //AD 采样值存储单元
unsigned int adcinb0[32];
unsigned int adcindex;         //adc 采样数组下标
unsigned int ampvalue;         //幅值
extern Uint16 RamfuncsLoadStart;
extern Uint16 RamfuncsLoadEnd;
extern Uint16 RamfuncsRunStart;


#pragma CODE_SECTION(SinFreChange, "ramfuncs");
#pragma CODE_SECTION(InitScia, "ramfuncs");
#pragma CODE_SECTION(sciatx, "ramfuncs");
#pragma CODE_SECTION(computation, "ramfuncs");
#pragma CODE_SECTION(adc_isr, "ramfuncs");
#pragma CODE_SECTION(scia_rx_isr, "ramfuncs");


void main(void)
{
    //系统初始化
    InitSysCtrl();

     // Section secureRamFuncs contains user defined code that runs from CSM secured RAM
    memcpy(&RamfuncsRunStart,
           &RamfuncsLoadStart,
           &RamfuncsLoadEnd - &RamfuncsLoadStart);
     InitFlash();

    //初始化相关 IO
    InitGpio();

    InitPieCtrl();

     DINT;
```

```
IER = 0x0000;
IFR = 0x0000;

InitPieVectTable();

EALLOW;
 PieVectTable.ADCINT = &adc_isr;
 PieVectTable.SCIRXINTA = &scia_rx_isr;
 EDIS;

//一些全局变量的初始化
start = 0;
PrdTmp = 65530;
ampvalue = 0;
adcindex = 0;
 CurSinFre = 20;

InitScia();

 PieCtrlRegs.PIEIER9.bit.INTx1 = 1;     //SCIRXINTA，开始时只开 SCI 接收中断

IER  |= M_INT1;
 IER  |= M_INT9;

//使能全局中断
EINT;   // Enable Global interrupt INTM
ERTM;   // Enable Global realtime interrupt DBGM

//进入循环
while(1)
{
    if(start)
     {
        DINT;
        PieCtrlRegs.PIEIER9.bit.INTx1 = 0; //SCIRXINTA   关闭 SCI 接收中断
        start = 0;

        EALLOW;
         SysCtrlRegs.PCLKCR0.bit.ADCENCLK = 1;       //ADC
         SysCtrlRegs.PCLKCR1.bit.EPWM1ENCLK = 1;     //ePWM1
         SysCtrlRegs.PCLKCR1.bit.EPWM2ENCLK = 1;     //ePWM2
         SysCtrlRegs.PCLKCR1.bit.EPWM3ENCLK = 1;     //ePWM3
         EDIS;

         AdcRegs.ADCTRL1.bit.RESET = 1;              //复位整个 ADC 模块
         asm(" RPT #14 || NOP");
         InitAdc();
        InitEPwm();
```

```
                        //配置 ADC
                        AdcRegs.ADCTRL3.bit.SMODE_SEL = 1;  //同步采样模式
                        AdcRegs.ADCTRL1.bit.SEQ_CASC = 1;    //级联模式
                        AdcRegs.ADCTRL1.bit.ACQ_PS = 2;
                        AdcRegs.ADCTRL3.bit.ADCCLKPS = 1;
                        AdcRegs.ADCTRL1.bit.CPS = 1;
                AdcRegs.ADCMAXCONV.all = 0x0000;        // Setup 2 conv's on SEQ1
                AdcRegs.ADCCHSELSEQ1.bit.CONV00 = 0x0; // Setup ADCINA0 as 1st SEQ1 conv.
                AdcRegs.ADCTRL2.bit.EPWM_SOCA_SEQ1 = 1; // Enable SOCA from ePWM to start SEQ1
                AdcRegs.ADCTRL2.bit.INT_ENA_SEQ1 = 1;  // Enable SEQ1 interrupt (every EOS)

                        GpioDataRegs.GPACLEAR.bit.GPIO1 = 1;
                        GpioDataRegs.GPASET.bit.GPIO3 = 1;
                    GpioDataRegs.GPASET.bit.GPIO5 = 1;
                        GpioDataRegs.GPASET.bit.GPIO6 = 1;

                        CurSinFre = 20;
                        PrdTmp = 65530;
                    ampvalue = 0;
                    adcindex = 0;

                        PieCtrlRegs.PIEIER1.bit.INTx6 = 1;          //ADCINT

                    EINT;
                    ERTM;
                }
        }

}


interrupt void adc_isr()
{
    adcina0[adcindex] = AdcRegs.ADCRESULT0 >>4;
    adcinb0[adcindex++] = AdcRegs.ADCRESULT1 >>4;

    if(adcindex == 32)
    {
        SinFreChange();
        //计算幅值
        computation();
        //发送数据
        sciatx();
        adcindex = 0;
    }


    // Reinitialize for next ADC sequence
```

```
    AdcRegs.ADCTRL2.bit.RST_SEQ1 = 1;          //Reset SEQ1
    AdcRegs.ADCST.bit.INT_SEQ1_CLR = 1;        //Clear INT SEQ1 bit
    PieCtrlRegs.PIEACK.all = PIEACK_GROUP1; // Acknowledge interrupt to PIE
}

interrupt void scia_rx_isr()
{
    start = SciaRegs.SCIRXBUF.bit.RXDT;
}

void SinFreChange(void)
{
    unsigned int tmp;

    CurSinFre++;

    if(CurSinFre < 763)
    {
        tmp = (int)(1250000/(CurSinFre<<1));        //1.25MHz
    }
    else if(CurSinFre == 763)
    {
        EPwm1Regs.TBCTL.bit.HSPCLKDIV = 0;        //TB_DIV1;
        EPwm1Regs.TBCTL.bit.CLKDIV = 0;           //TB_DIV1;100M

        EPwm2Regs.TBCTL.bit.HSPCLKDIV = 0;        //TB_DIV1;
        EPwm2Regs.TBCTL.bit.CLKDIV = 0;           //TB_DIV1;

        EPwm3Regs.TBCTL.bit.HSPCLKDIV = 0;        //TB_DIV1;
        EPwm3Regs.TBCTL.bit.CLKDIV = 0;           //TB_DIV1;


        tmp = (int)(100000000/(CurSinFre<<1));   //100MHz
        PrdTmp = tmp;
    }
    else
    {
        tmp = (int)(100000000/(CurSinFre<<1));   //100MHz
        while(tmp == PrdTmp)
        {
            PrdTmp= tmp;
          CurSinFre++;
            tmp = (int)(100000000/(CurSinFre<<1));
        }
        PrdTmp= tmp;
    }

    if(CurSinFre == 80)    //更换低通滤波器
```

```
    {
        GpioDataRegs.GPASET.bit.GPIO1 = 1;
    GpioDataRegs.GPACLEAR.bit.GPIO3 = 1;
        GpioDataRegs.GPASET.bit.GPIO5 = 1;
         GpioDataRegs.GPASET.bit.GPIO6 = 1;
    }
    else if(CurSinFre == 450)
    {
        GpioDataRegs.GPASET.bit.GPIO1 = 1;
        GpioDataRegs.GPASET.bit.GPIO3 = 1;
        GpioDataRegs.GPACLEAR.bit.GPIO5 = 1;
        GpioDataRegs.GPASET.bit.GPIO6 = 1;
    }
    else if(CurSinFre == 3500)
    {
        GpioDataRegs.GPASET.bit.GPIO1 = 1;
      GpioDataRegs.GPASET.bit.GPIO3 = 1;
        GpioDataRegs.GPASET.bit.GPIO5 = 1;
        GpioDataRegs.GPACLEAR.bit.GPIO6 = 1;
    }

    EPwm1Regs.TBPRD = tmp;
    EPwm2Regs.TBPRD = tmp/50;
    EPwm3Regs.TBPRD = (tmp >> 3);    //tmp/8

    if(CurSinFre >= 20000)
    {

        //CurSinFre--;

        //用于调试，将下面注释掉，同时注释掉了 start = 0;并加了 CurSinFre--;

        start = 0;
        //停止 ADC 和 ePWM
        PieCtrlRegs.PIEIER1.bit.INTx6 = 0;          //ADCINT
        PieCtrlRegs.PIEIER9.bit.INTx1 = 1;          //SCIRXINTA
        EALLOW;
        SysCtrlRegs.PCLKCR0.bit.ADCENCLK = 0;       //ADC
        SysCtrlRegs.PCLKCR1.bit.EPWM1ENCLK = 0;     //ePWM1
        SysCtrlRegs.PCLKCR1.bit.EPWM2ENCLK = 0;     //ePWM2
        SysCtrlRegs.PCLKCR1.bit.EPWM3ENCLK = 0;     //ePWM3
        EDIS;

    }
}

//计算幅值
void computation(void)
```

```
{
    _iq A1,A2,A,B,S;
    int n;

    //A0 幅值的计算
    for(n=0;n<32;n++)
    {
        adcvalue[n] = _IQ(adcina0[n]*3.0/4096);
    }
    //实部运算
    A1 = 0;
    for(n=0;n<32;n++)
    {
        A1 += _IQmpy(adcvalue[n],cos_table[n]);
    }
    //虚部运算
    A2 = 0;
    for(n=0;n<32;n++)
    {
        A2 += _IQmpy(adcvalue[n],sin_table[n]);
    }
    A = _IQmag(A1,A2);


    //B0 幅值的运算
    for(n=0;n<32;n++)
    {
        adcvalue[n] = _IQ(adcinb0[n]*3.0/4096);
    }
    //实部运算
    A1 = 0;
    for(n=0;n<32;n++)
    {
        A1 += _IQmpy(adcvalue[n],cos_table[n]);
    }
    //虚部运算
    A2 = 0;
    for(n=0;n<32;n++)
    {
        A2 += _IQmpy(adcvalue[n],sin_table[n]);
    }
    B = _IQmag(A1,A2);

    S = (A+B)/2;

    //转换成指定格式
    ampvalue = (unsigned int)(_IQtoF(S) * 64);
}
```

```
//发送当前频率值和幅值(先高八位后低八位)
void sciatx(void)
{

    while(SciaRegs.SCICTL2.bit.TXEMPTY == 0);
     SciaRegs.SCITXBUF = (CurSinFre-1) >> 8;
     while(SciaRegs.SCICTL2.bit.TXEMPTY == 0);
    SciaRegs.SCITXBUF = CurSinFre-1;

     while(SciaRegs.SCICTL2.bit.TXEMPTY == 0);
    SciaRegs.SCITXBUF = ampvalue>>8;
     while(SciaRegs.SCICTL2.bit.TXEMPTY == 0);
    SciaRegs.SCITXBUF = ampvalue;
}


void InitScia()
{
    SciaRegs.SCICCR.all = 0x0007;    //1 stop bit, No loopback
                                     //No parity,8 char bits,
                                     //async mode, idle-line protocol
    SciaRegs.SCICTL1.all = 0x0003;   //enable TX, RX, internal SCICLK,
                                     //Disable RX ERR, SLEEP, TXWAKE
    SciaRegs.SCICTL2.all = 0x0003;
    SciaRegs.SCICTL2.bit.RXBKINTENA = 1;
    SciaRegs.SCICTL2.bit.TXINTENA = 1;
    SciaRegs.SCIHBAUD = 0x0001;
    SciaRegs.SCILBAUD = 0x0045;      //9600   LSPCLK=25MHz
    SciaRegs.SCICTL1.all =0x0023;    //Relinquish SCI from Reset
}


//=========================================================================
// No more.
//=========================================================================
```

思考与练习

1. 简述 DSP C2000 系列的优缺点，并与 C51 系列 MCU 微控制器进行比较分析。
2. 简述 DSP CCSv4 的特点。

参 考 文 献

http://www.realtimedsp.com.cn.

http://www.seeddsp.com.

http://www.ti.com.

第 5 篇

基于STM32 MCU的设计

第 19 章　STM32 硬件概述

19.1　STM32 简介

STM32 属于 ST(意法半导体)公司推出的 32 位 Cortex-M3 内核处理器，Cortex-M3 采用 ARMv5-M 架构，支持 Thumb-2 指令集。较之 ARM7 TDMI，Cortex-M3 拥有更强劲的性能、更高的代码密度、位带操作、可嵌套中断、低成本、低功耗等众多优势。Cortex-M3 中的 M 正是指代的 ARM(Advanced RISC Machines) 中的 M，所以 M3 是 ARM 中的一种。

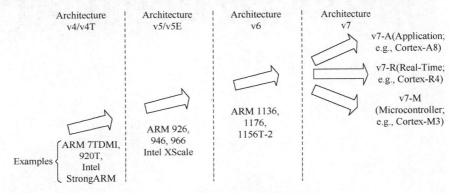

图 19-1　RAM 处理器架构进化史

从图 19-1 中，可以看到 RAM 处理器经过几次变革后产生出了 ARMv7 系列，该系列又分三种：RAMv5-A，主要用于高性能的"开放应用平台"；RAMv5-R，用于高端的嵌入式系统，尤其对实时性要求高；RAMv5-M，以单片机风格为主的低成本嵌入式微控制器，比如我们的 STM32 系列的微控制器。

STM32 按容量区分可分为 STM32 小容量产品(闪存存储器容量在 16~32KB)、STM32 中容量产品(闪存存储器容量在 64~128KB)、STM32 大容量产品(闪存存储器容量在 256~512KB)和 STM32 互联型产品(特指 105、107 系列)；按照功能上的划分，又可分为 STM32F101xx、STM32F102xx 和 STM32F103xx 系列(图 19-2)。

本项目选用的 STM32F107VCT6(互联型)基本参数如下：

(1)存储器容量，RAM：64KB。

(2)计时器数：10。

(3)PWM 通道数：16。

(4)工作温度范围：−40~+85℃。

(5)针脚数：100。

(6)封装类型：LQFP。

(7)接口类型：CAN，I^2C，SPI，UART，USART，USB。

(8)时钟频率：72MHz(可配置)。

(9) 模数转换器输入数：16。

(10) 电源电压最大：3.6V。

(11) 电源电压最小：2V。

(12) 芯片标号：32F107VCT。

(13) 表面安装器件：表面安装。

(14) 输入/输出线数：80。

(15) 闪存容量：256KB。

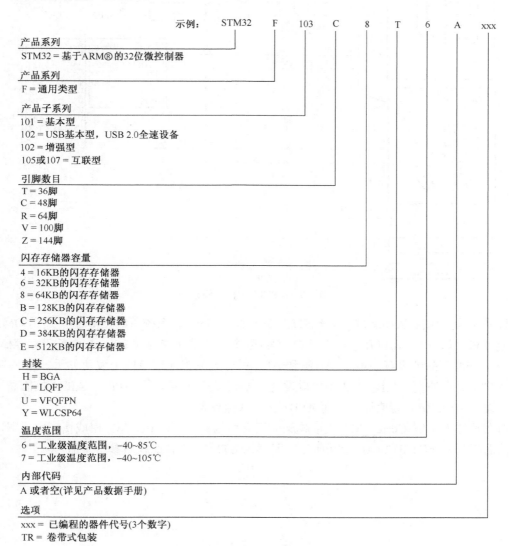

图 19-2　STM32 系列产品命名规则

19.2　硬件底层

　　关于 STM32 的系统构架在《STM32F107 参考手册》第 23～28 页有讲解，这里只简单介绍一下构架框图，如图 19-3 所示。

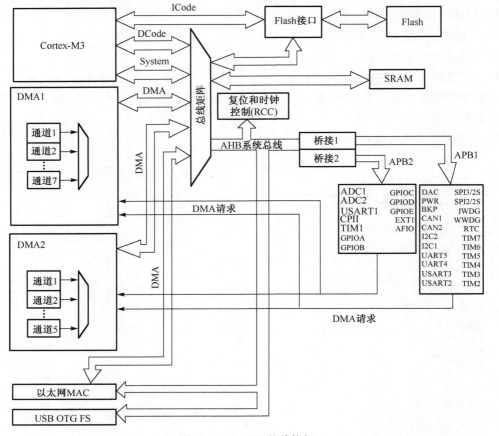

图 19-3　STM32 整体构架

　　该系统构架包括 Cortex-M3 内核、DCode 总线(D-bus)、系统总线(S-bus)、通用 DMA1、通用 DMA2、以太网 DMA(互联型产品中才有)五个驱动单元和内部 SRAM、内部闪存存储器、FSMC(互联型产品中没有该项)、AHB 到 APB 的桥(AHB2APBx)四个被动单元。其中 AHB 总线贯穿了所有外设,从图 19-3 中可以发现,AHB 经过桥接,由 APB1、APB2 控制着几乎所有外设。APB2 属于高速设备,而 APB1 属于低速设备。

　　对需要详细了解 Cortex_M3 底层构架的读者可以参考《Cortex-M3 权威指南》一书,该书与前面提到的《STM32F107 参考手册》是学习 STM32 必备的权威参考手册。

第 20 章 STM32 软件概述

20.1 MDK 简介

Keil MDK 全称为 Keil uVision，是 ARM 公司推出的针对各种嵌入式处理器的软件开发工具。支持 ARM7、ARM9 和最新的 Cortex-M3 核处理器，自动配置启动代码，集成 Flash 烧写模块，强大的 Simulation 设备模拟，性能分析等功能。

20.2 软 件 底 层

众所周知，使用一块芯片无非就是操作它的寄存器，向寄存器里面写 0 还是写 1 来使其执行相应动作，然而 STM32 拥有非常多的寄存器，对于刚接触软件底层的人来说，直接操作寄存器有很大的难度，所以 ST 官方提供了一套固件库函数，大家不需要再直接操作烦琐的寄存器，而是直接调用固件库函数即可实现操作寄存器的目的。到底什么是固件库？它与直接操作寄存器开发有什么区别和联系？其实固件库可以理解为：固件库就是函数的集合，固件库函数的作用是向下负责与寄存器直接打交道，向上提供用户函数调用的接口（Application Program Interface，API）。

这里首先来解一下 STM32F107VCT6 芯片的结构，如图 20-1 所示。

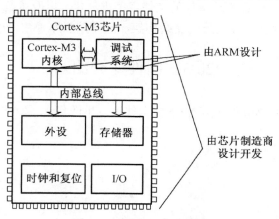

图 20-1 STM32 芯片结构

从图 20-1 中可以看到，该款芯片由 ARM 公司和芯片制造商（如 ST 公司）共同设计制作完成，ARM 为了能让不同的芯片公司生产的 Cortex-M3 芯片能在软件上基本兼容，和芯片生产商共同提出了一套标准：CMSIS 标准（Cortex Microcontroller Software Interface Standard），ST 官方固件库就是根据这套标准设计的。

由图 20-2 可知，CMSIS 分为 3 个基本功能层。

(1)核内外设访问层：ARM 公司提供的访问、定义处理器内部寄存器地址以及功能函数。

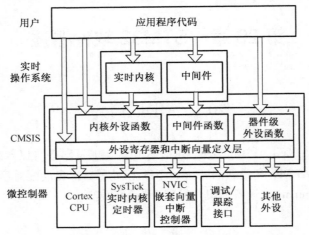

图 20-2　基于 CMSIS 应用程序基本结构

(2)中间件访问层：定义访问中间的通用 API，也是 ARM 公司提供。

(3)外设访问层：定义硬件寄存器的地址以及外设的访问函数。

从图 20-2 中可以看出，CMSIS 层在整个系统中是处于中间层，向下负责与内核和各个外设直接打交道，向上提供实时操作系统用户程序调用的函数接口。如果没有 CMSIS 标准，那么各个芯片公司就会设计自己喜欢的风格的库函数，而 CMSIS 标准就是要强制规定，芯片生产公司设计的库函数必须按照 CMSIS 这套规范来设计。

在使用 STM32 芯片时首先要进行系统初始化，CMSIS 标准规定系统初始化函数名字必须为 SystemInit()，所以各个芯片公司写自己的库函数时就必须用 SystemInit 对系统进行初始化。CMSIS 标准还对各个外设驱动文件的文件名字规范化，以及函数名字规范化等一系列规定。总之，初学者不必理会软件底层的复杂构架，只需按照库函数标准调用使用便可。

20.3　固件库介绍

打开 STM32F10x_StdPeriph_Lib_V3.5.0 文件夹，里面包含了官方提供的.c、.h 及帮助文件，如图 20-3 所示。

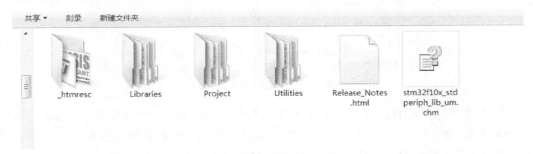

图 20-3　固件库文件

Libraries 文件夹下面有 CMSIS 和 STM32F10x_StdPeriph_Driver 两个目录，这两个目录包

含固件库核心的所有子文件夹和文件。其中 CMSIS 目录下面是启动文件，STM32F10x_StdPeriph_Driver 放的是 STM32 固件库源码文件。源文件目录下面的 inc 目录存放的是 stm32f10x_xxx.h 头文件，无需改动。src 目录下面放的是 stm32f10x_xxx.c 格式的固件库源码文件。每一个.c 文件和一个相应的.h 文件对应。这里的文件也是固件库的核心文件，每个外设对应一组文件。Inc、src 文件夹下还包含了一个特别的 misc 文件，这个文件提供了外设对内核中的 NVIC（中断向量控制器）的访问函数，在配置中断时，我们必须把这个文件添加到工程中。

Project 文件夹下面有两个文件夹，STM32F10x_StdPeriph_Examples 文件夹下面存放的 ST 官方提供的固件实例源码，在以后的开发过程中，可以参考修改这个官方提供的实例来快速驱动自己的外设。STM32F10x_StdPeriph_Template 文件夹下面存放的是工程模板。Utilities 文件下就是官方评估板的一些对应源码，这个可以忽略不看。

根目录中还有一个 stm32f10x_stdperiph_lib_um.chm 固件库的帮助文档，这个文档非常有用，官方默认的是英文版，我们学习可以参考 STM32F10x_StdPeriph_Driver_3.5.0_（中文版).chm（最新的库可以到 ST 官方网站 http：//www.st.com 下载）。

注意：

① core_cm3.c 和 core_cm3.h 文件位于\Libraries\CMSIS\CM3\CoreSupport 目录下面，这个就是 CMSIS 核心文件，提供进入 M3 内核接口，这是 ARM 公司提供，对所有 CM3 内核的芯片都一样。另外在 core_cm3.c 文件中包含了 stdin.h 这个头文件，这是一个 ANSIC C 文件，是独立于处理器之外的，就像我们熟知的 C 语言头文件 stdio.h 文件一样。位于 RVMDK 这个软件的安装目录下，主要作用是提供一些新类型定义，这些新类型定义屏蔽了在不同芯片平台时，出现的诸如 int 的大小是 16 位，还是 32 位的差异。所以在以后的程序中，都将使用新类型如 int8_t、int16_t 的变量类型。

② 和 CoreSupport 同一级还有一个 DeviceSupport 文件夹。子目录下的 STM32F10xt 文件夹下面主要存放一些启动文件以及比较基础的寄存器定义以及中断向量定义的文件。这个目录下面有三个文件：system_stm32f10x.c、system_stm32f10x.h 以及 stm32f10x.h 文件。其中 system_stm32f10x.c 和对应的头文件 system_stm32f10x.h 文件的功能是设置系统以及总线时钟，这个里面有一个非常重要的 SystemInit() 函数，这个函数在系统启动时都会调用，用来设置系统的整个时钟系统。stm32f10x.h 这个文件就相当重要了，编写程序时，几乎时刻都要查看这个文件相关的定义。这个文件打开可以看到，里面非常多的结构体以及宏定义，主要是系统寄存器定义申明以及包装内存操作。在 DeviceSupport\ST\STM32F10x 同一级还有一个 startup 文件夹，这个文件夹里面放的是启动文件。在\startup\arm 目录下，我们可以看到 8 个 startup 开头的.s 文件。之所以有 8 个启动文件，因为对于不同容量的芯片启动文件是不一样的，要根据实际芯片容量来选择，这部分在后面建立 Project 时会讲到。

还有其他的一些库文件就不一一介绍了，比如 stm32f10x_conf.h 文件中的#include 一看就知道它的用途。

STM32 库文件结构如图 20-4 所示。

通过这个整体结构框图，可以清楚地看到这些库函数之间的关系及作用。还值得一提的是，官方提供的帮助文件：STM32F10x_StdPeriph_Driver_3.5.0_（中文版).chm，该文件版式美观，内容精彩，打开便知道怎么使用，在此不做过多介绍。

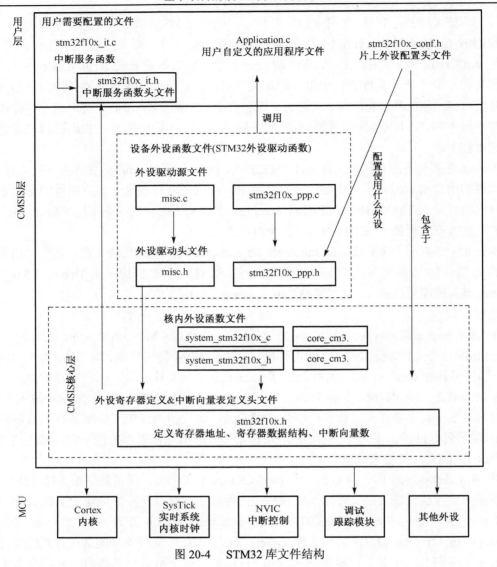

图 20-4　　STM32 库文件结构

第 21 章　MDK 软件安装与新建工程

21.1　安装 MDK 软件

安装 MDK 软件的步骤如下。

(1)打开"MDK"/"MDK412"安装包.rar，双击 MDK412.exe。

(2)单击"Next"按钮，如图 21-1 所示。

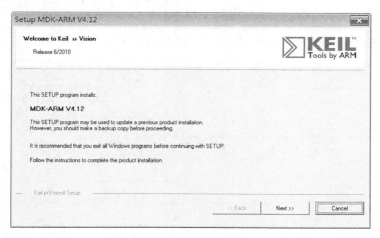

图 21-1　安装 MDK

(3)选中"I agree to all the terms of the preceding License Agreement"复选框，并单击"Next"按钮，如图 21-2 所示。

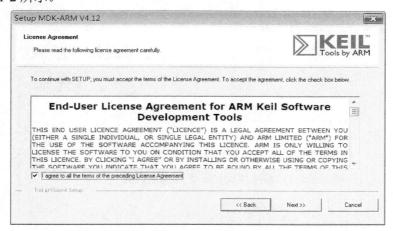

图 21-2　注册

(4)单击"Browse"按钮，选择安装盘位置；单击"Next"按钮，如图 21-3 所示。

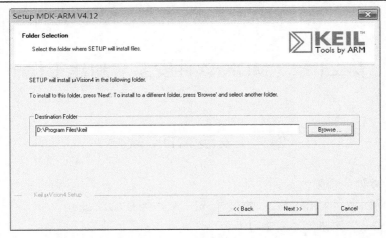

图 21-3　安装目录

(5)填写相关信息，单击"Next"按钮，如图 21-4 所示，开始安装。

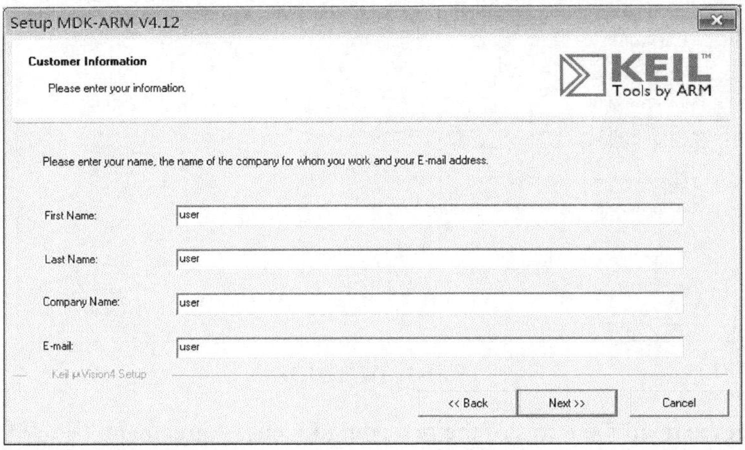

图 21-4　填写信息

(6)等待安装结束，如图 21-5 所示。

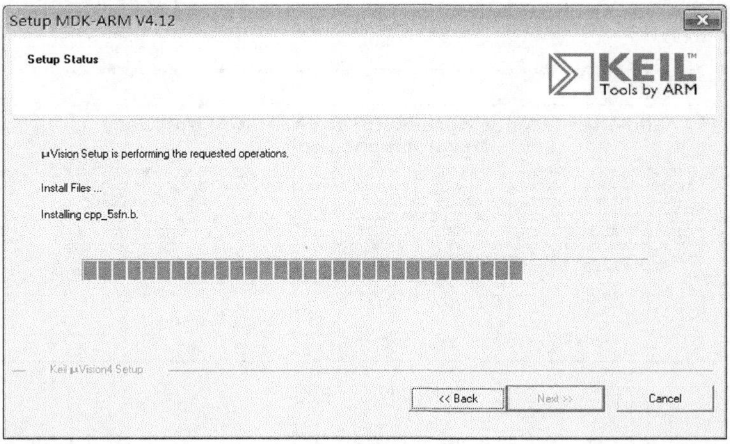

图 21-5　安装中

(7) 单击 "Finish" 按钮，完成安装，如图 21-6 所示。

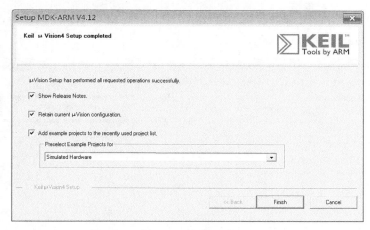

图 21-6　安装结束

结束操作后，桌面上会出现 ![图标] 图标，表示 DMK 安装完成。但现在的 DMK 在下载程序的时候会有 40K 的代码限制，需要填入许可序列号。

21.2　启动 MDK

启动 MDK 软件的步骤如下。
(1) 打开 "MDK" / "MDK" 注册机.zip，双击运行 keillic.exe 运行，如图 21-7 所示。

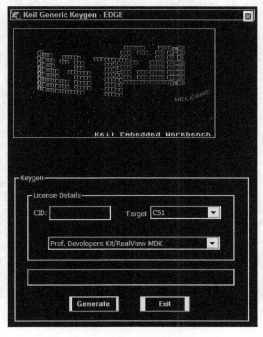

图 21-7　启动 MDK 软件

(2)获得 CID，双击  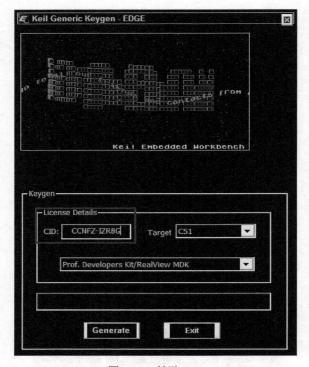图标，单击"file"/"License Management"命令，得到如图 21-8 所示界面；Copy 方框里面的 CID 码。

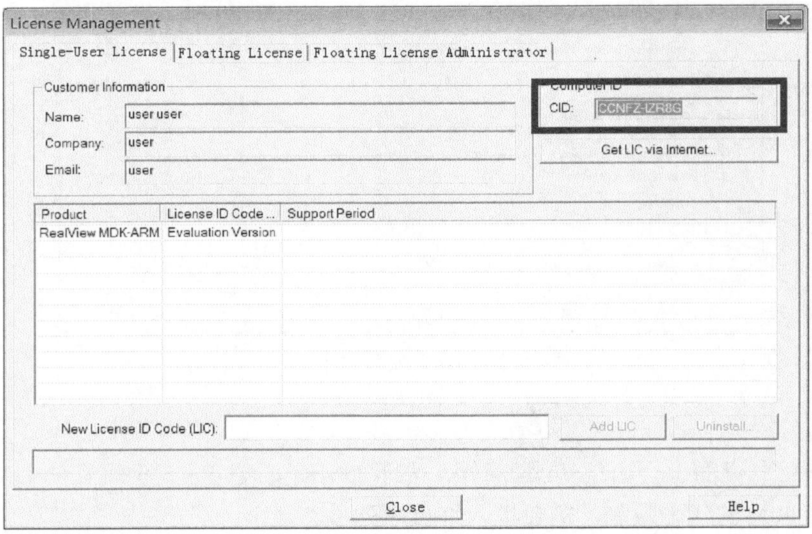

图 21-8　获得 CID

(3)将 CID 码粘贴到步骤(1)所示 CID 方框中，如图 21-9 所示。

图 21-9　粘贴 CID

(4)在"Target"下拉菜单中选择"ARM"，如图 21-10 所示。

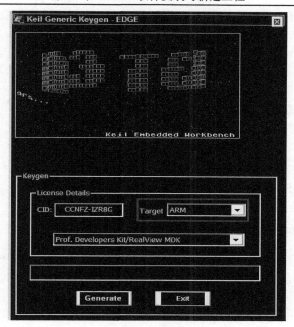

图 21-10　选择 ARM

（5）单击"Generate"按钮，得到序列号，复制该序列号，如图 21-11 所示。

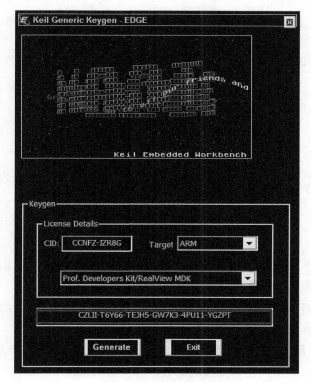

图 21-11　获得序列号

（6）回到"file"/"License Management"打开的窗口，粘贴序列号到"New License ID Code（LIC）"中；之后单击"Add LIC"按钮，如图 21-12 所示。

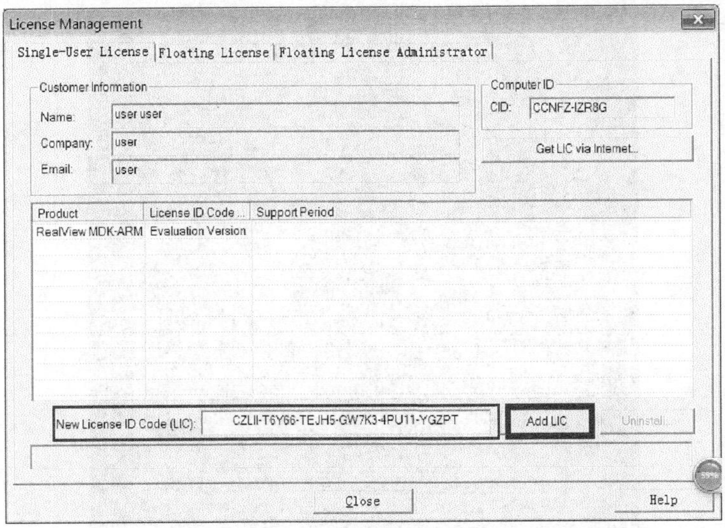

图 21-12　粘贴序列号

(7)出现图 21-13 所示内容就大功告成了，单击"Close"按钮。

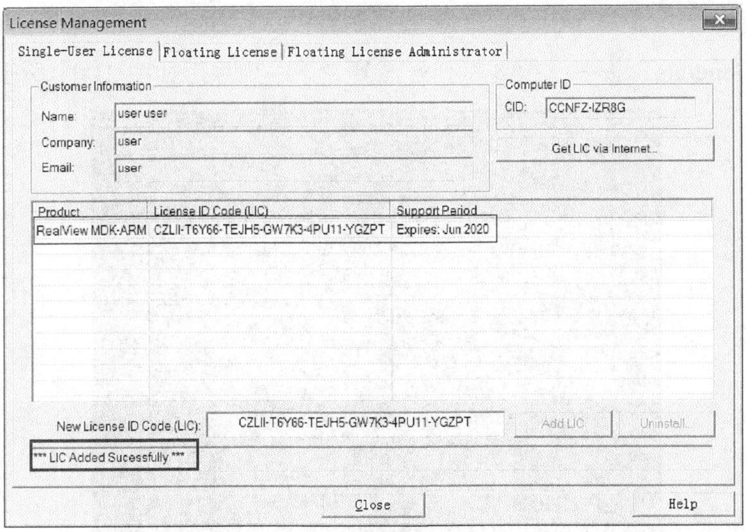

图 21-13　完成

双击打开 MDK 不难发现，MDK 与 51keil 界面基本一样，其实使用起来也基本一样。我们从左到右介绍一下图 21-14 箭头所指三个最常用的按钮。

(1)第一个按钮：Translate 就是翻译当下修改过的文件，说简单点就是检查下有没有语法错误，并不会去链接库文件，也不会生成可执行文件。

(2)第二个按钮：Build 就是编译当下修改过的文件，它包含了语法检查，链接动态库文件，生成可执行文件。

(3)第三个按钮：Rebuild 就是重新编译整个工程，跟 Build 按钮实现的功能是一样的，但有所不同的是它编译的是整个工程的所有文件，耗时巨大。所以当编辑好工程时，只需单击第二个按钮便可，第一个与第三个用的相对少。

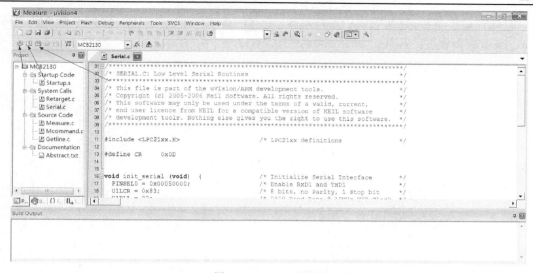

图 21-14　MDK 界面

另外，有一些小技巧可以帮助我们更好地使用 MDK：单击设置按钮"colors and fonts"栏设置字体颜色大小等；选中"output"里面的"browse information"复选框可以使用"go to definition"定位函数和变量，其中"go to definition"功能非常常用，常用在变量、函数的跟踪查看方面。"Advanced"/"Comment Selection"注释掉一片代码，"Advanced"/"unComment Selection"释放注释代码；查找替换的快捷键是"CTRL+H"。

21.3　新建工程模板

前面已经对 STM32 固件库有了大概了解，下面来建立一个基于固件库的工程模板。

（1）选择 Keil uVision4，"Project"/"close Project"菜单命令（如果有打开工程的情况下）。

（2）选择"Project"/"New uVision Project"菜单命令，选择保存地址，这里放在桌面上的 Template 文件夹的子文件夹"project"中，并取名"Template"，如图 21-15 所示。

图 21-15　命名工程模板

（3）选择芯片型号，这里使用的芯片是 ST 公司的 STM32F107VCT6，有 64K SRAM、256K Flash，属于高集成度的芯片，如图 21-16 和图 21-17 所示。

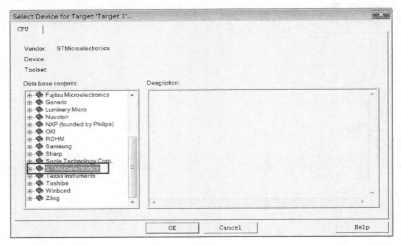

图 21-16　选择芯片

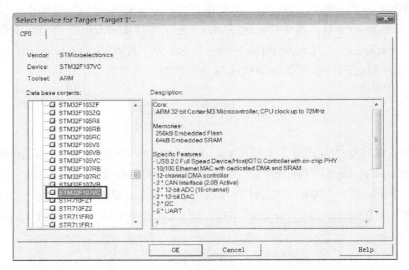

图 21-17　选择芯片

接下来是询问是否添加启动文件，因为用库来创建 project，所以这里选择"否"，如图 21-18 所示。

图 21-18　询问

（4）下面添加需要的固件库文件；现在需要在"Template"文件夹中新建几个文件及文件

夹："Output"、"Libraries"文件夹以及"删除 MDK 产生的过程文件.bat"文件（将文本文档的 txt 改为 bat 即可）、"readme.txt"文件和"stm32f10x_ stdperiph_lib.zip"文件；原来新建的"Project"文件夹用来存放工程文件和用户代码，包括主函数 main.c；"Libraries"用来存放 STM32 标准库里面的"CMSIS"和"STM32F10x_StdPeriph_Driver"这两个文件夹，如图 21-19 所示。

图 21-19　添加固件库文件

（5）将"\STM32F10x_StdPeriph_Lib_V3.5.0\Libraries"的"CMSIS"跟"STM32F10x_StdPeriph_Driver"这两个文件夹拷贝到"Template\Libraries"文件夹中。将"STM32F10x_StdPeriph_Lib_V3.5.0\Project\STM32F10x_StdPeriph_Template"文件夹下的 main.c、stm32f10x_conf.h、stm32f10x_it.h、stm32f10x_it.c 拷贝到"Template\Project"目录下来。stm32f10x_it.h、和 stm32f10x_it.c 这两个文件里面是中断函数，里面为空，并没有写任何的中断服务程序；stm32f10x_conf.h 是用户需要配置的头文件，当我们需要用到芯片中的某部分外设的驱动时，我们只需要在该文件下将该驱动的头文件包含进来即可，片上外设的驱动在"Libraries\STM32F10x_StdPeriph_Driver\src"文件夹中，"Libraries\STM32F10x_StdPeriph_Driver\inc"文件夹里面是它们的头文件。

（6）回到 MDK 界面；右击"Target 1"，选择"Manage Components"命令，如图 21-20 所示。

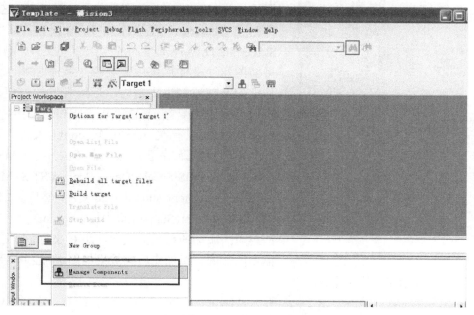

图 21-20　MDK 界面

（7）"project Targets" 改为 "Template"；新建四个分组如图 21-21 所示，分别命名为 start_code、project、libraries、CMSIS。start_code 从名字就可以看得出用它来放启动代码，project 用来存放用户自定义的应用程序，libraries 用来存放库文件，CMSIS 用来存放 M3 系列单片机通用的文件。

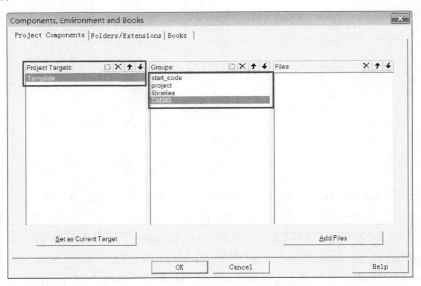

图 21-21　新建四个分组

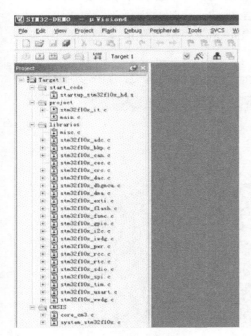

图 21-22　添加文件后效果

（8）往新建的组中添加文件，双击哪个组就可以往哪个组里面添加文件。在 "start_code" 里面添加 \Libraries\CMSIS\CM3\DeviceSupport\ST\STM32F10x\startup\arm\startup_stm32f10x_hd.s；在 "project" 组里面添加 project\main.c 文件和 stm32f10x_it.c 这 2 个文件；在 "libraries" 里面添加 Libraries\ STM32F10x_StdPeriph_Driver\src 里面的全部驱动文件，当然，src 里面的驱动文件也可以需要哪个就添加哪个，这里将它们全部添加进去是为了后续开发的方便，况且我们可以通过配置 stm32f10x_conf.h 这个头文件来选择性添加，只有在 stm32f10x_conf.h 文件中配置的文件才会被编译(是不是像一个开关?)；"CMSIS" 组在 Libraries/CMSIS/CM3/DeviceSupport/ST/STM32F10x 路径下添加 system_stm32f10x.c 文件，然后从 Libraries\CMSIS\CM3\CoreSupport 里添加 core_cm3.c。注意，这些组里面添加的都是汇编文件跟 C 文件，头文件是不需要添加的。添加完后的效果如图 21-22 所示。有些文件是上锁的，表示该文件不能被修改。

（9）配置编译环境。单击如图 21-23 所示 "Target options" 按钮进行配置；选择 "Output" 如图 21-24 所示。

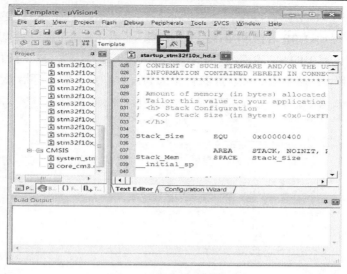

图 21-23　配置编译环境

图 21-24　选择"Output"

选择"Create HEX File",单击"OK"按钮,表示允许输出 hex 文件,如图 21-25 所示。

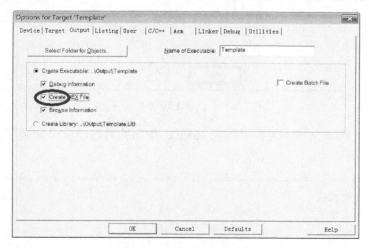

图 21-25　输出 hex 文件

选择 C/C++如图 21-26 进行配置；其中 Define 中手动输入 USE_STDPERIPH_DRIVER，STM32F10X_CL，添加 USE_STDPERIPH_DRIVER 是为了屏蔽编译器的默认搜索路径，转而使用我们添加到工程中的 ST 的库,添加 STM32F10X_CL 是因为我们用的芯片是互联型的，添加了 STM32F10X_CL 这个宏之后，库文件里面为互联型定义的寄存器我们就可以用了。

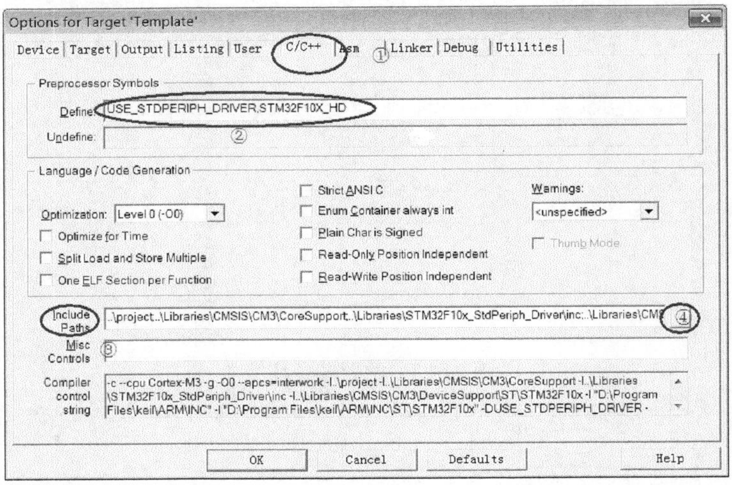

图 21-26　配置

在图 21-26 所示的④后，双击 _____ ⋯ 进行添加路径，按图 21-27 所示进行配置，让编译器默认在设置的路径下进行搜索，但当编译器在指定的路径下搜索不到时会回到标准目录去搜索，就像有些 ANSIC C 的库文件，如 stdin.h、stdio.h 等。注意，当添加.h 文件后，一定要记得把该文件的地址添加在这里，否则编译器找不到添加的.h 文件，就会编译不通过。

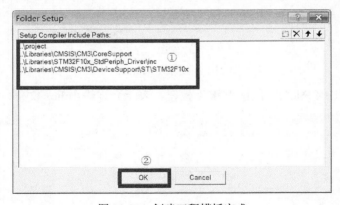

图 21-27　创建工程模板完成

至此，project 建立完毕，现在可以在 main.c 里面编写程序编译并进行，调试。比如在 main.c 中写入：

```
/************************************************************
* 内容：工程模板
* 作者：huafu
* 版本：template
* 日期：2014.01
```

```
*********************************************************/
int main(void)
{

}
```

　　单击编译发现没有错误，没有警告，表示模板建立成功。当然，建立的 project 模板有不同方法，也可以首先新建好文件夹，然后添加进 group 里面，也可以添加暂时需要使用的文件，这里就不一一列举了。

　　添加工程文件时，不仅要添加.c 文件进 group 里面，还要在 C/C++窗口下定义.h 文件的路径（如果添加了.h 文件的话）。

第 22 章　GPIO 点亮第一颗 LED

基于 STM32F107 的强大功能以及众多寄存器，直接来点亮 LED，跳过空洞的学习理论知识，在实践中学习更加直观，效果立竿见影。通过点亮 LED 能够熟悉 MDK、GPIO 和库的使用。我们都知道图 22-1 是 51 单片机 I/O 口控制 LED 的电路图，把 P1.0 拉低，就能将 LED1 点亮，同样 LED2、LED3 也是如此，只要将对应管脚接高低电平就能点亮、熄灭 LED 灯。那么在 STM32 中怎么把 I/O 口拉高拉低呢？

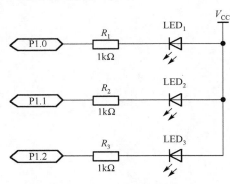

图 22-1　LED 电路原理图

22.1　GPIO 介绍

I/O 接口是一颗微控制器必须具备的最基本的外设，在 ARM 里，通常所有的 I/O 口都是通用的，称为 GPIO(General Purpose Input/Output)。单个 I/O 最大可以提供 25mA 电流。在 STM32 中，每个 GPIO 端口包含 16 个管脚，如 PA 端口是 PA0～PA15，它们都是按 32 位 bit 被允许访问。GPIO 模块支持多种可编程输入、输出管脚，STM32 的输入/输出管脚有 8 种可能的配置(4 输入+2 输出+2 复用输出)：

(1)浮空输入_IN_FLOATING(这个输入模式的输入电平必须由外部电路确定，要根据具体电路，加外部上拉电阻或下拉电阻，可以做按键识别)。

(2)带上拉输入_IPU(打开 I/O 内部上拉电阻)。

(3)带下拉输入_IPU(打开 I/O 内部下拉电阻)。

(4)模拟输入_AIN(应用 ADC 模拟输入)。

(5)开漏输出_OUT_OD(输出端相当于三极管的集电极，要得到高电平状态需要上拉电阻才行。适合于做电流型的驱动，其吸收电流的能力相对强(一般 20mA 以内)。能驱动大电流和大电压，LED 就使用这种模式)。

(6)推挽输出_OUT_PP(可以输出高,低电平,连接数字器件。推挽式输出输出电阻小，带负载能力强)。

(7)复用功能的推挽输出_AF_PP(复用时指该引脚打开 remap 功能，即重映射功能)。

(8) 复用功能的开漏输出 _AF_OD(复用时指该引脚打开 remap 功能，即重映射功能)。

STM32 的 GPIO 除了上述 8 种工作模式外，还可以进行 2 种映射：外部中断映射和第二功能映射。当某个 GPIO 口映射为外部中断通道后，该 GPIO 口就成为一个外部源，外界可以在这个 GPIO 上产生外部事件来实现对 STM32 内部程序运行的介入。而当某个 GPIO 被映射为第二功能时，它就会切换。

22.1.1　重映射和复用功能

重映射功能(remap)就是将这个管脚的外设功能移到另外的一个管脚上。这样设计的好处是方便硬件工程师更好地安排引脚的走向和功能，让软硬件兼容更加的灵活。

STM32 有很多的内置外设，这些外设的外部引脚都是与 GPIO 复用的。也就是说，一个 GPIO 如果可以复用为内置外设的功能引脚，那么当这个 GPIO 作为内置外设使用的时候，就叫作复用。详细参考《STM32F107 参考手册》第 116~121 页，有详细地讲解哪些 GPIO 管脚是可以复用为哪些内置外设的。

22.1.2　控制 GPIO 端口的寄存器

控制 GPIO 端口的寄存器有如下 7 种。

(1) 端口配置低寄存器(GPIOx_CRL)(x=A…E)。

(2) 端口配置高寄存器(GPIOx_CRH)(x=A…E)，CRL 和 CRH 寄存器主要是用来配置 I/O 管脚的方向和速率以及何种驱动模式。

(3) 端口输入数据寄存器(GPIOx_IDR)(x=A…E)，IDR 寄存器主要是用来存储 I/O 口当前的输入状态。

(4) 端口输出数据寄存器(GPIOx_ODR)(x=A…E)，ODR 寄存器是用来控制 I/O 口输出高电平还是低电平。

(5) 端口位设置/清除寄存器(GPIOx_BSRR)(x=A…E)，BSRR 寄存器主要是用来直接对 I/O 端某一位直接进行设置和清除操作，通过这个寄存器可以方便地直接修改一个引脚的高低电平。BSRR 与 BRR 回避了设置或清除 I/O 端口时的"读-改-写"操作，使得设置或清除 I/O 端口的操作不会被中断处理打断而造成误操作。

(6) 端口位清除寄存器(GPIOx_BRR)(x=A…E)，BRR 寄存器用来清除某端口的某一位为 0，如果该寄存器某位为 0，那么它所对应的那个引脚位不产生影响；如果该寄存器某位为 1，则清除对应的引脚位。

(7) 端口配置锁定寄存器(GPIOx_LCKE)(x=A…E)，LCKR 用来锁定端口的配置，当对相应的端口位执行了 LOCK 序列后，在下次系统复位之前将不能再更改端口位的配置。

从《STM32 参考手册》中可以查到端口配置寄存器如图 22-2 所示。

如图 22-2 所示，对于 GPIO 端口，每个端口有 16 个引脚，每个引脚的模式由寄存器的 4 个位控制，每四位又分为两位控制引脚配置(CNFy[1:0])，两位控制引脚的模式及最高速度(MODEy[1:0])，其中 y 表示第 y 个引脚。这个图是 GPIOx_CRH 寄存器的说明，配置 GPIO 引脚模式的一共有两个寄存器，CRH 是高寄存器，用来配置高 8 位引脚：pin8~pin15。还有一个称为 CRL 寄存器，如果我们要配置 pin0~pin7 引脚，则要在寄存器 CRL 中进行配置。

偏移地址：0x04　　　　　　　　　　　　　每 4 个寄存器位配置一个引脚　　　这 4 位控制 pin12
复位值：0x4444 4444

31	30	29	28	27	26	25	24	23	22	21	20	19	18	17	16
CNF 15[1:0]		MODE 15[1:0]		CNF 14[1:0]		MODE 14[1:0]		CNF 13[1:0]		MODE 13[1:0]		CNF 12[1:0]		MODE 12[1:0]	
rw	rw	rw	rw	rw	rw	rw	rw	rw	rw	rw	rw	rw	rw	rw	rw

15	14	13	12	11	10	9	8	7	6	5	4	3	2	1	0
CNF 11[1:0]		MODE 11[1:0]		CNF 10[1:0]		MODE 10[1:0]		CNF 9[1:0]		MODE 9[1:0]		CNF 8[1:0]		MODE 8[1:0]	
rw	rw	rw	rw	rw	rw	rw	rw	rw	rw	rw	rw	rw	rw	rw	rw

位	
31:30 27:26 23:22 19:18 15:14 11:10 7:6 3:2	CNF y[1:0]　端口 x 配置位(y=8...15)(Port x configuration bits) 软件通过这些位配置相应的 I/O 端口。 在输入模式(MODE[1:0]=00)： 00：模拟输入模式 01：浮空输入模式 10：上拉/下拉输入模式 11：保留 在输出模式(MODE[1:0]>00)： 00：通用推挽输出模式 01：通用开漏输出模式 10：复用功能推挽输出模式 11：复用功能开漏输出模式
9:28 25:24 21:20 17:16 13:12 9:8, 5:4 1:0	MODEy[1:0]：端口 x 的模式位(y=8...15)(Port x mode bits) 软件通过这些位配置相应的 I/O 端口。 00：输入模式(复位后的状态) 01：输出模式，最大速度 10MHz 10：输出模式，最大速度 2MHz 11：输出模式，最大速度 50MHz

图 22-2　端口配置高寄存器(GPIOx_CRH)(x=A...E)

举例说明对 CRH 的寄存器的配置：当给 GPIOx_CRH 寄存器的第 28～29 位(MODEy)设置为参数 "11"，并在第 30～31 位(CNFy)设置为参数 "00"，则把该 x 端口第 15 个引脚的模式配置成了 "输出的最大速度为 50MHz 的通用推挽输出模式"。当然了，其他引脚可通过其 GPIOx_CRH 或 GPIOx_CRL 的其他寄存器位来配置。

接下来看一下配置引脚高低电平的寄存器，如图 22-3 所示。

由寄存器说明图可知，一个引脚 y 的输出数据由 GPIOx_BSRR 寄存器位的 2 个位来控制，分别为 BRy(Bit Reset y)和 BSy(Bit Set y)，BRy 位用于写 1 清 0，使引脚输出低电平，BSy 位用来写 1 置 1，使引脚输出高电平。而对这两个位进行写 0 都是无效的。(还可以通过设置寄存器 ODR 来控制引脚的输出。)

例如：对 x 端口的寄存器 GPIOx_BSRR 的第 0 位(BS0)进行写 1，则 x 端口的第 0 引脚被设置为 1，输出高电平，若要令第 0 引脚再输出低电平，则需要向 GPIOx_BSRR 的第 16 位(BR0)写 1。

现在我们知道了怎么给 GPIO 口置 0 置 1，但要其控制 LED 还有关键一步，要知道 GPIO 的地址。在 51 中能直接对 I/O 口赋值(如 P0 = 0x00)，取决于它的头文件中 reg52.h 有这样一句 sfr P0 = 0x80;其实这样就是将 P0 的地址映射到 0x80 处，才可以直接使用 P0，那么 STM32

中也需要地址映射。所谓地址映射，就是将芯片上的存储器甚至 I/O 等资源与地址建立一一对应的关系。如果某地址对应着某寄存器，就可以运用 C 语言的指针来寻址并修改这个地址上的内容，从而实现修改该寄存器的内容。

偏移地址：0x10
复位值：0x0000 0000

31	30	29	28	27	26	25	24	23	22	21	20	19	18	17	16
BR15	BR14	BR13	BR12	BR11	BR10	BR9	BR8	BR7	BR6	BR5	BR4	BR3	BR2	BR1	BR0
w	w	w	w	w	w	w	w	w	w	w	w	w	w	w	W

15	14	13	12	11	10	9	8	7	6	5	4	3	2	1	0
BS15	BS14	BS13	BS12	BS11	BS10	BS9	BS8	BS7	BS6	BS5	BS4	BS3	BS2	BS1	BS0
w	w	w	w	w	w	w	w	w	w	w	w	w	w	w	w

位 31:16	BRy: 清除端口 x 的位 y(y=0...15)(Port x Reset bit y) 　　这些位只能写入并只能以字(16 位)的形式操作。 0: 对对应的 ODRy 位不产生影响 1: 清除对应的 ODRy 位为 0 注：如果同时设置了 BSy 和 BRy 的对应位，BSy 位起作用
位 15:0	BSy: 设置端口 x 的位 y(y=0...15)(Port x Set bit y) 　　这些位只能写入并只能以字(16 位)的形式操作 0: 对对应的 ODRy 位不产生影响 1: 设置对应的 ODRy 位为 1

图 22-3　端口位设置/清除寄存器(GPIOx_BSRR)(x=A...E)

　　Cortex-M3 有 32 根地址线，所以它的寻址空间大小为 2^{32} bit=4GB。ARM 公司设计时，预先把这 4GB 的寻址空间大致地分配好了。它把地址从 0x4000 0000～0x5FFF FFFF(512MB)的地址分配给片上外设。通过把片上外设的寄存器映射到这个地址区，就可以简单地访问这些外设的寄存器，从而控制外设的工作。其中库文件中 stm32f10x.h 这个文件的内容就是把 STM32 的所有寄存器进行地址映射。如同 51 单片机的<reg52.h>头文件一样。打开会发现有如下一些宏定义。

1. #define GPIOC_BASE　　　　　　　　　(APB2PERIPH_BASE + 0x1000)
2. #define APB2PERIPH_BASE　　　　　　 (PERIPH_BASE + 0x1000)
3. #define PERIPH_BASE　　　　　　　　　((uint32_t)0x40000000)

22.1.3　外设基地址

　　看到 PERIPH_BASE 这个宏，宏展开为 0x4000 0000，并把它强制转换为 uint32_t 的 32位类型数据，这是因为 STM32 的地址是 32 位的，0x4000 0000 是 Cortex-M3 核分配给片上外设的从 0x4000 0000～0x5FFF FFFF 的 512MB 寻址空间中的第一个地址，把 0x4000 0000 称为外设基地址。

22.1.4　总线基地址

　　接下来是宏 APB2PERIPH_BASE，宏展开为 PERIPH_BASE(外设基地址)加上偏移地址 0x1 0000，即指向的地址为 0x4001 0000。这个 APB2PERIPH_BASE 宏是什么地址呢？STM32不同的外设是挂载在不同的总线上的。有 AHB 总线、APB2 总线、APB1 总线，挂载在这些总线上的外设有特定的地址范围。其中像 GPIO、串口 1、ADC 及部分定时器是挂载这个被称为 APB2 的总线上，挂载到 APB2 总线上的外设地址空间是从 0x4001 0000 至地址 0x40013FFF。这里的第一个地址，也就是 0x4001 0000，被称为 APB2PERIPH_BASE（APB2 总线外设的基地址）。

22.1.5 寄存器组基地址

最后是宏 GPIOC_BASE，宏展开为 APB2PERIPH_BASE（APB2 总线外设的基地址）加上相对 APB2 总线基地址的偏移量 0x1000 得到了 GPIOC 端口的寄存器组的基地址，为：GPIOC_BASE= 0x4000 0000+0x1000+0x0 1000=0x40011000。

图 22-2 中我们看到，偏移地址：0x04，要注意的是这个偏移地址，指的是该寄存器（GPIOA->CRH）相对所在寄存器组基地址的偏移量，其实说简单点就是该结构体（见库的封装一节）占位情况，GPIOA 的 7 个寄存器都是 32 位，所以每个寄存器占 4 个地址，如（GPIOA_CRH）寄存器地址为 GPIOA_BASE+0x04，（GPIOC_CRH）寄存器地址为 GPIOC_BASE+0x04，（GPIOA_IDR）寄存器的地址为 GPIOA_IDR+0x08，以此类推，见下面的 GPIO_TypeDef 结构体注释。

22.2 库 的 封 装

即便是使用库函数映射好的寄存器，也显得杂乱无章，ST 的工程师们想到了一个巧妙的办法就是用 C 语言中的结构体来封装寄存器。

比如：

```
#define GPIOA                ((GPIO_TypeDef*) GPIOA_BASE)
#define GPIOB                ((GPIO_TypeDef*) GPIOB_BASE)
#define GPIOC                ((GPIO_TypeDef*) GPIOC_BASE)
```

跟踪（在 MDK 中，双击选中，右击 go to definition 实现的）GPIO_TypeDef 发现：

```
typedef struct
{
    __IO uint32_t CRL;        //偏移地址为 0x00
    __IO uint32_t CRH;        //偏移地址为 0x04
    __IO uint32_t IDR;        //偏移地址为 0x08
    __IO uint32_t ODR;        //偏移地址为 0x0c
    __IO uint32_t BSRR;       //偏移地址为 0x10
    __IO uint32_t BRR;        //偏移地址为 0x14
    __IO uint32_t LCKR;       //偏移地址为 0x18
} GPIO_TypeDef;
```

GPIOA_BASE 在前面已解析，是一个代表 GPIOA 组寄存器的基地址。（GPIO_TypeDef *）在这里的作用则是把 GPIOA_BASE 地址转换为 GPIO_TypeDef 结构体指针类型。有了这样的宏，写代码时，如果要修改 GPIO 的寄存器，就可以用以下的方式来实现。

```
GPIO_TypeDef *GPIOx;         //定义一个 GPIO_TypeDef 型结构体指针 GPIOx
GPIOx = GPIOA;               //把指针地址设置为宏 GPIOA 地址
GPIOx->CRL = 0xffffffff;     //通过指针访问并修改 GPIOA_CRL 寄存器
```

22.3　GPIO 配置函数

下面依次看以下库函数对 GPIO 的操作函数。stm32f10x_gpio.c、stm32f10x_gpio.h 中包含了 GPIO 的相关函数和定义。

操作寄存器 CRH 和 CRL 来配置 I/O 口的模式和速度是通过 GPIO 初始化函数完成的：

```
void GPIO_Init(GPIO_TypeDef* GPIOx, GPIO_InitTypeDef* GPIO_InitStruct);
```

跟踪两个参数发现，第一个参数是选取 GPIO，取值是 GPIOA～GPIOG。第二个为结构体如下：

```
typedef struct
{
    uint16_t GPIO_Pin;                 //设置用哪个或那些 I/O 口
    GPIOSpeed_TypeDef GPIO_Speed;      //设置输出我们上面讲解过的 8 种模式
    GPIOMode_TypeDef GPIO_Mode;        //设置 I/O 口速度
}GPIO_InitTypeDef;
```

操作 IDR 寄存器读取 I/O 端口数据是通过 GPIO_ReadInputDataBit();函数实现的：

```
uint8_t GPIO_ReadInputDataBit(GPIO_TypeDef* GPIOx, uint16_t GPIO_Pin);
```

其返回值是 0(Bit_RESET) 或 1(Bit_SET)，表示高低电平。比如，读取 GPIOA.1 的电平函数为：

```
GPIO_ReadInputDataBit(GPIOA, GPIO_Pin_1);
```

注意，该函数为只读，且只能以 16 位形式读出(设计者只是用了低 16 位)。

操作 ODR 寄存器的值来控制 I/O 口的输出状态是通过函数 GPIO_Write();来实现的：

```
void GPIO_Write(GPIO_TypeDef* GPIOx, uint16_t PortVal);
```

该函数一般用来往一次性一个 GPIO 的多个端口设值。注意该寄存器也只用了低 16 位，可读可写，即既可以查看当前的输出状态也可以写入数据控制当前的输出状态。

操作 BSRR 寄存器的值来控制 I/O 口的输出状态是通过函数 GPIO_SetBits();来实现：

```
void GPIO_SetBits(GPIO_TypeDef* GPIOx, uint16_t GPIO_Pin);
```

该寄存器高 16 位对应 BRy 清除端口位，低 16 位对应 BSy 设置端口位。如我们想要设置 GPIOA.1 为高电平 1，这样写函数：

```
GPIO_SetBits(GPIOA, GPIO_Pin_1);
```

操作 BRR 寄存器的值来控制 I/O 口的输出状态是通过函数 GPIO_ResetBits();来实现：

```
void GPIO_ResetBits(GPIO_TypeDef* GPIOx, uint16_t GPIO_Pin);
```

如想要设置 GPIOA.1 为低电平 0，这样写函数：

```
GPIO_ResetBits (GPIOA, GPIO_Pin_1);
```

操作寄存器 BSRR 和 BRR 的函数与操作 ODR 的函数有相同的功能，而操作 BRR 的函数又与 BSRR 的高 16 为有相似的功能。

操作 I/O 口的步骤如下：

(1) 使能 I/O 时钟，用函数 RCC_APB2PeriphClockCmd()。(后面会提到在配置 STM32 外设的时候，任何时候都要先使能该外设的时钟，这里暂时不深究)

(2) 调用 GPIO_Init();初始化。

(3) 操作 I/O，使用上面那几个函数配置。

按照该步骤，就可以配置好驱动 led 的 GPIO 端口了，C 代码如下：

```
void LED_Init_example(void)
{
    GPIO_InitTypeDef  GPIO_InitStructure;  //定义一个InitTypeDef类型结构体变量
    RCC_APB2PeriphClockCmd(RCC_APB2Periph_GPIOA ENABLE);
                                       //使能 PA 端口时钟，可暂时不理睬
    GPIO_InitStructure.GPIO_Pin = GPIO_Pin_1;   //LED0-->GPIOA.1端口配置
    GPIO_InitStructure.GPIO_Mode = GPIO_Mode_Out_PP;    //推挽输出
    GPIO_InitStructure.GPIO_Speed = GPIO_Speed_50MHz;
    GPIO_Init(GPIOA, &GPIO_InitStructure);
    GPIO_SetBits(GPIOA,GPIO_Pin_1);                     //GPIOA.1 输出 1
}
```

该 LED_Init_example()实现了 GPIOA.1 输出高电平，我们要达到灯闪烁效果不妨这样写：

```
int main(void)
{
    LED_Init_example();
    while(1)
    {
        GPIO_ResetBits(GPIOA,GPIO_Pin_5);   //GPIOA.1=0
        delay_ms(500);                      //延时 500ms
        GPIO_SetBits(GPIOA,GPIO_Pin_5);     //GPIOA.1=0
        delay_ms(500);                      //延时 500ms
    }
}
```

当然了，这两个函数是通过库函数配置点亮 LED 的 GPIO 口，还可以对比一下直接用寄存器点亮 LED，两者之间的对比可以看到从寄存器到库函数之间的明显区别，具体代码如下：

```
#define     __IO     volatile
typedef unsigned          int uint32_t;
typedef __IO uint32_t  vu32;
typedef unsigned short    int uint16_t;
#define GPIO_Pin_0                  ((uint16_t)0x0001)
#define GPIO_Pin_1                  ((uint16_t)0x0002)
#define GPIO_Pin_2                  ((uint16_t)0x0004)
#define GPIO_Pin_3                  ((uint16_t)0x0008)
#define GPIO_Pin_4                  ((uint16_t)0x0010)
#define GPIO_Pin_5                  ((uint16_t)0x0020)
#define GPIO_Pin_6                  ((uint16_t)0x0040)
#define GPIO_Pin_7                  ((uint16_t)0x0080)
#define GPIO_Pin_8                  ((uint16_t)0x0100)
#define GPIO_Pin_9                  ((uint16_t)0x0200)
#define GPIO_Pin_10                 ((uint16_t)0x0400)
#define GPIO_Pin_11                 ((uint16_t)0x0800)
#define GPIO_Pin_12                 ((uint16_t)0x1000)
```

```
#define GPIO_Pin_13                  ((uint16_t)0x2000)
#define GPIO_Pin_14                  ((uint16_t)0x4000)
#define GPIO_Pin_15                  ((uint16_t)0x8000)
#define GPIO_Pin_All                 ((uint16_t)0xFFFF)
#define RCC_APB2Periph_AFIO          ((uint32_t)0x00000001)
#define RCC_APB2Periph_GPIOA         ((uint32_t)0x00000004)
#define RCC_APB2Periph_GPIOB         ((uint32_t)0x00000008)
#define RCC_APB2Periph_GPIOC         ((uint32_t)0x00000010)
#define RCC_APB2Periph_GPIOD         ((uint32_t)0x00000020)
typedef struct
{
    __IO uint32_t CRL;
    __IO uint32_t CRH;
    __IO uint32_t IDR;
    __IO uint32_t ODR;
    __IO uint32_t BSRR;
    __IO uint32_t BRR;
    __IO uint32_t LCKR;
} GPIO_TypeDef;
typedef struct
{
    __IO uint32_t CR;
    __IO uint32_t CFGR;
    __IO uint32_t CIR;
    __IO uint32_t APB2RSTR;
    __IO uint32_t APB1RSTR;
    __IO uint32_t AHBENR;
    __IO uint32_t APB2ENR;
    __IO uint32_t APB1ENR;
    __IO uint32_t BDCR;
    __IO uint32_t CSR;
} RCC_TypeDef;
/********* GPIOA 管脚的内存对应地址 *******/
#define PERIPH_BASE                  ((uint32_t)0x40000000)
#define APB2PERIPH_BASE              (PERIPH_BASE + 0x10000)
#define GPIOA_BASE                   (APB2PERIPH_BASE + 0x1400)
#define GPIOA                        ((GPIO_TypeDef *) GPIOD_BASE)
/*********** RCC 时钟，可以暂时不理睬 ***********/
#define AHBPERIPH_BASE               (PERIPH_BASE + 0x20000)
#define RCC_BASE                     (AHBPERIPH_BASE + 0x1000)
#define RCC                          ((RCC_TypeDef *) RCC_BASE)
void Delay(vu32 nCount);
int main(void)
{
    /* 使能 APB2 总线的时钟，对 GPIO 的端口 A 使能*/
    RCC->APB2ENR |= RCC_APB2Periph_GPIOA;
    /*-- GPIO Mode 速度，输入或输出 -------------------*/
    /*-- GPIO CRL 设置 IO 端口低 8 位的模式(输入还是输出)---*/
```

```
/*-- GPIO CRH 设置 IO 端口高 8 位的模式(输入还是输出)---*/
GPIOA->CRL &=  0X000000F0;
GPIOA->CRL |=  0x00000030;//设置 GPIOA 的 PA1 配置为通用推挽模式输出 50MHZ
while (1)
{
/* 对 BSRR 设置为 1, 则 GPIO 输出为 1,LED 灯灭 */
    GPIOA->BSRR = GPIO_Pin_1;        /* LED 灭*/
    Delay(0x5FFFF);                  /* 延时 */
 /* 对 BRR 设置为 1, 则 GPIO 输出为 0, LED 灯亮 */
    GPIOA->BRR = GPIO_Pin_1;         /* LED 亮*/
    Delay(0x5FFFF);                  /* 延时 */
}
}
void Delay(vu32 nCount)              //通过不断 for 循环 nCount 次，达到延时的目的口
{
  for(; nCount != 0; nCount--);
}
```

以上就是通过配置 GPIOA.1 端口的高低电平点亮/熄灭 LED 的寄存器版本。

库函数小知识:

在库函数里面定义了 24 个变量类型(常用的只有几个)。

```
typedef signed long s32;
typedef signed short s16;
typedef signed char s8;
typedef signed long const sc32;                /* Read Only */
typedef signed short const sc16;               /* Read Only */
typedef signed char const sc8;                 /* Read Only */
typedef volatile signed long vs32;
typedef volatile signed short vs16;
typedef volatile signed char vs8;
typedef volatile signed long const vsc32;      /* Read Only */
typedef volatile signed short const vsc16;     /* Read Only */
typedef volatile signed char const vsc8;       /* Read Only */
typedef unsigned long u32;
typedef unsigned short u16;
typedef unsigned char u8;
typedef unsigned long const uc32;              /* Read Only */
typedef unsigned short const uc16;             /* Read Only */
typedef unsigned char const uc8;               /* Read Only */
typedef volatile unsigned long vu32;
typedef volatile unsigned short vu16;
typedef volatile unsigned char vu8;
typedef volatile unsigned long const vuc32;    /* Read Only */
typedef volatile unsigned short const vuc16;   /* Read Only */
typedef volatile unsigned char const vuc8;     /* Read Only */
```

并定义了三种状态位，这三个状态位是经常使用的:

```
FlagStatus, ITStatus; (RESET = 0, SET = !RESET)
FunctionalState; (DISABLE = 0, ENABLE = !DISABLE)
ErrorStatus; (ERROR = 0, SUCCESS = !ERROR)
```

C 语言小知识:

位操作在 STM32c 程序设计时常用,位运算符的书写和含义,如表 22-1 所示。

表 22-1　位运算的书写和含义

运算符	含义	运算符	含义
&	按位与	~	取反
|	按位或	>>	右移
^	按位异或	<<	左移

如不改变其他位的值,对某几位进行设置:

```
GPIOA->CRL&=0XFFFFFF0F;        //将第 2~8 位清 0
GPIOA->CRL|=0X00000040;        //设置相应位的值,不改变其他位的值
GPIOA->ODR|=1<<5;              //PA.5 输出高,不改变其他位
GPIOx->BSRR = (((uint32_t)0x01) << pinpos); //将第 pinpos 位设置为 1
```

C 语言中 extern 可以置于变量或者函数前,以表示变量或者函数的定义在别的文件中,提示编译器遇到此变量和函数时在其他模块中寻找其定义。注意,对于 extern 申明变量可以多次,但定义只有一次。如 extern u16 USART_RX_STA;表示该变量在其他文件中有定义,这里只是使用,像是整个工程的全局变量。

22.4　按　　键

1. 按键简介

按键即开关,当按键按下时连接按键两端电位,不按下则开路。通过检测 GPIO 口的状态,作出相应反应,常常用于反应控制状态。

2. 按键硬件

如图 22-4 所示,当 key1 按下时,GPIOA.1 为高电平,我们可以在 STM32 内部设置为上拉状态;key2 按下时 GPIO.2 为低电平。

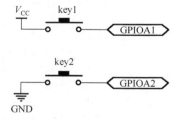

图 22-4　按键连接电路图

3. 按键软件

按键代码如下:

```
void KEY_Init_example(void)              //初始化
{
    GPIO_InitTypeDef GPIO_InitStructure;
    RCC_APB2PeriphClockCmd(RCC_APB2Periph_GPIOA,ENABLE);    //时钟使能
    GPIO_InitStructure.GPIO_Pin= GPIO_Pin_1                 //初始化 GPIOA.1
    GPIO_InitStructure.GPIO_Mode = GPIO_Mode_IPU;   //设置成上拉输入
```

```
        GPIO_Init(GPIOA, &GPIO_InitStructure);           //初始化 GPIOA
        GPIO_InitStructure.GPIO_Pin= GPIO_Pin_2;          //初始化 GPIOA.2
        GPIO_InitStructure.GPIO_Mode = GPIO_Mode_IPD;    //PA0 设置成输入，下拉
        GPIO_Init(GPIOA, &GPIO_InitStructure);           //初始化 GPIOA
    }
```

注意该函数中将 GPIO_Mode 设置成输入，这样初始化后检测按键的状态还需一个读取函数，即在 GPIO 一节中提到的 GPIO_ReadInputDataBit()函数，该函数能读取 GPIO 口的状态。比如，读取 GPIOA.1 的电平函数为

```
    GPIO_ReadInputDataBit(GPIOA, GPIO_Pin_1);
```

22.5　蜂　鸣　器

1. 蜂鸣器简介

蜂鸣器是一种一体化结构的电子器件，采用直流电压供电；蜂鸣器分有源和无源，这里的有源不是指电源的"源"，而是指有没有自带振荡电路，有源蜂鸣器自带了振荡电路，一通电就会发声；无源蜂鸣器则没有自带振荡电路，必须外部提供 2～5kHz 的方波驱动，才能发声。以有源的为例介绍蜂鸣器。

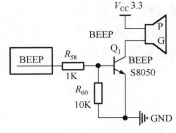

图 22-5　蜂鸣器电路原理图

2. 蜂鸣器硬件

采用三极管来驱动蜂鸣器，电路图如图 22-5 所示。

从电路图中看到，只要将 BEEP 端置高电平，蜂鸣器就能发声，置低电平就能停止；所以控制蜂鸣器变成了控制 GPIO 口的输出状态。约定 BEEP 连接 GPIOA.1 端口。

3. 蜂鸣器软件

蜂鸣器代码如下：

```
    void BEEP_Init_example(void)
    {
        GPIO_InitTypeDef   GPIO_InitStructure;
        RCC_APB2PeriphClockCmd(RCC_APB2Periph_GPIOB, ENABLE);   //时钟使能
        GPIO_InitStructure.GPIO_Pin = GPIO_Pin_1;  //BEEP-->PA.1 端口配置
        GPIO_InitStructure.GPIO_Mode = GPIO_Mode_Out_PP;    //推挽输出
        GPIO_InitStructure.GPIO_Speed = GPIO_Speed_50MHz;   //速度为 50MHz
        GPIO_Init(GPIOA, &GPIO_InitStructure);           //根据参数初始化 GPIOA.1
        GPIO_SetBits(GPIOA,GPIO_Pin_1);                  //输出 1，蜂鸣器发声
    }
```

不难看出，该函数和前面配置 GPIO 口控制 LED 的函数一样。

第 23 章　STM32 内部资源配置

23.1　STM32 串口 USART 的配置

在介绍 STM32 的其他资源之前，先学习一个工具——串口，将串口作为后续开发的调试工具，通过《STM32F107 参考手册》的第 514～548 页中了解到 STM32 的串口功能非常强大，它不仅支持最基本的通用串口同步、异步通信，还具有 LIN 总线功能(局域互联网)、IRDA 功能(红外通信)、SmartCard 功能等。所以它的重要性不言而喻。

Usart 由如下 7 个寄存器来描述：
- 数据寄存器(USART_DR)
- 状态寄存器(USART_SR)
- 波特比率寄存器(USART_BRR)
- 控制寄存器 1(USART_CR1)
- 控制寄存器 2(USART_CR2)
- 控制寄存器 3(USART_CR3)
- 保护时间和预分频寄存器(USART_GTPR)

STM32 的发送与接收数据是通过寄存器 USART_DR 来实现的，这是一个双寄存器，包含了 TDR 和 RDR。当向该寄存器写数据的时候，串口就会自动发送，当收到收据的时候，也是存在该寄存器内。该寄存器兼具读写功能，只使用了低 0～8 位。发送数据用函数：

```
void USART_SendData(USART_TypeDef* USARTx, uint16_t Data);
```

就是向 USART_DR 中写入数据，串口就自动发送了。接收数据用函数：

```
uint16_t USART_ReceiveData(USART_TypeDef* USARTx);
```

向 USART_DR 中读取串口接收到的数据。

USART_SR 读取串口的状态，USART_SR 寄存器的各位如图 23-1 所示。

31	30	29	28	27	26	25	24	23	22	21	20	19	18	17	16
保留															

15	14	13	12	11	10	9	8	7	6	5	4	3	2	1	0
保留						CTS	LBD	TXE	TC	RXNE	IDLE	ORE	NE	FE	PE
						rc w0	rc w0	r	rc w0	rc w0	r	r	r	r	r

图 23-1　USART_SR 寄存器

该寄存器的 5、6 位标志接收和发送完成；RXNE(读数据寄存器非空)，当该位被置 1 时，提示已经有数据被接收到了，并且可以读出来。这时要尽快去读取 USART_DR，通过读 USART_DR 可以将该位清零，也可以向该位写 0，直接清除。TC(发送完成)，当该位被置位的时候，表示 USART_DR 内的数据已经被发送完成了。如果设置了这个位的中断，则会产生中断。该位有两种清零方式：读 USART_SR，写 USART_DR；直接向该位写 0。读取串口的状态函数为：

```
FlagStatus USART_GetFlagStatus(USART_TypeDef* USARTx, uint16_t USART_FLAG);
```

该函数解释了串口的状态，如要知道发送是否完成，函数为：

```
USART_GetFlagStatus(USART1,USART_FLAG_TC);
```

其他几个寄存器参考《STM32F107 参考手册》第 544 页。下面来看看还有哪些常用库函数供串口使用，并一步一步地配置串口信息：

stm32f10x_usart.h 和 stm32f10x_usart.c 中包含了串口的相关函数和定义。因为是复用端口，根据我们学习 GPIO 的一贯思路，使能该端口，如下：

```
RCC_APB2PeriphClockCmd(RCC_APB2Periph_GPIOA,ENABLE);//对 GPIOA 端口时钟使能
RCC_APB2PeriphClockCmd(RCC_APB2Periph_USART1,ENABLE);//对该端口上的 USART1 使能
```

比起直接使用 GPIO 端口多了一个 USART1 使能。另外，还有一个串口复位函数，用于当该外设出现异常是复位设置，该函数为：

```
void USART_DeInit(USART_TypeDef* USARTx);
```

接下来看一下端口是怎么配置呢？《STM32F107》中 P110 提到如表 23-1 所示的配置。

表 23-1　USART 的 GPIO 口配置

USART 引脚	配置	GPIO 配置
USARTx_TX	全双工模式	推挽复用输出
	半双工同步模式	推挽复用输出
USARTx_RX	全双工模式	浮空输入或带上拉输入
	半双工同步模式	未用，可作为通用 I/O
USARTx_CK	同步模式	推挽复用输出
USARTx_RTS	硬件流量控制	推挽复用输出
USARTx_CTS	硬件流量控制	浮空输入或带上拉输入

从表格中可以看出，要配置全双工的串口 1，那么 TX 管脚需要配置为推挽复用输出，RX 管脚配置为浮空输入或者带上拉输入。即：

```
GPIO_InitStructure.GPIO_Pin = GPIO_Pin_9;           //PA.9
GPIO_InitStructure.GPIO_Speed = GPIO_Speed_50MHz;
GPIO_InitStructure.GPIO_Mode = GPIO_Mode_AF_PP;     //复用推挽输出
GPIO_Init(GPIOA, &GPIO_InitStructure);
GPIO_InitStructure.GPIO_Pin = GPIO_Pin_10;          //PA10
GPIO_InitStructure.GPIO_Mode = GPIO_Mode_IN_FLOATING;  //浮空输入
GPIO_Init(GPIOA, &GPIO_InitStructure);
```

配置好端口模式后，还要设置 USART1 中断的抢占优先级和响应优先级：

```
NVIC_InitStructure.NVIC_IRQChannel = USART1_IRQn;
NVIC_InitStructure.NVIC_IRQChannelPreemptionPriority = 3; //抢占优先级 3
NVIC_InitStructure.NVIC_IRQChannelSubPriority = 3;       //子优先级 3
NVIC_InitStructure.NVIC_IRQChannelCmd = ENABLE;         //IRQ 通道使能
NVIC_Init(&NVIC_InitStructure);         //根据指定的参数初始化 NVIC 寄存器
```

然后初始化 USART1 的参数(参考《STM32F107 参考手册》进行)，这些参数存储在 USART_InitTypeDef 结构体中，如下：

```
typedef struct
{
    uint32_t USART_BaudRate;            //串口波特率
    uint16_t USART_WordLength;          //字长
    uint16_t USART_StopBits;            //停止位
    uint16_t USART_Parity;              //奇偶校验
    uint16_t USART_Mode;                //串口模式
    uint16_t USART_HardwareFlowControl;          //是否支持硬件流控制
} USART_InitTypeDef;
```

配置如下：

```
USART_InitTypeDef USART_InitStructure;              //定义一个结构体变量
USART_InitStructure.USART_BaudRate = bound;         //一般设置为 9600;
USART_InitStructure.USART_WordLength = USART_WordLength_8b;  //字长为 8 位数据格式
USART_InitStructure.USART_StopBits = USART_StopBits_1;  //一个停止位
USART_InitStructure.USART_Parity = USART_Parity_No;     //无奇偶校验位
USART_InitStructure.USART_HardwareFlowControl=
        USART_HardwareFlowControl_None;             //无硬件数据流控制
USART_InitStructure.USART_Mode = USART_Mode_Rx | USART_Mode_Tx;  //收发
USART_Init(USART1, &USART_InitStructure);           //将内容传入，初始化
```

当初始化好时钟、中断、USART1 后开启中断就可以了：

```
USART_ITConfig(USART_TypeDef* USARTx, uint16_t USART_IT, FunctionalState NewState);
```

该函数开启中断,该函数第二个参数表示是使能那种类型的中断,如数据接收到时(RXNE 读数据寄存器非空)使能中断为：

```
USART_ITConfig(USART1, USART_IT_RXNE, ENABLE);
```

同样，可以使用 go to definition ...能查看有哪些中断类型。

```
USART_Cmd(USART1, ENABLE);
```

该函数使能串口 1。

这样就能使用串口来调试程序了。

23.2　时钟 RCC

23.2.1　时钟简介

STM32 芯片为了实现低功耗，设计了一个功能完善但却非常复杂的时钟系统。与其他单片机不同的是 STM32 在配置好寄存器后还要开启外设时钟。图 23-2 所示为时钟树，可以在《STM32F107 参考手册》位于第 53～73 页的时钟一章节中查看高清图及详细内容。

从时钟频率来说，又分为高速时钟和低速时钟，高速时钟是提供给芯片主体的主时钟，而低速时钟只是提供给芯片中的 RTC(实时时钟)及独立看门狗使用。

从芯片角度来说，时钟源分为内部时钟与外部时钟源，内部时钟是在芯片内部 RC 振荡

器产生的，起振较快，所以时钟在芯片刚上电的时候，默认使用内部高速时钟。而外部时钟信号是由外部的晶振输入的，在精度和稳定性上都有很大优势，所以上电之后再通过软件配置，转而采用外部时钟信号。

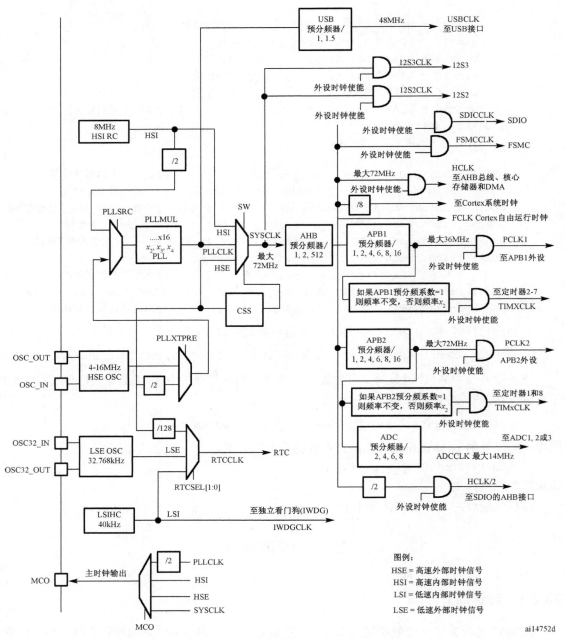

图 23-2　时钟树

STM32 有以下 5 个时钟源。

(1)高速外部时钟(HSE)：以外部晶振作时钟源，晶振频率可取范围为 4~16MHz，一般采用 8MHz 的晶振。STM32 中时钟控制寄存器(RCC_CR)中的 HSERDY 位用来指示高速外部振荡器是否稳定。在启动时，直到这一位被硬件置 1，时钟才被释放出来。如果在时钟中断寄存器(RCC_CIR)中允许产生中断，将会产生相应中断。HSE 晶体可以通过设置时钟控制寄存器(RCC_CR)中的 HSEON 位被启动和关闭。

(2)高速内部时钟(HSI)：HSI 时钟信号由内部 8MHz 的 RC 振荡器产生，可直接作为系统时钟或在 2 分频后作为 PLL 输入。HSI RC 振荡器能够在不需要任何外部器件的条件下提供系统时钟。它的启动时间比 HSE 晶体振荡器短。但时钟频率精度较差。可以通过控制/状态寄存器(RCC_CSR)里的 HSION 位来启动和关闭。

(3)低速外部时钟(LSE)：以外部晶振作时钟源，主要提供给实时时钟模块，所以一般采用 32.768kHz。通过在备份域控制寄存器(RCC_BDCR)里的 LSEON 位启动和关闭。在备份域控制寄存器(RCC_BDCR) 里的 LSERDY 指示 LSE 晶体振荡是否稳定。

(4)低速内部时钟(LSI)：由内部 RC 振荡器产生，也主要提供给实时时钟模块，频率大约为 40kHz。LSI 担当一个低功耗时钟源的角色，它可以在停机和待机模式下保持运行，为独立看门狗和自动唤醒单元提供时钟。可以通过控制/状态寄存器(RCC_CSR)里的 LSION 位来启动或关闭。

(5)PLL 时钟：当 PLL 以下述时钟源之一为输入时，产生倍频的输出。

①HSI 时钟除以 2。

②HSE 或通过一个可配置分频器的 PLL2 时钟。

认识了这五个时钟，来看一下它们对应的寄存器如表 23-2 所示。

表 23-2

时钟控制寄存器(RCC_CR)	时钟配置寄存器(RCC_CFGR)
APB2 外设复位寄存器(RCC_APB2RSTR)	APB1 外设复位寄存器(RCC_APB1RSTR)
APB2 外设时钟使能寄存器(RCC_APB2ENR)	APB1 外设时钟使能寄存器(RCC_APB1ENR)
AHB 外设时钟使能寄存器(RCC_AHBENR)	AHB 外设复位寄存器(RCC_AHBRSTR)
时钟中断寄存器(RCC_CIR)	备份域控制寄存器(RCC_BDCR)
控制/状态寄存器(RCC_CSR)	AHB 外设时钟复位寄存器(RCC_AHBRSTR)
时钟配置寄存器 2(RCC_CFGR2)	

参照图 23-2，以最常用的高速外部时钟为 8MHz 为例看一下时钟树的走向。

(1)从左端的 OSC_OUT 和 OSC_IN 开始，这两个引脚分别接到外部晶振的两端。

(2)8MHz 的时钟遇到了第一个分频器 PLLXTPRE(HSE divider for PLL entry)，在这个分频器中，可以通过寄存器配置，选择它的输出。它的输出时钟可以是对输入时钟的二分频或不分频。本例子中，选择不分频，所以经过 PLLXTPRE 后，还是 8MHz 的时钟。

(3)8MHz 的时钟遇到开关 PLLSRC(PLL entry clock source)，可以选择其输出，输出为外部高速时钟(HSE)或是内部高速时钟(HSI)。这里选择输出为 HSE，接着遇到锁相环 PLL，具有倍频作用，在这里可以输入倍频因子 PLLMUL(PLL multiplication factor)，经过 PLL 的时钟称为 PLLCLK。倍频因子设定为 9 倍频，经过 PLL 之后，时钟从原来 8MHz 的 HSE 变为 72MHz 的 PLLCLK。

(4)紧接着又遇到了一个开关 SW，经过这个开关之后就是 STM32 的系统时钟(SYSCLK)了。通过这个开关，可以切换 SYSCLK 的时钟源，可以选择为 HSI、PLLCLK、HSE。选择为 PLLCLK 时钟，所以 SYSCLK 就为 72MHz 了。

(5)PLLCLK 在输入到 SW 前，还流向了 USB 预分频器，这个分频器输出为 USB 外设的时钟(USBCLK)。

(6)回到 SYSCLK，SYSCLK 经过 AHB 预分频器，分频后再输入到其他外设。如输出到称为 HCLK、FCLK 的时钟，还直接输出到 SDIO 外设的 SDIOCLK 时钟、存储器控制器 FSMC 的 FSMCCLK 时钟，和作为 APB1、APB2 的预分频器的输入端。本例子设置 AHB 预分频器不分频，即输出的频率为 72MHz。

(7)GPIO 外设是挂载在 APB2 总线上的，APB2 的时钟是 APB2 预分频器的输出，而 APB2 预分频器的时钟来源是 AHB 预分频器。因此，把 APB2 预分频器设置为不分频，那么就可以得到 GPIO 外设的时钟也等于 HCLK，为 72MHz 了。

从时钟树的分析，看到经过一系列的倍频、分频后得到了几个重要的时钟 HCLK、FCLK、PCLK1、PCLK2。

(1)SYSCLK：系统时钟，STM32 大部分器件的时钟来源。主要由 AHB 预分频器分配到各个部件。

(2)HCLK：由 AHB 预分频器直接输出得到，它是高速总线 AHB 的时钟信号，提供给存储器，DMA 及 Cortex 内核，是 Cortex 内核运行的时钟，CPU 主频就是这个信号，它的大小与 STM32 运算速度，数据存取速度密切相关。

(3)FCLK：同样由 AHB 预分频器输出得到，是内核的"自由运行时钟"。"自由"表现在它不来自时钟 HCLK，因此在 HCLK 时钟停止时 FCLK 也继续运行。它的存在，可以保证在处理器休眠时，也能够采样到中断和跟踪休眠事件，它与 HCLK 互相同步。

(4)PCLK1：外设时钟，由 APB1 预分频器输出得到，最大频率为 36MHz，提供给挂载在 APB1 总线上的外设。

(5)PCLK2：外设时钟，由 APB2 预分频器输出得到，最大频率可为 72MHz，提供给挂载在 APB2 总线上的外设。

从图 23-2 可以看出 APB1 和 APB2 的区别：APB1 上面连接的是低速外设，包括电源接口、备份接口、CAN、USB、I2C1、I2C2、UART2、UART3 等；APB2 上面连接的是高速外设包括 UART1、SPI1、Timer1、ADC1、ADC2、所有普通 I/O 口（PA~PE）、第二功能 I/O 口等。

23.2.2 时钟硬件

时钟树，如图 23-2 所示。

23.2.3 时钟软件

时钟相关的所有函数、定义存放在 stm32f10x_rcc.h 和 stm32f10x_rcc.c 文件中；相关寄存器结构体定义及含义如下：

```
typedef struct
{
  __IO uint32_t CR;          //HSI,HSE,CSS,PLL 等的使能和就绪标志位
  __IO uint32_t CFGR;        //PLL 等的时钟元选择，分频系数设定
  __IO uint32_t CIR;         //请出、使能时钟就绪中断
  __IO uint32_t APB2RSTR;    //APB2 线上外设复位寄存器
  __IO uint32_t APB1RSTR;    //APB1 线上外设复位寄存器
  __IO uint32_t AHBENR;      //DMA,SDIO 等时钟使能
  __IO uint32_t APB2ENR;     //APB2 线上外设时钟使能
```

```
        __IO uint32_t APB1ENR;        //APB1 线上外设时钟使能
        __IO uint32_t BDCR;           //备份域控制寄存器
        __IO uint32_t CSR;            //控制状态寄存器
    }RCC_TypeDef;
```

时钟相关函数如下。

(1)时钟使能配置:

```
    RCC_HSEConfig() ;RCC_LSEConfig() ;RCC_HSICmd() ;RCC_DeInit()……
```

(2)时钟源配置:

```
    RCC_PLLConfig(); RCC_SYSCLKConfig();        RCC_RTCCLKConfig() ;……
```

(3)外设时钟使能:

```
    RCC_AHBPeriphClockCmd();      //AHB 线上外设时钟使能
    RCC_APB2PeriphClockCmd();     //APB2 线上外设时钟使能
    RCC_APB1PeriphClockCmd();     //APB1 线上外设时钟使能
```

(4)其他外设时钟配置:

```
    RCC_ADCCLKConfig();           //ADC 时钟配置
    RCC_USBCLKConfig();           //USB 时钟配置
```

(5)分频系数选择配置:

```
    RCC_HCLKConfig(); RCC_PCLK2Config() ; RCC_PCLK1Config() ;
```

(6)状态参数获取配置:

```
    RCC_GetClocksFreq();
```

(7)中断相关函数:

```
    RCC_ITConfig(); RCC_GetITStatus() ; RCC_ClearITPendingBit();
```

其中,在 system_stm32f10x.c 中有一个非常重要的关于时钟的函数 SystemInit();该函数是系统时钟使能函数。注意,该函数在 main 函数开始之前就已经执行了(ST 工程师通过一段汇编程序规定了该函数的执行),以保证系统在该时钟之下运行。

```
    void SystemInit (void)
    {
      RCC->CR |= (uint32_t)0x00000001;  //设置控制寄存器 CRC_CR 的 RESET 位置 1
      /* 设置 SW, HPRE, PPRE1, PPRE2, ADCPRE 和 MCO 位*/
#ifndef STM32F10X_CL
      RCC->CFGR &= (uint32_t)0xF8FF0000;
#else
      RCC->CFGR &= (uint32_t)0xF0FF0000;
#endif /* STM32F10X_CL */
      /*设置 HSEON, CSSON 和 PLLON 位 */
      RCC->CR &= (uint32_t)0xFEF6FFFF;
      /* 设置 HSEBYP 位 */
      RCC->CR &= (uint32_t)0xFFFBFFFF;
      /* 设置 PLLSRC, PLLXTPRE, PLLMUL 和 USBPRE/OTGFSPRE 位*/
      RCC->CFGR &= (uint32_t)0xFF80FFFF;
#ifdef STM32F10X_CL
```

```
    /*设置 PLL2ON 和 PLL3ON 位*/
    RCC->CR &= (uint32_t)0xEBFFFFFF;
    RCC->CIR = 0x00FF0000;
    /*设置 CFGR2 寄存器*/
    RCC->CFGR2 = 0x00000000;
#elif defined (STM32F10X_LD_VL) || defined (STM32F10X_MD_VL) || (defined
STM32F10X_HD_VL)
    RCC->CIR = 0x009F0000;
    /* 设置 CFGR2 寄存器*/
    RCC->CFGR2 = 0x00000000;
#else
    RCC->CIR = 0x009F0000;
#endif /* STM32F10X_CL */
#if defined (STM32F10X_HD) || (defined STM32F10X_XL) || (defined
STM32F10X_HD_VL)
    #ifdef DATA_IN_ExtSRAM
      SystemInit_ExtMemCtl();
    #endif /* DATA_IN_ExtSRAM */
#endif
    SetSysClock();//该函数是判断系统宏定义的时钟是多少，系统默认为 72M。
#ifdef VECT_TAB_SRAM
    SCB->VTOR = SRAM_BASE | VECT_TAB_OFFSET;
#else
    SCB->VTOR = FLASH_BASE | VECT_TAB_OFFSET;
#endif
    }
```

由以上配置后，可以得到系统初始时钟大小：

①SYSCLK(系统时钟) = 72MHz。

②AHB 总线时钟(使用 SYSCLK) = 72MHz。

③APB1 总线时钟(PCLK1) = 36MHz。

④APB2 总线时钟(PCLK2) = 72MHz。

⑤PLL 时钟 = 72MHz。

C 语言小知识:

上面程序中类似下面语句：

```
#ifndef STM32F10X_CL
    RCC->CFGR &= (uint32_t)0xF8FF0000;
#else
    RCC->CFGR &= (uint32_t)0xF0FF0000;
#endif
```

它的作用是，当 STM32F10X_CL 被定义过(一般用#define 定义的)，则执行

```
RCC->CFGR &= (uint32_t)0xF8FF0000;
```

否则执行

```
RCC->CFGR &= (uint32_t)0xF0FF0000;
```

是条件编译的一种。

23.2.4　滴答时钟 SysTick

Cortex_M3 的内核中包含了一个 SysTick 时钟，称为系统定时器。SysTick 为一个 24 位递减计数器，SysTick 设定初值并使能后，每经过 1 个系统时钟周期，计数值就减 1，这个脉冲计数值被保存到当前计数值寄存器 STK_VAL（SysTick current valueregister）中，直至计数到 0 时，SysTick 计数器自动重装初值并继续计数，同时内部的 COUNTFLAG 标志位会置位，触发中断(假如中断使能)。

使用 Cortex_M3 内核的 SysTick 作为定时时钟，设定每一毫秒产生一次中断，在中断处理函数里对 N 减 1，在 Delay(N) 函数中循环检测 N 是否为 0，不为 0 则进行循环等待，为 0 则关闭 SysTick 时钟，退出函数，延迟时间将不随系统时钟频率改变。

当然，要使 SysTick 进行以上工作必须要进行 SysTick 进行配置。有 4 个寄存器控制 SysTick 时钟如表 23-3～表 23-6 所示。

表 23-3　SysTick 控制及状态寄存器 CTRL（地址：0xE000_E010）

位段	名称	类型	复位值	描述
16	COUNTFLAG	R	0	如果在上次读取本寄存器后，SysTick 已经数到了 0，则该位为 1。如果读取该位，该位将自动清零
2	CLKSOURCE	R/W	0	0=外部时钟源 (STCLK) 1=内核时钟 (FCLK)
1	TICKINT	R/W	0	1=SysTick 倒数到 0 时产生 SysTick 异常请求 0=数到 0 时无动作
0	ENABLE	R/W	0	SysTick 定时器的使能位

表 23-4　SysTick 重装载数值寄存器 LOAD（地址：0xE000_E014）

位段	名称	类型	复位值	描述
23:0	RELOAD	R/W	0	当倒数至零时，将被重装载的值

表 23-5　SysTick 当前数值寄存器 VAL（地址：0xE000_E018）

位段	名称	类型	复位值	描述
23:0	CURRENT	R/Wc	0	读取时返回当前倒计数的值，写它则使之清零，同时还会清除在 SysTick 控制及状态寄存器中的 COUNTFLAG 标志

表 23-6　SysTick 校准数值寄存器 CALAB（地址：0xE000_E01C）

位段	名称	类型	复位值	描述
31	NOREF	R	-	1=没有外部参考时钟(STCLK 不可用) 0=外部参考时钟可用
30	SKEW	R	-	1=校准值不是准确的 10ms 0=校准值是准确的 10ms
23:0	TENMS	R/W	0	10ms 的时间内倒计数的格数。芯片设计者应该通过 Cortex-M3 的输入信号提供该数值。若该值读回零，则表示无法使用校准功能

寄存器结构体如下：

```
Typedef struct
{
    _IO uint32_t CTRL;
    _IO uint32_t LOAD;
```

```
    _IO uint32_t VAL;
    _I uint32_t CALAB;
}SysTick Type;
```

在库 3.50 中，与 SysTick 相关函数如下：

```
void SysTick_CLKSourceConfig(uint32_t SysTick_LKSource);//SysTick 时钟源选择
SysTick_Config(uint32_t ticks)//初始化，时钟为 HCLK，开启中断
```

SysTick 中断服务函数：

```
SysTick_Handler(void);
```

根据前面所学知识，我们可以设计一个使用 SysTick 产生的延时 Xus 的函数。

①首先计算出 Xus 需要多少个时钟周期 T。

②计算 RELOAD 寄存器的值。

③启动 SysTick。

④判断计数到 0 的标志位。

⑤清零，关闭计数器。

具体程序如下：

```
static u8   T_us=0;//us 延时倍乘数
void delay_init(u8 SYSCLK)
{//初始化延迟函数，SYSTICK(系统时钟)的时钟固定为 HCLK 时钟的 1/8
    SysTick_CLKSourceConfig(SysTick_CLKSource_HCLK_Div8);
    //bit2 清空,选择外部时钟, HCLK/8
    T_us=SYSCLK/8;
}
void delay_us(u32 xus)
{
    u32 temp;
    SysTick->LOAD=xus*T_us;                //时间加载
    SysTick->VAL=0x00;                     //清空计数器
    SysTick->CTRL=0x01 ;                   //开始倒数
    do
    {
        temp=SysTick->CTRL;
    }
    while(temp&0x01&&!(temp&(1<<16)));     //等待时间到达
    SysTick->CTRL=0x00;                    //关闭计数器
    SysTick->VAL=0X00;                     //清空计数器
}
```

23.2.5　复位

STM32F107xx 系列有三种复位方式：系统复位、电源复位和后备域复位。

（1）系统复位将复位除时钟控制寄存器 CSR 中的复位标志和备份区域中的寄存器以外的所有寄存器为它们的复位数值。当以下事件中的一件发生时，产生一个系统复位：

①NRST 引脚上的低电平(外部复位)。

②窗口看门狗计数终止(WWDG 复位)。

③独立看门狗计数终止(IWDG 复位)。

④软件复位(通过将 Cortex^{TM}-M3 中断应用和复位控制寄存器中的 SYSRESETREQ 位置 1，可实现软件复位。)。

⑤低功耗管理复位(在进入待机模式和停止模式产生低功耗管理复位)。

(2)电源复位将复位除了备份区域外的所有寄存器。当一下事件中之一发生时，产生电源复位：

①上电/掉电复位(POR/PDR 复位)。

②从待机模式中返回。

(3)备份区域拥有两个专门的复位，它们只影响备份区域，当以下事件中之一发生时，产生备份区域复位：

①软件复位，备份区域复位可由设置备份域控制寄存器(RCC_BDCR)中的 BDRST 位产生。

②在 VDD 和 VBAT 两者掉电的前提下，VDD 或 VBAT 上电将引发备份区域复位。

23.3　STM32 中断优先级管理 NVIC

23.3.1　NVIC 简介

STM32 中的中断很多，便于管理这些中断，提出了嵌套向量中断概念——NVIC(Nested Vectoted Interrupt Controller)。至于具体有哪些中断我们后面会陆续提到，这里只是熟悉 NVIC。

NVIC 是属于 Cortex 内核的器件，不可屏蔽中断(NMI)和外部中断都由它来处理，但 SYSTICK 不是由 NVIC 来控制的。

M3 内核支持 256 个中断，其中包含了 16 个内核中断和 240 个外部中断，并且具有 256 级的可编程中断设置。但 STM32 并没有使用 CM3 内核的全部东西，而是只用了它的一部分。STM32 有 84 个中断，包括 16 个内核中断和 68 个(对 107 系列而言，103 对应 60 个)可屏蔽中断，具有 16 级可编程的中断优先级。高优先级的中断能打断低优先级中断，而同等级别的中断要等待当前中断结束才响应。STM32 为了适应不同的优先级组合，设置了 Group 概念，组是一个大的框架，在组下分别配置了占先优先级和响应优先级。每个中断都有一个专门的寄存器(Interrupt Priority Registers)使用 4 个二进制位来描述优先级，Cortex_M3 定义了 8 位，但 STM32 只使用了 4 位，这也解释了上面提到的 16 级优先级。

23.3.2　NVIC 的软件

在 core_cm3.h 文件中定义了 NVIC 结构体如下：

```
typedef struct
{
__IO uint32_t   ISER[8];
                uint32_t RESERVED0[24];
__IO uint32_t   ICER[8];
                uint32_t RESERVED1[24];
__IO uint32_t   ISPR[8];
                uint32_t RESERVED2[24];
```

```
    __IO uint32_t  ICPR[8];
                   uint32_t RESERVED3[24];
    __IO uint32_t  IABR[8];
                   uint32_t RESERVED4[56];
    __IO uint8_t   IP[240];
                   uint32_t RESERVED5[644];
    __O  uint32_t STIR;
} NVIC_Type;
```

下面分别介绍这几个寄存器组。

(1) ISER[8]：全称是 Interrupt Set-Enable Registers，这是一个中断使能寄存器组。要使能某个中断，必须设置相应的 ISER 位为 1，使该中断被使能(这里仅仅是使能，还要配合中断分组、屏蔽、I/O 口映射等设置才算是一个完整的中断设置)。

(2) ICER[8]：全称是 Interrupt Clear-Enable Registers，与 ISER 的作用恰好相反，是用来清除某个中断的使能的寄存器。其对应位的功能也和 ICER 一样。这里要专门设置一个 ICER 来清除中断位，而不是向 ISER 写 0 来清除，是因为 NVIC 的这些寄存器都是写 1 有效的，写 0 是无效的。

(3) ISPR[8]：全称是 Interrupt Set-Pending Registers，是一个中断挂起控制寄存器组。每个位对应的中断和 ISER 是一样的。通过置 1，可以将正在进行的中断挂起，而执行同级或更高级别的中断，写 0 是无效的。

(4) ICPR[8]：全称是 Interrupt Clear-Pending Registers，是一个中断解挂控制寄存器组。其作用与 ISPR 相反，对应位也和 ISER 是一样的。通过设置 1，可以将挂起的中断解挂。写 0 无效。

(5) IABR[8]：全称是 Active Bit Registers，是一个中断激活标志位寄存器组。这是一个只读寄存器，通过它可以知道当前在执行的中断是哪一个。在中断执行完了由硬件自动清零。对应位所代表的中断和 ISER 一样，如果为 1，则表示该位所对应的中断正在被执行。

(6) IP[240]：全称是 Interrupt Priority Registers，是一个中断优先级控制的寄存器组。STM32 的中断分组与这个寄存器组密切相关。

这些 32 位的寄存器中每一位对应了一个中断通道相应的标志。比如地址在 0xE000E100 的 ISER[0]这个 32 位的寄存器，第 0 位是中断通道 0 的允许位，第 1 位是中断通道 1 的允许标志……第 31 位是中断通道 31 的允许位；接下来地址在 0xE000E104 的 ISER[1]则是中断通道 32～63 的允许位，ISER[2]是中断通道 62～68 的允许位，所以根据 STM32F107 系列的 68 个可屏蔽中断我们得知其实只需三位即可描述。ICER、ISPR、ICPR、IABR 的结构相同，只是含义不同。注意对这些寄存器的操作：写 1 表示置位或清除，写 0 无效。

因为 STM32 的中断多达 60 多个，所以 STM32 采用中断分组的办法来确定中断的优先级。IPR 寄存器组由 15 个 32bit 的寄存器组成，每个可屏蔽中断占用 8bit，这样总共可以表示 15×4=60 个可屏蔽中断。刚好和 STM32 的可屏蔽中断数相等。IP[0]的[31-24], [21-16], [13-8], [5-0]分别对应中断 1-0，依次类推，总共对应 68 个外部中断。前面提到每个可屏蔽中断占用的 8bit 并没有全部使用，而是只用了高 4 位。这 4 位又分为抢占优先级和子优先级。抢占优先级在前，子优先级在后。而这两个优先级各占几个位又要根据 SCB->AIRCR 中中断分组的设置来决定，如表 23-7 所示。

表 23-7 中断分组的设置

分组	AIRCR[10:8]	BIT[7:4]分配情况	分配结果
0	111	0:4	0 位抢占优先级，4 位响应优先级
1	110	1:3	1 位抢占优先级，3 位响应优先级
2	101	2:2	2 位抢占优先级，2 位响应优先级
3	100	3:1	3 位抢占优先级，1 位响应优先级
4	011	4:0	4 位抢占优先级，0 位响应优先级

通过表 23-7 看到分组与分配情况的联系。第 0 组，所有 4 位都用来配置响应优先级，即有 16 种中断向量都是只有响应属性；第 1 组，高 1 位用来配置抢占优先级，低 3 位用来配置响应优先级，即抢占优先级有 1 和 0 两种，响应优先级有 2^3=8 种。其他分组方法一样。

优先级总结：

(1)如果两个中断的抢占优先级和响应优先级都是一样的话，则看哪个中断先发生就先执行。

(2)高优先级的抢占优先级是可以打断正在进行的低抢占优先级中断的。而抢占优先级相同的中断，高优先级的响应优先级不可以打断低响应优先级的中断。

函数说明：

misc.c 文件中有中断优先级分组函数 void NVIC_PriorityGroupConfig()；比如要配置分组为 1，这样写就好了：

```
NVIC_PriorityGroupConfig(NVIC_PriorityGroup_1);
```

分好组后我们还要进行初始化，该文件中的 NVIC_Init(NVIC_InitTypeDef* NVIC_Init Struct)函数用来初始化。其中，**NVIC_InitTypeDef** 是一个结构体，跟踪该结构体发现有三个成员如下：

```
typedef struct
{
    uint8_t NVIC_IRQChannel;
    uint8_t NVIC_IRQChannelPreemptionPriority;
    uint8_t NVIC_IRQChannelSubPriority;
    FunctionalState NVIC_IRQChannelCmd;
} NVIC_InitTypeDef;
```

三个成员分别表示如下。

(1)NVIC_IRQChannel：定义初始化的是哪个中断，这个我们可以在 stm32f10x.h 中找到每个中断对应的名字。例如 ADC1_IRQn。

(2)NVIC_IRQChannelPreemptionPriority：定义这个中断的抢占优先级别。

(3)NVIC_IRQChannelSubPriority：定义这个中断的子优先级别。

(4)NVIC_IRQChannelCmd：该中断是否使能。

比如要使能 ADC1_IRQn 中断，设置抢占优先级为 2，响应优先级为 3，则有如下代码：

```
NVIC_InitTypeDef  ADC1_InitStructure;
ADC1_InitStructure.NVIC_IRQChannel = USART1_IRQn;          //串口 1 中断
ADC1_InitStructure.NVIC_IRQChannelPreemptionPriority=2;   //抢占优先级为 2
ADC1_InitStructure.NVIC_IRQChannelSubPriority = 3;        //响应优先级为 3
ADC1_InitStructure.NVIC_IRQChannelCmd = ENABLE;           //IRQ 通道使能
```

```
NVIC_Init(&ADC1_InitStructure); //根据上面指定的参数初始化 NVIC 寄存器
```

至于每种优先级还有一些关于清除中断，查看中断状态函数，这在后面使用每个中断的时候又介绍。

23.4　外部中断 EXTI

23.4.1　EXTI 简介

STM32 中对于互联型产品（107 属于互联型），外部中断/事件控制器由 20 个产生事件/中断请求的边沿检测器组成，对于其他产品，则有 19 个能产生事件/中断请求的边沿检测器。每个输入线可以独立地配置输入类型（脉冲或挂起）和对应的触发事件（上升沿或下降沿或者双边沿都触发）。它们的每个 I/O 口都可以作为外部中断输入口使用。外部中断详见《STM32107 参考手册》第 130～142 页中断和事件。

图 23-3 是外部中断、事件控制器框图。

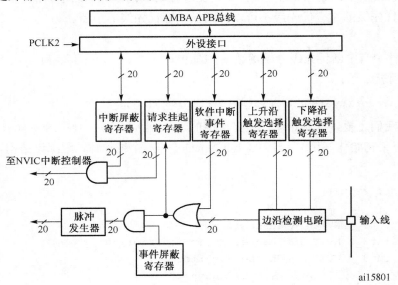

图 23-3　外部中断、事件控制器框图

在 STM32F107 中，20 个事件/中断请求的边沿检测器中 0～15 对应外部 I/O 口的输入中断，那我们前面说的所有 I/O 口都可以作为外部中断输入口明显不够用，所以所以通过复用的方式，使其对处理器来说来自 GPIO 的一共有 16 个中断 Px[15:0]。具体实现是 PA[0]、PB[0]、PC[0]、PD[0] 和 PE[0]共享一个 GPIO 中断；PA[1]、PB[1]、PC[1]、PD[1] 和 PE[1]共享一个 GPIO 中断；PA[15]、PB[15]、PC[15]、PD[15]和 PE[15]共享一个 GPIO 中断。所以设计硬件时要注意，不要将外部中断同时连接到以上一组中，这样保证了不冲突中断的处理。

23.4.2　EXTI 的软件

与 EXTI 相关的函数和定义在 stm32f10x_exti.c 和 stm32f10x_exti.h 文件中。下面按初始化按顺序查看配置 EXTI 常用函数。

为实现上面提到的将 GPIO 端口与中断线的映射关系，库函数为：

```
    void GPIO_EXTILineConfig(uint8_t GPIO_PortSource, uint8_t GPIO_PinSource);
```

依照编程的习惯，下面我们要初始化中断线了，用函数：

```
    void EXTI_Init(EXTI_InitTypeDef* EXTI_InitStruct);
```

跟踪参数的结构体为：

```
    typedef struct
    {
        uint32_t EXTI_Line;           //选择了待使能或者失能的外部线路，EXTI_Line00~19
        EXTIMode_TypeDef EXTI_Mode;          //中断模式，可选中断和事件两种
        EXTITrigger_TypeDef EXTI_Trigger; //触发方式，上升沿、下降沿和任意方式三种
        FunctionalState EXTI_LineCmd;      //使能，ENABLE
    }EXTI_InitTypeDef;
```

既然这么多中断，有必要设置优先级，用函数 NVIC_Init();该函数在 NVIC 一节中有详细介绍，这里不重复了。注意，STM32 的 I/O 口外部中断函数只有 6 个，与 51 单片机中的中断识别号有点类似，分别为：

```
    EXPORT EXTI0_IRQHandler
    EXPORT EXTI1_IRQHandler
    EXPORT EXTI2_IRQHandler
    EXPORT EXTI3_IRQHandler
    EXPORT EXTI4_IRQHandler
    EXPORT EXTI9_5_IRQHandler
    EXPORT EXTI15_10_IRQHandler
```

中断线 0～4 每个中断线对应一个中断函数，中断线 3～9 共用中断函数 EXTI9_5_IRQHandler，中断线 10～15 共用中断函数 EXTI15_10_IRQHandler。

另外，还有几个常用函数，ITStatus EXTI_GetITStatus(uint32_t EXTI_Line);该函数用于中断服务函数开头判断某个中断线上的中断是否发生，发生返回 SET，不发生返回 RESET；void EXTI_ClearITPendingBit(uint32_t EXTI_Line);该函数用于中断服务函数结束之前，清除中断标志位。还有两个函数与它们相似：EXTI_GetFlagStatus();和 EXTI_ClearFlag();

简单的按键触发中断服务程序如下：

```
    void EXTI0_IRQHandler(void)
    {
        delay_ms(10);//消抖
        if(KEY==0)   //按键 KEY
        {
            添加动作……
        }
        EXTI_ClearITPendingBit(EXTI_Line2);    //清除 LINE0 上的中断标志位
    }
```

23.5　定时器 TIME

23.5.1　TIME 简介

STM32 中将定时器分为三种：通用定时器(TIMx)(x=2,3,4,5)以及基本定时器(TIM6 和 TIM7，主要是用于产生 DAC 触发信号，也可当成通用的 16 位时基计数器)和高级定时器(TIM1 和 TIM8，可以被看成是分配到 6 个通道的三相 PWM 发生器，它具有带死区插入的互补 PWM

输出)。每个通用定时器都是完全独立的，没有互相共享的任何资源。另外，定时器还包括 2 个看门狗定时器，1 个系统嘀嗒定时器 SysTick。《STM32F107 参考手册》中有大篇幅介绍定时器，参见第 199～307 页。这几种定时器学习方法类似，我们先来看看通用定时器 TIM2。

通用定时器是一个通过可编程预分频器(PSC)驱动的 16 位自动装载计数器构成。它适用于多种场合，包括测量输入信号的脉冲长度(输入捕获)或者产生输出波形(输出比较和PWM)。使用定时器预分频器和 RCC 时钟控制器预分频器，脉冲长度和波形周期可以在几个微秒到几个毫秒间调整。通用定时器有如下强大的功能。

(1)16 位向上、向下、向上/向下自动装载计数器(TIMx_CNT)。

(2)16 位可编程(可以实时修改)预分频器(TIMx_PSC)，计数器时钟频率的分频系数为 1～65535 之间的任意数值。

(3)4 个独立通道(TIMx_CH1～4)，这些通道可以用来作为：

①输入捕获。

②输出比较。

③PWM 生成(边缘或中间对齐模式)。

④单脉冲模式输出。

(4)可使用外部信号(TIMx_ETR)控制定时器和定时器互连(可以用 1 个定时器控制另外一个定时器)的同步电路。

(5)如下事件发生时产生中断/DMA。

①更新：计数器向上溢出/向下溢出，计数器初始化(通过软件或者内部/外部触发)。

②触发事件(计数器启动、停止、初始化或者由内部/外部触发计数)。

③输入捕获。

④输出比较。

⑤支持针对定位的增量(正交)编码器和霍尔传感器电路。

⑥触发输入作为外部时钟或者按周期的电流管理。

预分频器可以将计数器的时钟频率按 1 到 65536 之间的任意值分频。它是基于一个(在TIMx_PSC 寄存器中的)16 位寄存器控制的 16 位计数器。因为这个控制寄存器带有缓冲器，它能够在运行时被改变。新的预分频器的参数在下一次更新事件到来时被采用。

23.5.2　TIME 的软件

通用定时器相关寄存器如表 23-8 所示。

表 23-8　通用定时器相关寄存器

控制寄存器 1(TIMx_CR1)	控制寄存器 2(TIMx_CR2)
从模式控制寄存器(TIMx_SMCR)	DMA/中断使能寄存器(TIMx_DIER)
状态寄存器(TIMx_SR)	事件产生寄存器(TIMx_EGR)
捕获/比较模式寄存器 1(TIMx_CCMR1)	捕获/比较模式寄存器 2(TIMx_CCMR2)
捕获/比较使能寄存器(TIMx_CCER)	计数器(TIMx_CNT)
预分频器(TIMx_PSC)	自动重装载寄存器(TIMx_ARR)
捕获/比较寄存器 1(TIMx_CCR1)	捕获/比较寄存器 2(TIMx_CCR2)
捕获/比较寄存器 3(TIMx_CCR3)	捕获/比较寄存器 4(TIMx_CCR4)
DMA 控制寄存器(TIMx_DCR)	连续模式的 DMA 地址(TIMx_DMAR)

几个重要的寄存器如下：

（1）TIMx_CR1（见《STM32F107 参考手册》第 282 页）各位定义如图 23-4 所示。

15	14	13	12	11	10	9	8	7	6	5	4	3	2	1	0
保留						CKD[1:0]		ARPE	CMS[1:0]		DIR	OPM	URS	UDIS	CEN
						rw	rw	rw	rw	rw	rw	rw	rw	rw	rw

位 15:10	保留，始终读 0。
位 9:8	CKD[1:0]: 时钟分频因子 定义在定时器时钟(CK_INT)频率与数字滤波器(ETR,TIx)使用的采样频率之间的分频比例 00: $t_{DTS}=t_{CK\_INT}$ 01: $t_{DTS}=2\times t_{CK\_INT}$ 10: $t_{DTS}=4\times t_{CK\_INT}$ 11: 保留
位 7	ARPE: 自动重装载预装载允许位 0: TIMx_ARR 寄存器没有缓冲 1: TIMx_ARR 寄存器被装入缓冲器
位 6:5	CMS[1:0]: 选择中央对齐模式 00: 边沿对齐模式。计数器依据方向位(DIR)向上或向下计数 01: 中央对齐模式 1。计数器交替地向上和向下计数。配置为输出的通道(TIMx_CCMRx 寄存器中 CCxS=00)的输出比较中断标志位，只在计数器向下计数时被设置 10: 中央对齐模式 2。计数器交替地向上和向下计数。计数器交替地向上和向下计数。配置为输出的通道(TIMx_CCMRx 寄存器中 CCxS=00)的输出比较中断标志位，只在计数器向上计数时被设置 11: 中央对齐模式 3。计数器交替地向上和向下计数。计数器交替地向上和向下计数。配置为输出的通道(TIMx_CCMRx 寄存器中 CCxS=00)的输出比较中断标志位，在计数器向上和向下计数时均被设置 注: 在计数器开启时(CEN=1)，不允许从边沿对齐模式转换到中央对齐模式
位 4	DIR: 方向 0: 计数器向上计数 1: 计数器向下计数 注: 当计数器配置为中央对齐模式或编码器模式时，该位为只读
位 3	OPM: 单脉冲模式 0: 在发生更新事件时，计数器不停止: 1: 在发生下一次更新事件(清除 CEN 位)时，计数器停止
位 2	URS: 更新请求源 软件通过该位选择 UEV 事件的源 0: 如果允许产生更新中断或 DMA 请求，则下述任一事件产生一个更新中断或 DMA 请求: - 计数器溢出/下溢 - 设置 UG 位 - 从模式控制器产生的更新 1: 如果允许产生更新中断或 DMA 请求，则只有计数器溢出/下溢才产生一个更新中断或 DMA 请求
位 1	UDIS: 禁止更新 软件通过该位允许/禁止 UEV 事件的产生 0: 允许 UEV。更新(UEV)事件由下述任一事件产生: - 计数器溢出/下溢 - 设置 UG 位 - 从模式控制器产生的更新 被缓存的寄存器被装入它们的预装载值 1: 禁止 UEV。不产生更新事件，影子寄存器(ARR、PSC、CCRx)保持它们的值。如果设置了 UG 位或从模式控制器发出了一个硬件复位，则计数器和预分频器被重新初始化
位 0	CEN: 使能计数器 0: 禁止计数器 1: 使能计数器 注: 在软件设置了 CEN 位后，外部时钟，门控模式或编码器模式才能工作。触发模式可以自动地通过硬件设置 CEN 位 在单脉冲模式下，当发生更新事件时，CEN 被自动清除

图 23-4　TIMx_CR1 寄存器各位定义

位 0：使能，置 1 开启定时器；

位 4：计数方向，默认向上，也可以设置向下；

位 5、6：设置计数对其方式；

位 8、9：设置定时器的时钟分频因子 1、2、4。

（2）TIMx_PSC 寄存器定义如图 23-5 所示。

偏移地址：0x28

复位值：0x0000

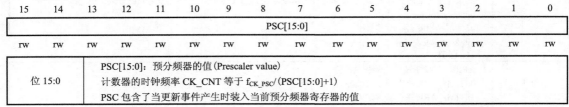

图 23-5　TIMx_PSC 寄存器定义

该寄存器用来设置对时钟的分频，然后提供给计数器作为计数器的时钟，定时器的时钟来源有 4 个：

① 内部时钟（CK_INT），从 APB1 倍频而来。

② 外部时钟模式 1：外部输入脚（TIx）。

③ 外部时钟模式 2：外部触发输入（ETR）。

④ 内部触发输入（ITRx）：使用 A 定时器作为 B 定时器的预分频器（A 为 B 提供时钟）。

具体选用哪种时钟可由 TIMx_SMCR 寄存器配置。

（3）TIMx_CNT 寄存器各位如图 23-6 所示。

偏移地址：0x24

复位值：0x0000

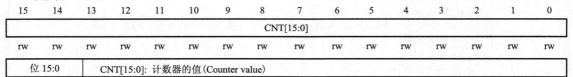

图 23-6　TIMx_CNT 寄存器定义

该寄存器装载定时器的计数值。

（4）TIMx_ARR 寄存器各位如图 23-7 所示。

15	14	13	12	11	10	9	8	7	6	5	4	3	2	1	0
ARR[15:0]															
rw	rw	rw	rw	rw	rw	rw	rw	rw	rw	rw	rw	rw	rw	rw	rw

位 15:0	ARR[15:0]：自动重装载的值（Auto reload value） ARR 包含了将要传送至实际的自动重装载寄存器的数值 当自动重装载的值为空时，计数器不工作

图 23-7　TIMx_ARR 寄存器定义

该寄存器在物理上实际对应着 2 个寄存器。一个是可以直接操作的，另外一个是用户看不到的，这个看不到的寄存器在《STM32F107 参考手册》里面被称为影子寄存器。根据

TIMx_CR1 寄存器中 APRE 位的设置：APRE=0 时，预装载寄存器的内容可以随时传送到影子寄存器，此时 2 者是连通的；而 APRE=1 时，在每一次更新事件(UEV)时，才把预装在寄存器的内容传送到影子寄存器。

　　TIMx_SR 寄存器来标记当前与定时器相关的各种事件/中断是否发生。比如位 6 的触发中断标志位。

　　下面按照编程思路看一下库函数里面一些关于定时器的函数和定义，它们在 stm32f10x_tim.c 和 stm32f10x_tim.h 文件中。

　　由《STM32F107 参考手册》第 29 页得知，TIM2～TIM7 是挂载在 APB1 上，而 TIM1 和 TIM8 在 APB2 上。所以使能 TIM2 时钟函数为：

```
RCC_APB1PeriphClockCmd(RCC_APB1Periph_TIM2, ENABLE);
```

初始化定时器：

```
TIM_TimeBaseInit(TIM_TypeDef* TIMx,TIM_TimeBaseInitTypeDef* TIM_TimeBaseInitStruct);
```

第二个参数结构体如下：

```
typedef struct
{
    uint16_t TIM_Prescaler;          //设置分频系数
    uint16_t TIM_CounterMode;        //计数方向，向上、向下、中央对齐
    uint16_t TIM_Period;             //自动重载计数周期
    uint16_t TIM_ClockDivision;      //分频因子
    uint8_t TIM_RepetitionCounter;   //该参数是对高级定时器的, 通用定时器暂时不理睬
} TIM_TimeBaseInitTypeDef;
```

　　同理，通过选取该结构体变量，利用 go to definition…查看取值范围。库函数里面提供的中断使能是函数：

```
TIM_ITConfig(TIM_TypeDef* TIMx, uint16_t TIM_IT, FunctionalState NewState);
```

　　说到中断少不了 NVIC_Init() 函数，该函数也是前面讲解过，在此不必重复了；使能 TIM2，开启定时器函数是：void TIM_Cmd(TIM_TypeDef* TIMx, FunctionalState NewState)；最后是中断服务函数，该函数实现当中断发生之后我们根据状态寄存器判断属于什么类型(函数 TIM_ITConfig() 的第二个参数决定的)的中断并要执行相应的操作，比如我们的中断使能函数是：TIM_ITConfig(TIM2, TIM_IT_Trigger, ENABLE)，选的是触发中断：TIM_IT_Trigger，那么在中断服务函数结束后要将状态标志位(TIMx_SR)的位 6(触发器中断标记位)置 0，清除标志位。当然了，这之前我们应该让处理器知道中断寄的存器状态，用函数：

　　ITStatus TIM_GetITStatus(TIM_TypeDef* TIMx, uint16_t)；用来判断我们的触发器中断是否发生，发生之后执行中断服务函数，之后清除中断标志位用函数：

　　void TIM_ClearITPendingBit(TIM_TypeDef* TIMx, uint16_t TIM_IT)，比如要清除定时器 TIM2 因触发器中断产生的标志位：TIM_ClearITPendingBit(TIM2, TIM_IT_Trigger)；其实库函数还提供了与之相似功能的两个函数，分别是：TIM_GetFlagStatus()；TIM_ClearFlag；只不过后者要先判断是否使能才去查看标志位。

　　TIM2 触发中断服务函数：

```
void TIM3_IRQHandler(void)                          //TIM3 中断
{
    if (TIM_GetITStatus(TIM2, TIM_IT_Trigger) != RESET)  // TIM2 触发中断是否发生
```

```
        {
            TIM_ClearITPendingBit(TIM2, TIM_IT_Trigger);      //清除 TIM3 更新中断标志
            添加动作……
        }
    }
```

23.5.3　PWM 简介

之所以 PWM 和定时器放在一节，是因为 PWM 与定时器息息相关，将使用定时器产生 PWM 信号。PWM(Pulse Width Modulation)脉冲宽度调制，利用数字输出进行模拟控制的一种非常常用的控制信号；在 STM32 中除基本定时器(TIM6 和 TIM7)不能产生 PWM 外其他定时器都能。STM32 中高级定时器(TIM1 和 TIM8)能产生多达 7 路 PWM，通用定时器也能同时产生多达 4 路的 PWM 输出，我们这里使用 TIM2 的 CH1 产生一路 PWM。详细参考《STM32F107 参考手册》中第 269～271 页。

23.5.4　PWM 软件

除了上一节的几个配置定时器的寄存器外，与 PWM 相关的定时器寄存器如下：
- 捕获/比较模式寄存器(TIMx_CCMR1/2)
- 捕获/比较使能寄存器(TIMx_CCER)
- 捕获/比较寄存器(TIMx_CCR1~4)

(1)TIMx_CCMR1/2：该寄存器总共有 2 个，TIMx_CCMR1 和 TIMx_CCMR2。TIMx_CCMR1 控制 CH1 和 CH2，而 TIMx_CCMR2 控制 CH3 和 CH4。见《STM32F107 参考手册》第 288 页。该寄存器有个模式设置位 OC1M[2:0]，我们配置 PWM 模式，所以只能配置成：110(PWM 模式 1)和 111(PWM 模式 2)，模式 1 和模式 2 电平刚好相反。如 CH1 通道模式位是 TIMx_CCMR1 的 OC1M[2:0]位，输出比较 1 模式的 PWM 模式。

(2)TIMx_CCER：该寄存器是各个输入/输出通道的开关，各位如图 23-8 所示。

15	14	13	12	11	10	9	8	7	6	5	4	3	2	1	0
保留		CC4P	CC4E	保留		CC3P	CC3E	保留		CC2P	CC2E	保留		CC1P	CC1E
		rw	rw			rw	rw			rw	rw			rw	rw

位 1	CC1P: 输出/捕获 1 输出极性(Capture/Compare 1 output polarity) CC1 通道配置为输出： 0: OC1 高电平有效 1: OC1 低电平有效 CC1 通道配置为输入： 该位选择是 IC1 还是 IC1 的反相信号作为触发或捕获信号 0: 不反相：捕获发生在 IC1 的上升沿，当用作外部触发器时，IC1 不反相 1: 反相：捕获发生在 IC1 的下降沿，当用作外部触发器时，IC1 反相
位 0	CC1E: 输入/捕获 1 输出使能(Capture/Compare 1 output enable) CC1 通道配置为输出： 0: 关闭—OC1 禁止输出 1: 开启—OC1 信号输出到对应的输出引脚 CC1 通道配置为输入： 该位决定了计数器的值是否能捕获 TIMx_CCR1 寄存器。 0: 捕获禁止 1: 捕获使能

图 23-8　寄存器 TIMx_CCER

我们用到 CC1E 位，该位是输入/捕获 1 输出使能位，要想 PWM 从 I/O 口输出，这个位必须设置为 "1"。

（3）TIMx_CCR1：该寄存器的值与 TIMx_CNT 比较，通过修改这个寄存器的值，就可以控制 PWM 的脉宽输出，实质是 CCRx 里面的值与计数器寄存器 TIMx_CNT 的值比较时，当 CCRx 里面的值大于计数器寄存器的值，配置的 PWM 管脚输出高电平，等于或小于的时候输出低电平。

另外，频率是由自动重装载寄存器：TIMx_ARR 来决定的，计数器寄存器的一个周期就是该 PWM 的一个周期，如图 23-9 所示，阐述了计数器寄存器与输出管脚的高低电平关系。

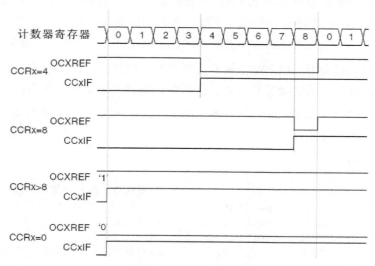

图 23-9 占空比调制原理

TIMx_CCR1 各位如图 23-10 所示。

15	14	13	12	11	10	9	8	7	6	5	4	3	2	1	0
							CCR1[15:0]								
rw	rw	rw	rw	rw	rw	rw	rw	rw	rw	rw	rw	rw	rw	rw	rw

位 15	CCR1[15:0]: 捕获/比较 1 的值（Capture/Compare1 value） 若 CC1 通道配置为输出： CCR1 包含了装入当前捕获/比较 1 寄存器的值（预装载值） 如果在 TIMx_CCMR1 寄存器（OC1PE 位）中未选择预装载特性，写入的数值会被立即传输至当前寄存器中。 否则只有当更新事件发生时，此预装载值才传输至当前捕获/比较 1 寄存器中 当前捕获/比较寄存器参与同计数器 TIMx_CNT 的比较，并在 OC1 端口上产生输出信号 若 CC1 通道配置为输入： CCR1 包含了由上一次输入捕获 1 事件（IC1）传输的计数器值

图 23-10 寄存器 TIMx_CCR1

与 PWM 相关文件位于 stm32f10x_tim.c 和 stm32f10x_tim.h 中，用的定时器那一套。下面顺序看一下怎么配置 PWM 输出，并用些什么函数来实现：

```
RCC_APB1PeriphClockCmd(RCC_APB1Periph_TIM2, ENABLE); //使能定时器 TIM2 时钟;
```

接着配置复用端口输出，需要时按照手册的通用定时器引脚模式来配置就好了，如表 23-9 所示。

表 23-9　通用定时器 TIM2/3/4/5

TIM2/3/4/5 引脚	配　置	GPIO 配置
TIM2/3/4/5_CHx	输入捕获通道 x	浮空输入
	输入比较通道 x	推挽复用输出
TIM2/3/4/5_ETR	外部触发时钟输入	浮空输入

程序为：

```
GPIO_InitStructure.GPIO_Mode = GPIO_Mode_AF_PP; //复用推挽输出
```

初始化 TIM2，设置 ARR 和 PSC（这两个寄存器用于控制 PWM 的输出周期）。该函数是 TIM_TimeBaseInit()，在定时器一节已介绍过，在此不再重复，如下：

```
TIM_TimeBaseInit(TIM_TypeDef* TIMx,TIM_TimeBaseInitTypeDef* TIM_TimeBaseInitStruct);
```

使能 TIM2 的 CH1 输出，以 PWM 模式设置 TIM2_CH1，而 TIM2_CH1 受 TIM3_CCMR1 寄存器控制，控制该寄存器的函数是通道选择函数，选择通道 1 的函数为：

```
void TIM_OC1Init(TIM_TypeDef* TIMx,TIM_OCInitTypeDef* TIM_OCInitStruct);
```

其中第二个参数的结构体：

```
typedef struct
{
    uint16_t TIM_OCMode;            //模式是 PWM 还是输出比较
    uint16_t TIM_OutputState;       //使能 PWM 输出到端口
    uint16_t TIM_OutputNState;      //高级定时器用
    uint16_t TIM_Pulse;
    uint16_t TIM_OCPolarity;        //设置极性是高还是低
    uint16_t TIM_OCNPolarity;       //高级定时器用
    uint16_t TIM_OCIdleState;       //高级定时器用
    uint16_t TIM_OCNIdleState;      //高级定时器用
}TIM_OCInitTypeDef;
```

《STM 32F107 参考手册》告诉我们必须设置 TIMx_CCMRx 寄存器 OCxPE 位以使能相应的预装载寄存器，最后还要设置 TIMx_CR1 寄存器的 ARPE 位，（在向上计数或中心对称模式中）使能自动重装载的预装载寄存器。所以用函数：TIM_OC1PreloadConfig(TIM2,TIM_OCPreload_Enable)；前面我们初始化了 TIM2，现在要使能 TIM2，用函数 TIM_Cmd(TIM2, ENABLE)；该函数在定时器一节也介绍过。

初始化 PWM 函数如下：

```
void TIM2_PWM_Init(void)
{
    TIM_TimeBaseInitTypeDef  TIM_TimeBaseStructure;
    TIM_OCInitTypeDef  TIM_OCInitStructure;
    const uint16_t Period_Val = 1020;
    __IO uint16_t CCR1_Val = Period_Val/2;
    __IO uint16_t CCR2_Val = Period_Val-20;
    uint16_t PrescalerValue = 0;
    PrescalerValue = (uint16_t)(SystemCoreClock / 24000000) - 1;
    TIM_TimeBaseStructure.TIM_Period = Period_Val;
                        //改变这个值就是该变频率，f=72M 经分频/Period_Val
```

```
TIM_TimeBaseStructure.TIM_Prescaler = PrescalerValue;    //2
TIM_TimeBaseStructure.TIM_ClockDivision = 0;
TIM_TimeBaseStructure.TIM_CounterMode = TIM_CounterMode_Up;
TIM_TimeBaseInit(TIM2, &TIM_TimeBaseStructure);
TIM_OCInitStructure.TIM_OCMode = TIM_OCMode_PWM2;
TIM_OCInitStructure.TIM_OutputState = TIM_OutputState_Disable;
TIM_OCInitStructure.TIM_Pulse = CCR1_Val;
TIM_OCInitStructure.TIM_OCPolarity = TIM_OCPolarity_High;
TIM_OC1Init(TIM2, &TIM_OCInitStructure);
TIM_OC1PreloadConfig(TIM2, TIM_OCPreload_Enable);
TIM_OCInitStructure.TIM_OutputState = TIM_OutputState_Disable;
TIM_OCInitStructure.TIM_Pulse = CCR2_Val;
TIM_OC2Init(TIM2, &TIM_OCInitStructure);
TIM_OC2PreloadConfig(TIM2, TIM_OCPreload_Enable);
TIM_ITConfig(TIM2, TIM_IT_CC1 | TIM_IT_CC2, ENABLE);
TIM_Cmd(TIM2, ENABLE);
NVIC_TIM2Configuration();
}
```

现在 PWM 就开始输出了，不过现在的占空比和频率都是固定的，前面提到，修改 TIM2_CCR1 则可以控制 CH1 输出不同的占空比，函数为：

```
void TIM_SetCompare2(TIM_TypeDef* TIMx, uint16_t Compare2);
```

而频率则有系统时钟经分频实现，可以改变该分频系数改变频率。

思考：怎么用定时器来实现一个 DAC？

提示：用 PWM 模拟电压。

23.6　ADC

23.6.1　ADC 简介

STM32 的 12 位 ADC 是一种逐次逼近型模拟数字转换器。它有多达 18 个通道，可测量 16 个外部和 2 个内部信号源。各通道的 A/D 转换可以单次、连续、扫描或间断模式执行。ADC 的结果可以左对齐或右对齐方式存储在 16 位数据寄存器中。模拟看门狗特性允许应用程序检测输入电压是否超出用户定义的高/低阈值。ADC 的输入时钟不得超过 14MHz，它是由 PCLK2 经分频产生。详见《STM32F107 参考手册》第 155 页。

1. 间断模式

（1）规则组：由多达 16 个转换组成，规则通道和它们的转换顺序在 ADC_SQRx 寄存器中选择，规则组中转换的总数应写入 ADC_SQR1 寄存器的 L[3:0] 位中。

（2）注入组：由多达 4 个转换组成，注入通道和它们的转换顺序在 ADC_JSQR 寄存器中选择，注入组里的转换总数目应写入 ADC_JSQR 寄存器的 L[1:0] 位中，如果 ADC_SQRx 或 ADC_JSQR 寄存器在转换期间被更改，当前的转换被清除，一个新的启动脉冲将发送到 ADC 以转换新选择的组。

2. 单与多

单次转换模式下，ADC 至执行一次转换。

在连续模式下，当前面 ADC 转换一结束马上就启动另一次转换。

3. 中断与标志

ADC 中断与标志如表 23-10 所示。

表 23-10　ADC 中断与标志

中断事件	事件标志	使能控制位
规则组转换结束	EOC	EOCIE
注入组转换结束	JEOC	JEOCIE
设置了模拟看门狗状态位	AWD	AWDIE

23.6.2　ADC 的硬件

ADC 引脚如表 23-11 所示。

表 23-11　ADC 引脚

名称	信号类型	注释
V_{ref+}	输入，模拟参考正极	ADC 使用的高端/正极参考电压，$2.4V \leqslant V_{ref+} \leqslant V_{DDA}$
V_{DDA}	输入，模拟电源	等效于 V_{DD} 的模拟电源，$2.4V \leqslant V_{DD} \leqslant V_{CC}(3.6V)$
V_{ref-}	输入，模拟参考负极	ADC 使用的低端/负极参考电压，$V_{ref-} = V_{SSA}$
V_{SSA}	输入，模拟电源地	等效于 V_{SS} 的模拟电源地
ADCx_IN[15:0]	模拟输入信号	16 个模拟输入通道

STM32 将 ADC 的转换分为 2 个通道组：规则通道组和注入通道组。规则通道相当于正常运行的程序，而注入通道呢，就相当于中断。在程序正常执行的时候，中断是可以打断你的执行的。同这个类似，注入通道的转换可以打断规则通道的转换，在注入通道被转换完成之后，规则通道才得以继续转换。

23.6.3　ADC 软件

ADC 相关寄存器如下：

* ADC 状态寄存器（ADC_SR）
* ADC 控制寄存器 1（ADC_CR1）
* ADC 控制寄存器 2（ADC_CR2）
* ADC 采样时间寄存器 1（ADC_SMPR1）
* ADC 采样时间寄存器 2（ADC_SMPR2）
* ADC 看门狗高阈值寄存器（ADC_HTR）
* ADC 看门狗低阈值寄存器（ADC_LRT）
* ADC 规则序列寄存器 1（ADC_SQR1）
* ADC 规则序列寄存器 2（ADC_SQR2）
* ADC 规则序列寄存器 3（ADC_SQR3）
* ADC 注入序列寄存器（ADC_JSQR）
* ADC 规则数据寄存器（ADC_DR）

・ADC 注入通道数据偏移寄存器 x（ADC_JOFRx）（x=1..4）

・ADC 注入数据寄存器 x（ADC_JDRx）（x= 1..4）

简单介绍以下几个寄存器。

（1）ADC_CR1 的 SCAN 位，该位用于设置扫描模式，由软件设置和清除，如果设置为 1，则使用扫描模式，如果为 0，则关闭扫描模式。在扫描模式下，由 ADC_SQRx 或 ADC_JSQRx 寄存器选中的通道被转换。如果设置了 EOCIE 或 JEOCIE，只在最后一个通道转换完毕后才会产生 EOC 或 JEOC 中断。

（2）ADC_CR2 的 ADCON 用于开启 AD 转换器，它的 CONT 位用于设置连续转换，所以单次转换置 0，它的 CAL 和 RSTCAL 用于 AD 校准，它的 ALIGN 位用于设置数据对齐，如使用右对齐，该位置 0；它的 SWSTART 位用于开始规则通道的转换，如单次转换模式下每次都要向该位写 1。

（3）ADC_SMPR1 和 ADC_SMPR2 是 ADC 采样时间寄存器，这两个寄存器用于设置通道 0～17 的采样时间，每个通道占用 3 个位。ADC 的转换时间可以由以下公式计算：

$$Tcovn=采样时间+12.5 个周期$$

其中：Tcovn 为总转换时间，采样时间是根据每个通道的 SMPR 位的设置来决定的。例如，当 ADCCLK=14MHz 的时候，并设置 1.5 个周期的采样时间，则得到：Tcovn=1.5+12.5=14 个周期=1μs。

（4）ADC_SQR1～3 是 ADC 的规则序列寄存器。该寄存器中的 AD 转换结果将被保存在 ADC 规则数据寄存器（ADC_DR）中。值得注意的是，ADC_DR 寄存器的数据可以通过 ADC_CR2 的 ALIGN 位设置左对齐还是右对齐。

（5）ADC_SR，状态寄存器，该寄存器保存了 ADC 转换的状态位，如图 23-11 所示。

31	30	29	28	27	26	25	24	23	22	21	20	19	18	17	16
							保留								

15	14	13	12	11	10	9	8	7	6	5	4	3	2	1	0
				保留							STRT	JSTRT	JEOC	EOC	AWD
											rc w0	rc w0	rc w0	rc w0	rc w0

位 31:15	保留。必须保持为 0
位 4	STRT: 规则通道开始位（Regular channel Start flag） 该位由硬件在规则通道转换开始时设置，由软件清除 0: 规则通道转换未开始 1: 规则通道转换已开始
位 3	JSTRT: 注入通道开始位（Injected channel Start flag） 该位由硬件在注入通道组转换开始时设置，由软件清除 0: 注入通道组转换未开始 1: 注入通道组转换已开始
位 2	JEOC: 注入通道转换结束位（Injected channel end of conversion） 该位由硬件在所有注入通道组转换结束时设置，由软件清除 0: 转换未完成 1: 转换完成
位 1	EOC: 转换结束位（End of conversion） 该位由硬件在（规则或注入）通道组转换结束时设置，由软件清除或读取 ADC_DR 时清除 0: 转换未完成 1: 转换完成
位 0	AWD: 模拟看门狗标志位（Analog watchdog flag） 该位由硬件在转换的电压值超出了 ADC_LTR 和 ADC_HTR 寄存器定义的范围时设置，由软件清除 0: 没有发生模拟看门狗事件 1: 发生模拟看门狗事件

图 23-11　状态寄存器各位描述

注意：ADC 的通道对应哪个管脚它是有规定的，用户不能随意定义。在 STM32107VCT6 的数据手册中，可以看到图 23-12 所示 ADC 管脚规定。

F1	8	15	PC0	I/O	PC0	ADC12_IN10	
F2	9	16	PC1	I/O	PC1	ADC12_IN11/ ETH_MII_MDC/ ETH_RMII_MDC	
E2	10	17	PC2	I/O	PC2	ADC12_IN12/ ETH_MII_TXD2	
F3	11	18	PC3	I/O	PC3	ADC12_IN13/ ETH_MII_TX_CLK	
G1	12	19	V_{SSA}	S	V_{SSA}		
H1	-	20	V_{REF-}	S	V_{REF-}		
J1	-	21	V_{REF+}	S	V_{REF+}		
K1	13	22	V_{DDA}	S	V_{DDA}		
G2	14	23	PA0-WKUP	I/O	PA0	WKUP/USART2_CTS(7)/ ADC12_IN0/TIM2_CH1_ETR TIM5_CH1/ ETH_MII_CRS_WKUP	
H2	15	24	PA1	I/O	PA1	USART2_RTS(7)/ADC12_IN1/ TIM5_CH2 /TIM2_CH2(7)/ ETH_MII_RX_CLK/ ETH_RMII_REF_CLK	

图 23-12　ADC 管脚规定

比如，ADC12_IN0 对应的是 PA0，ADC12_IN1 对应的是 PA1，ADC12 指的是 ADC1 和 ADC2 的通道 0 对应是一个管脚，如都是 PA0。

以单次转换为例说明，相关函数和定义见 stm32f10x_adc.c 和 stm32f10x_adc.h 文件中。

```
RCC_APB2PeriphClockCmd(RCC_APB2Periph_GPIOA|RCC_APB2Periph_ADC1,ENABLE);
//使能 ADC1 通道时钟
RCC_ADCCLKConfig(RCC_PCLK2_Div6);
//设置 ADC 分频因子 6，72M/6=12,ADC 最大时间不能超过 14M
GPIO_InitTypeDef GPIO_InitStructure;
GPIO_InitStructure.GPIO_Pin =GPIO_Pin_1;          //PA1 作为模拟通道输入引脚
GPIO_InitStructure.GPIO_Mode = GPIO_Mode_AIN;    //模拟输入
GPIO_Init(GPIOA, &GPIO_InitStructure);            //初始化 GPIOA
接着，ADC_DeInit(ADC1);         //复位 ADC1,将外设 ADC1 的全部寄存器重设为缺省值
```

下面初始化 ADC，void ADC_Init(ADC_TypeDef* ADCx, ADC_InitTypeDef* ADC_InitStruct)；其中第二个参数结构体为：

```
typedef struct
{
    u32 ADC_Mode;                       //工作在独立或者双 ADC 模式
    FunctionalState ADC_ScanConvMode;           //多通道还是单通道模式
    FunctionalState ADC_ContinuousConvMode;     //单次还是连续模式
    u32 ADC_ExternalTrigConv;         //使用外部触发来启动规则通道的模数转换还是使用软件
    u32 ADC_DataAlign;                //向左对齐还是向右对齐
    u8 ADC_NbrOfChannel;              //规定了顺序进行规则转换的 ADC 通道的数目
} ADC_InitTypeDef
```

配置如下：

```
ADC_InitStructure.ADC_Mode = ADC_Mode_Independent;       //ADC 独立模式
ADC_InitStructure.ADC_ScanConvMode = DISABLE;            //单通道模式
ADC_InitStructure.ADC_ContinuousConvMode = DISABLE;      //单次转换模式
```

```
ADC_InitStructure.ADC_ExternalTrigConv = ADC_ExternalTrigConv_None;
//转换由软件而不是外部触发启动
ADC_InitStructure.ADC_DataAlign = ADC_DataAlign_Right; //ADC 数据右对齐
ADC_InitStructure.ADC_NbrOfChannel = 1; //顺序进行规则转换的 ADC 通道的数目
ADC_Cmd(ADC1, ENABLE);                  //使能指定的 ADC1
ADC_ResetCalibration(ADC1);             //开启复位校准
while(ADC_GetResetCalibrationStatus(ADC1));       //等待复位校准结束
ADC_StartCalibration(ADC1);             //开启 AD 校准
while(ADC_GetCalibrationStatus(ADC1));             //等待校准结束
```

（注意：为了能够正确地配置每一个 ADC 通道，用户在调用 ADC_Init()之后，必须调用 ADC_ChannelConfig()来配置每个所使用通道的转换次序和采样时间。）

```
ADC_RegularChannelConfig(ADC1, ch, 1, ADC_SampleTime_239Cycles5 );
//设置指定 ADC 的规则组通道，设置它们的转化顺序和采样时间，通道 1 规则采样顺序值为 1,
采样时间为 239.5 周期
ADC_SoftwareStartConvCmd(ADC1,ENABLE); //使能指定的 ADC1 的软件转换启动功能
while(!ADC_GetFlagStatus(ADC1,ADC_FLAG_EOC));      //等待转换结束
return ADC_GetConversionValue(ADC1);       //返回最近一次 ADC1 规则组的转换结果
```

如此一来就可以得到 ADC 的数值，继续后续工作。

23.7　看　门　狗

23.7.1　独立看门狗介绍

STM32F107 内置两个看门狗，提供了更高的安全性、时间的精确性和使用的灵活性。两个看门狗设备(独立看门狗和窗口看门狗)可用来检测和解决由软件错误引起的故障；当计数器达到给定的超时值时，触发一个中断(仅适用于窗口型看门狗)或产生系统复位。独立看门狗(IWDG)由专用的低速时钟(LSI)驱动，即使主时钟发生故障它也仍然有效。详细参考《STM32F107 参考手册》的第 316～319 页。

23.7.2　窗口看门狗介绍

窗口看门狗由从 APB1 时钟分频后得到时钟驱动，通过可配置的时间窗口来检测应用程序非正常的过迟或过早的操作。除非递减计数器的值在 T6 位变成 0 前被刷新，看门狗电路在达到预置的时间周期时，会产生一个 MCU 复位。在递减计数器达到窗口寄存器数值之前，如果 7 位的递减计数器数值(在控制寄存器中)被刷新，那么也将产生一个 MCU 复位。这表明递减计数器需要在一个有限的时间窗口中被刷新。详细参考《STM32F107 参考手册》的第 320～323 页。

23.8　待　机　唤　醒

23.8.1　待机唤醒简介

STM32 的低功耗模式有 3 种：

(1)睡眠模式(CM3 内核停止,外设仍然运行)。

(2)停止模式(所有时钟都停止)。

(3)待机模式(1.8V 内核电源关闭)。

在这三种低功耗模式中,最低功耗的是待机模式,在此模式下,最低需要 2μA 左右的电流。停机模式是次低功耗的,其典型的电流消耗在 20μA 左右。最后就是睡眠模式了。用户可以根据自己的需求来决定使用哪种低功耗模式。该部分在《STM32F17 参考手册》第 37 页。

什么是待机模式呢?该模式下整个 1.8V 供电区域被断电;PLL、HSI 和 HSE 振荡器也被断电;SRAM 和寄存器内容丢失;仅备份的寄存器和待机电路维持供电。

在以下条件下执行 WFI 或 WFE 指令便可进入待机模式:

(1)设置 Cortex_M3 系统控制寄存器中的 SLEEPDEEP 位。

(2)设置电源控制寄存器 PWR_CR 中的 PDDS 位。

(3)清除电源控制、状态寄存器 PWR_CSR 中的 WUF 位。

在以下情况下退出待机模式:

(1)WKUP 引脚的上升沿。

(2)RTC 闹钟。

(3)NRST 引脚上外部复位。

(4)IWDG 复位。

从待机唤醒后,除了电源控制状态寄存器(PWR_CSR)外,其余寄存器都被复位,也包括唤醒后的代码。在进入待机模式后,除了复位引脚以及被设置为防侵入或校准输出时的TAMPER 引脚和被使能的唤醒引脚(WK_UP 脚)外,其他的 I/O 引脚都将处于高阻态。

23.8.2　待机唤醒的软件

与待机模式相关的两个寄存器:PWR_CR 和 PWR_CSR,PWR_CR 各位如图 23-13 所示。

31	30	29	28	27	26	25	24	23	22	21	20	19	18	17	16
保留															

15	14	13	12	11	10	9	8	7	6	5	4	3	2	1	0
保留							DBP	PLS[2:0]			PVDE	CSBF	CWUF	PDDS	LPDS
							rw	rw	rw	rw	rw	rc_w0	rc_w0	rw	rw

位 31:9	保留。始终读为 0
位 8	DBP: 取消后备区域的写保护 在复位后,RTC 和后备寄存器处于被保护状态以防意外写入。设置这位允许写入这些寄存器 0: 禁止写入 RTC 和后备寄存器 1: 允许写入 RTC 和后备寄存器 注: 如果 RTC 的时钟是 HSE/128,该位必须保持为 '1'
位 7:5	PLS[2:0]: PVD 电平选择 这些位用于选择电源电压监测器的电压阈值 　　　　000: 2.2V　　　　　　100: 2.6V 　　　　001: 2.3V　　　　　　101: 2.7V 　　　　010: 2.4V　　　　　　110: 2.8V 　　　　011: 2.5V　　　　　　111: 2.9V 注: 详细说明参见数据手册中的电气特性部分

位 4	PVDE: 电源电压监测器(PVD)使能 0: 禁止 PVD 1: 开启 PVD
位 3	CSBF: 清除待机位 始终读出为 0 0: 无功效 1: 清除 SBF 待机位(写)
位 2	CWBF: 清除响醒位 始终读出为 0 0: 无功效 1: 2 个系统时钟周期后清除 WUF 唤醒位(写)
位 1	PDDS: 掉电深睡眠 与 LPDS 位协同操作 0: 当 CPU 进入深睡眠时进入停机模式,调压器的状态由 LPDS 位控制 1: CPU 进入深睡眠时进入待机模式
位 0	LPDS: 深睡眠下的低功能 PDDS=0 时,与 PDDS 位协同操作 0: 在停机模式下电压调压器开启 1: 在停机模式下电压调压器处于低功耗模式

图 23-13　PWR_CR 各位描述

设计待机模式,可以设置 PWR_CR 的 PDDS 位,使 CPU 进入深度睡眠时进入待机模式,同时通过 CWUF 位,清除之前的唤醒位。PWR_CSR 的各位如图 23-14 所示。

31	30	29	28	27	26	25	24	23	22	21	20	19	18	17	16
保留															

15	14	13	12	11	10	9	8	7	6	5	4	3	2	1	0
保留							EWUP	保留					PVDD	SBF	WUF
							rw						r	r	r

位 31:9	保留。始终读为 0
位 8	EWUP: 使能 WKUP 引脚 0: WKUP 引脚为通用 I/O。WKUP 引脚上的事件不能将 CPU 从待机模式唤醒 1: WKUP 引脚用于将 CPU 从待机模式响醒,WKUP 引脚被强置为输入下拉的配置(WKUP 引脚上的上升沿将系统从待机模式响醒) 注: 在系统复位时清除这一位
位 7:3	保留。始终读为 0
位 2	PVDO: PVD 输入 当 PVD 被 PVDE 位使能后该位才有效 0: V_{DD}/V_{DDA} 高于由 PLS[2:0]选定的 PVD 阈值 1: V_{DD}/V_{DDA} 低于由 PLS[2:0]选定的 PVD 阈值 注: 在待机模式下 PVD 被停止。因此,待机模式后或复位后,直到设置 PVDE 位之前,该位为 0
位 1	SBF: 待机标志 该位由硬件设置,并只能由 POR/PDR(上位/掉电复位)或设置电源控制寄存器(PWR/CR)的 CSBF 位清除 0: 系统不在待机模式 1: 系统进入待机模式
位 0	WUF: 唤醒标志 该位由硬件设置,并只能由 POR/PDR(上电/掉电复位)或设置电源控制寄存器(PWR_CR)的 CWUF 位清除 0: 没有发生唤醒事件 1: 在 WKUP 引脚上发生唤醒事件或出现 RTC 闹钟事件 注: 当 WKUP 引脚已经是高电平时,在(通过设置 EWUP 位)使 WKUP 引脚时,会检测到一个额外的事件

图 23-14　PWR_CSR 各位描述

其中的 EWUP 引脚用于将 CPU 从待机模式唤醒，该引脚被强制配置为输入下拉状态，该引脚上的上升沿将系统从待机模式唤醒。

下面看一下库函数里面的一些相关函数和定义，它们包含在 stm32f10x_pwr.c 和 stm32f0x_pwr.h 文件中。

首先要使能电源时钟，函数为 RCC_APB1PeriphClockCmd(RCC_APB1Periph_PWR, ENABLE)；然后设置 WK_UP 引脚作为唤醒源：

```
PWR_WakeUpPinCmd(ENABLE);  //使能唤醒管脚功能,用于将 CPU 从待机模式唤醒
```

接着设置 SLEEPDEEP 位，设置 PDDS 位，执行 WFI 指令，进入待机模式，函数为 void PWR_EnterSTANDBYMode(void)；这样就可以使用待机模式了。注意在进入待机模式之前，关闭掉你认为可以关闭的外设，尽量减少功耗。

按以下方式初始化之后，调用进入待机模式函数，就可以进入待机模式了。初始化函数如下：

```
void WKUP_Init(void)
{
    GPIO_InitTypeDef  GPIO_InitStructure;
    NVIC_InitTypeDef NVIC_InitStructure;
    EXTI_InitTypeDef EXTI_InitStructure;
    RCC_APB2PeriphClockCmd(RCC_APB2Periph_GPIOA | RCC_APB2Periph_AFIO, ENABLE);
                                        //使能 GPIOA 和复用功能时钟
    GPIO_InitStructure.GPIO_Pin =GPIO_Pin_0;   //PA.0
    GPIO_InitStructure.GPIO_Mode =GPIO_Mode_IPD; //上拉输入
    GPIO_Init(GPIOA, &GPIO_InitStructure);       //初始化 IO//使用外部中断方式
    GPIO_EXTILineConfig(GPIO_PortSourceGPIOA, GPIO_PinSource0);
                                        //中断线 0 连接 GPIOA.0
    EXTI_InitStructure.EXTI_Line = EXTI_Line0; //设置按键所有的外部线路
    EXTI_InitStructure.EXTI_Mode = EXTI_Mode_Interrupt;
                                        //设外外部中断模
    EXTI_InitStructure.EXTI_Trigger = EXTI_Trigger_Rising; //上升沿触发
    EXTI_InitStructure.EXTI_LineCmd = ENABLE;
    EXTI_Init(&EXTI_InitStructure);            //初始化外部中断
    NVIC_InitStructure.NVIC_IRQChannel = EXTI0_IRQn;//使能按键所在的外部中断通道
    NVIC_InitStructure.NVIC_IRQChannelPreemptionPriority = 2;
                                        //先占优先级 2 级
    NVIC_InitStructure.NVIC_IRQChannelSubPriority = 2;     //从优先级 2 级
    NVIC_InitStructure.NVIC_IRQChannelCmd = ENABLE;       //使能外部中断通道
    NVIC_Init(&NVIC_InitStructure);                //根据指定的参数初始化 NVIC
}
```

23.9 DMA

23.9.1 DMA 简介

DMA(Direct Memoy Access)，直接存储器，用来提供在外设和存储器之间或者存储器和存储器之间的高速数据传输。无须 CPU 干预，也没有中断处理方式那样保留现场和恢复现场

的过程，通过硬件为 RAM 与 I/O 设备开辟一条直接传送数据的通路，数据可以通过 DMA 快速地移动，这就节省了 CPU 的资源来做其他操作。DMA 控制器有 12 个通道(DMA1 有 7 个通道，DMA2 有 5 个通道)，每个通道专门用来管理来自于一个或多个外设对存储器访问的请求。还有一个仲裁器来协调各个 DMA 请求的优先权。DMA 框图如图 23-15 所示。

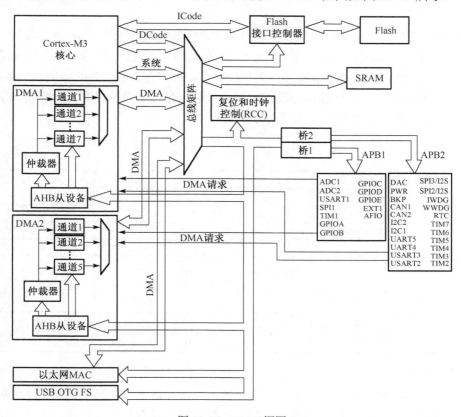

图 23-15　DMA 框图

注意：该框图中 ADC3、SDIL 和 TIM8 的 DMA 仅存在于大容量产品中，其余的模块我们的互联型都是拥有的。DMA1 控制器拥有高于 DMA2 控制器的优先级。

23.9.2　DMA 的软件

相关寄存器如下：
- DMA 中断状态寄存器(DMA_ISR)
- DMA 中断标志清除寄存器(DMA_IFCR)
- DMA 通道 x 配置寄存器(DMA_CCRx)(x = 1…7)
- DMA 通道 x 传输数量寄存器(DMA_CNDTRx)(x = 1…7)
- DMA 通道 x 外设地址寄存器(DMA_CPARx)(x = 1…7)
- DMA 通道 x 存储器地址寄存器(DMA_CMARx)(x = 1…7)

在发生一个事件后，外设向 DMA 控制器发送一个请求信号。DMA 控制器根据通道的优先权处理请求。当 DMA 控制器开始访问发出请求的外设时，DMA 控制器立即发送给它一个应答信号。当从 DMA 控制器得到应答信号时，外设立即释放它的请求。一旦外设释放了这个请求，DMA 控制器同时撤销应答信号。如果有更多的请求时，外设可以启动下一个周期。

总之，每次 DMA 传送由 3 个操作组成：

（1）从外设数据寄存器或者从当前外设/存储器地址寄存器指示的存储器地址取数据，第一次传输时的开始地址是 DMA_CPARx 或 DMA_CMARx 寄存器指定的外设基地址或存储器单元。

（2）存数据到外设数据寄存器或者当前外设/存储器地址寄存器指示的存储器地址，第一次传输时的开始地址是 DMA_CPARx 或 DMA_CMARx 寄存器指定的外设基地址或存储器单元。

（3）执行一次 DMA_CNDTRx 寄存器的递减操作，该寄存器包含未完成的操作数目。

表 23-12 所示是各通道的 DMA1 请求一览表，看到每个通道可以有几种外设请求，但同时又只能一种请求响应，用逻辑或来选择哪个外设。

表 23-12　DMA1 通道一览表

外设	通道 1	通道 2	通道 3	通道 4	通道 5	通道 6	通道 7
ADC1							
SPI/I²S		SPI1_RX	SPI1_TX	SPI1_TX	SPI/I2S2_RX		
USART		USART3_TX	USART3_RX	USART3_CH2	USART1_RX	USART2_RX	USART2_TX
I²C				I2C2_TX	I2C2_RX	I2C1_TX	I2C1_RX
TIM1		TIM1_CH1	TIM1_CH2	TIM1_TX4 TIM1_TRIG TIM1_COM	TIM1_UP	TIM1_CH3	
TIM2	TIM2_CH3	TIM2_UP			TIM2_CH1		TIM2_CH2 TIM2_CH4
TIM3		TIM3_CH3	TIM3_CH4 TIM3_UP			TIM3_CH1 TIM3_TRIG	
TIM4	TIM4_CH1			TIM4_CH2	TIM4_CH3		TIM4_UP

寄存器说明：

（1）DMA_ISR，中断状态寄存器，如果开启了该寄存器中的中断，在到达条件后就会进入中断服务函数，也可以通过这些寄存器状态值查看操作是否开启和完成。注意该寄存器是只读的，即置位后需要用其他寄存器来清除。详细说明见《STM32F107 参考手册》第 149 页。

（2）DMA_IFCR，中断标志清除寄存器，该寄存器用来清除 DMA_ISR 中的置位值。

（3）DMA_CCRx，该寄存器控制着 DMA 的包括数据宽度、外设及存储器的宽度、通道优先级、增量模式、传输方向、中断允许、使能等的设置，详见《STM32F107 参考手册》第 151 页。

（4）DMA_CNDTRx，DMA 通道 x 传输数据量寄存器，这个寄存器控制 DMA 通道 x 的每次传输所要传输的数据量。其设置范围为 0～65535。并且该寄存器的值会随着传输的进行而减少，当该寄存器的值为 0 的时候就代表此次数据传输已经全部发送完成了。所以可以通过这个寄存器的值来知道当前 DMA 传输的进度。

（5）DMA_CPARx，DMA 通道 x 的外设地址寄存器，该寄存器用来储存外设的地址。

（6）DMA_CMARx，DMA 通道 x 的存储器地址寄存器，该寄存器用来储存存储器的地址。

下面看一下库函数中的函数和定义，它们包含在 stm32f10x_dma.c 和 stm32f10x_dma.h 中。

首先使能 DMA 时钟，RCC_AHBPeriphClockCmd（RCC_AHBPeriph_DMA1，ENABLE）；接着初始或外设所在通道，假如用到 ADC1，查看表 23-11 DMA1 通道一览表，ADC1 属于通道 1，所以我们初始化通道 1 参数。函数为：

```
DMA_Init(DMA_Channel_TypeDef *DMAy_Channelx, DMA_InitTypeDef* DMA_InitStruct);
```

第二个参数的结构体：

```
typedef struct
{
    uint32_t DMA_PeripheralBaseAddr;   //用来设置 DMA 传输的外设基地址,如&ADC->DR
    uint32_t DMA_MemoryBaseAddr;       //存放 DMA 传输数据的内存地址
    uint32_t DMA_DIR;                  //决定是从外设读取数据到内存还送从内存读取数据发送到外
                                       //  设,也就是外设是源地还是目的地,比如从 ADC 读数到内存
                                       //  为 DMA_DIR_PeripheralSRC
    uint32_t DMA_BufferSize;           //设置一次传输数据量的大小
    uint32_t DMA_PeripheralInc;        //设置传输数据的时候外设地址是不变还是递
                                       //  增,如果设置为递增,那么下一次传输的时候
                                       //  地址加 1,我们设置位单次转换 ADC,所以地
                                       //  址不递增,值为 DMA_PeripheralInc_Disable
    uint32_t DMA_MemoryInc;            //设置传输数据时候内存地址是否递增
    uint32_t DMA_PeripheralDataSize;   //用来设置外设的的数据长度是为字节传输(8bits),
                                       //  半字传输（16bits)还是字传输(32bits)
    uint32_t DMA_MemoryDataSize;       //用来设置内存的数据长度
    uint32_t DMA_Mode;                 //用来设置 DMA 模式是否循环采集,我们不停的让它采集
                                       //  ADC 的值,所以循环 DMA_Mode_Circular(注意:当指
                                       //  定 DMA 通道数据传输配置为内存到内存时,不能使用循
                                       //  环缓存模式。)
    uint32_t DMA_Priority;             //设置 DMA 通道的优先级,低,中,高,超高几种模  式
    uint32_t DMA_M2M;                  //设置是否是内存到内存模式传输
}DMA_InitTypeDef;
```

使能 ADC 的 DMA 发送，函数是：

```
ADC_DMACmd(ADC_TypeDef* ADCx, FunctionalState NewState);
```

在 stm32f10x_adc.c 中调用。然后使能 ADC 通道 1，启动传输，函数是：

```
DMA_Cmd(DMA_CHx, ENABLE);
```

另外，还可以通过一些函数查看传输状态，如要查询 DMA 的传输通道的状态用：

```
FlagStatus DMA_GetFlagStatus(uint32_t DMAy_FLAG);
```

查看是否传输完成用：

```
DMA_GetFlagStatus(DMA2_FLAG_TC4);
```

查看获取当前剩余数据量大小用：

```
uint16_t DMA_GetCurrDataCounter(DMA_Channel_TypeDef* DMAy_Channelx);
```

查看通道 1 还有多少数据没有传输，代码是：

```
DMA_GetCurrDataCounter(DMA1_Channel1);
```

23.10　SPI

23.10.1　SPI 简介

SPI（Serial Peripheral Interface，串行外设接口）总线是 Motorola 公司推出的一种同步串行

外设接口，它用于 MCU 与各种外围设备以串行方式进行通信，主要应用在 FLASH、EEPROM 以及一些数字通信中。是一种高速的、全双工、同步的通信总线。

SPI 是一个环形总线结构，在芯片的管脚上只占用四根线，节约了芯片的管脚，由串行时钟线（SCK）、主机输入/从机输出数据线 MISO、主机输出/从机输入数据线 MOSI 和低电平有效的从机选择线 CS（NSS）构成，其时序其实很简单，主要是在 SCK 的控制下，两个双向移位寄存器进行数据交换。在 SPI 接口中，数据的传输只需要 1 个时钟信号和 2 条数据线。

图 23-16 所示为 SPI 接口连接线。

（1）MISO：主设备数据输入，从设备数据输出。

（2）MOSI：主设备数据输出，从设备数据输入。

（3）SCK：时钟信号，由主设备产生。

（4）CS（NSS）：从设备选择。这是一个可选的引脚，用来选择主/从设备。它的功能是用来作为"片选引脚"，让主设备可以单独地与特定从设备通讯，避免数据线上的冲突。从设备的 NSS 引脚可以由主设备的一个标准 I/O 引脚来驱动。一旦被使能（SSOE 位），NSS 引脚也可以作为输出引脚，并在 SPI 处于主模式时拉低；此时，所有的 SPI 设备，如果它们的 NSS 引脚连接到主设备的 NSS 引脚，则会检测到低电平，如果它们被设置为 NSS 硬件模式，就会自动进入从设备状态。当配置为主设备、NSS 配置为输入引脚（MSTR=1，SSOE=0）时，如果 NSS 被拉低，则这个 SPI 设备进入主模式失败状态：即 MSTR 位被自动清除，此设备进入从模式。

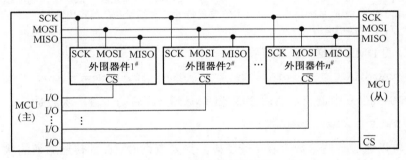

图 23-16　SPI 接口连接线

SPI 内部结构简明图如图 23-17 所示。

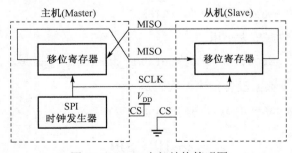

图 23-17　SPI 内部结构简明图

从图中可以看出，主机和从机都有一个串行移位寄存器，主机通过向它的 SPI 串行寄存器写入一个字节来发起一次传输。寄存器通过 MOSI 信号线将字节传送给从机，从机也将自己的移位寄存器中的内容通过 MISO 信号线返回给主机。这样，两个移位寄存器中的内容就被交换。外设的写操作和读操作是同步完成的。如果只进行写操作，主机只需忽略接收到的字节；反之，若主机要读取从机的一个字节，就必须发送一个空字节来引发从机的传输。

　　SPI 主要特点：可以同时发出和接收串行数据；可以当作主机或从机工作；提供频率可编程时钟；发送结束中断标志；写冲突保护；总线竞争保护等。

　　SPI 模块为了和外设进行数据交换，根据外设工作要求，其输出串行同步时钟极性和相位可以进行配置，时钟极性（CPOL）对传输协议没有重大的影响。如果 CPOL=0，串行同步时钟的空闲状态为低电平；如果 CPOL=1，串行同步时钟的空闲状态为高电平。时钟相位（CPHA）能够配置用于选择两种不同的传输协议之一进行数据传输。如果 CPHA=0，在串行同步时钟的第一个跳变沿（上升或下降）数据被采样；如果 CPHA=1，在串行同步时钟的第二个跳变沿（上升或下降）数据被采样。SPI 主模块和与之通信的外设备时钟相位和极性应该一致。

23.10.2　SPI 的软件

相关寄存器如下：

- SPI 控制寄存器 1（SPI_CR1）
- SPI 控制寄存器 2（SPI_CR2）
- SPI 状态寄存器（SPI_SR）
- SPI 数据寄存器（SPI_DR）
- SPI CRC 多项式寄存器（SPI_CRCPR）
- SPI Rx CRC 寄存器（SPI_RXCRCR）
- SPI Tx CRC 寄存器（SPI_TXCRCR）

SPI 相关的库函数和定义分布在文件 stm32f10x_spi.c 以及头文件 stm32f10x_spi.h 中。

（1）使能 SPI2 时钟使能：

```
RCC_APB1PeriphClockCmd(RCC_APB1Periph_SPI2,ENABLE);//SPI2 时钟使能
```

（2）初始化 SPI，函数为：

```
void SPI_Init(SPI_TypeDef* SPIx, SPI_InitTypeDef* SPI_InitStruct);
```

第二个参数结构体：

```
typedef struct
{
    uint16_t SPI_Direction;          //通信方式，可以选择为半双工，全双工，以及串行
                                       发和串行收方式
    uint16_t SPI_Mode;               //设置主从模式，可以设置为主机模式和从机模式
    uint16_t SPI_DataSize;           //为 8 位还是 16 位帧格式选择项
    uint16_t SPI_CPOL;               //用来设置时钟极性
    uint16_t SPI_CPHA;               //用来设置时钟相位，也就是选择在串行同步时钟的
                                       第几个跳变沿（上升或下降）数据被采样，可以为第
                                       一个或者第二个条边沿采集
    uint16_t SPI_NSS;                //设置 NSS 信号由硬件（NSS 管脚）还是软件控制
    uint16_t SPI_BaudRatePrescaler;  //设置 SPI 波特率预分频值也就是决定 SPI 的
                                       时钟的参数，从不分频道 256 分频 8 个可选值
```

```
        uint16_t SPI_FirstBit;          //设置数据传输顺序是 MSB 位在前还是 LSB 位在前
        uint16_t SPI_CRCPolynomial; //设置 CRC 校验多项式，提高通信可靠性，大于 1 即可
    }SPI_InitTypeDef;554041835
```

(3) 使能 SPI，用函数：

```
    SPI_Cmd(SPI2, ENABLE); //使能 SPI 外设
```

另外，库函数还提供了发送和接收数据函数：

```
    void SPI_I2S_SendData(SPI_TypeDef* SPIx, uint16_t Data)；uint16_t SPI_I2S_
                ReceiveData(SPI_TypeDef* SPIx);
```

还有一些查看 SPI 传输状态的函数，如查看数据是否传输完成，用 SPI_I2S_GetFlagStatus()。

第 24 章　STM32F103 应用实例

24.1　项　目　要　求

本项目开发一套用于控制化学实验室 5 台风机组(其中 4 台用于 4 个实验台之上，1 台用于实验室总出风口)的智能变频调速前端控制系统，主要实现风机速度的智能控制，根据实验室实验台上开启的风机的台数及各台风机的转速，显示并控制总出口风机的功率。它将实现对每台风机风速的采集、计算、显示并控制总出口风机的速度，以实现智能化控制。

24.1.1　需求分析

(1)要求能显示当前连接的实验台上的风机的速度。
(2)能通过系统交互按钮实现对风机开启和关闭的控制。
(3)提供用户友好的 UI 界面，方便操作。

24.1.2　实现方法

使用 STM32F103 作为主控制器，利用 4 路 PWM 输出 PWM 信号控制风机的转速，利用中断实现按键检测和风机风速监测；同时，采用 LCD 显示屏显示当前实验台上每台风机的工作状态，系统结构如图 24-1 所示，由智能变频调速前端控制系统、实验台风机和总出口风机组成。

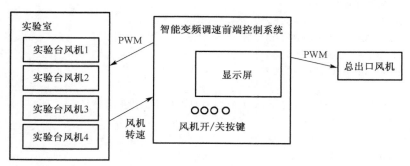

图 24-1　系统整体结构框架

本系统软件的主要功能是实现对风机的控制，重点是实现风机数据采集、显示和输出控制，控制流程如图 24-2 所示。

本系统的操作流程如图 24-3 所示。

软件初始化完成后进入 While 循环，每 1s 进行一次屏幕刷新，以保证显示屏是最新状态。同时，设置定时器刷新总出口风机出风量。

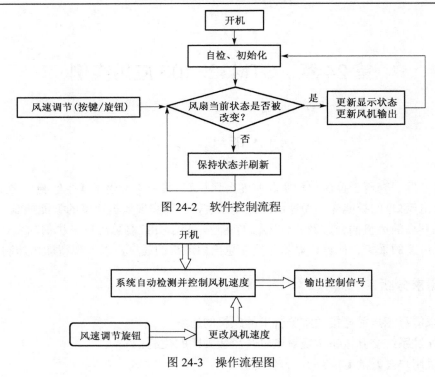

图 24-2 软件控制流程

图 24-3 操作流程图

代码解析：

```
/* 初始化按键 */
STM32_LEDInit(LED1);
STM32_LEDInit(LED2);
STM32_LEDInit(LED3);
STM32_LEDInit(LED4);

/* 初始化板载 LED 灯 */
LED1OBB = 0;  //PD.02
LED2OBB = 0;  //PD.03
LED3OBB = 0;  //PD.04
LED4OBB = 0;  //PD.07

/* 延时 2s，依次点亮、熄灭 4 个 LED 灯，指示工作正常 */
delay(2000000);
PDSetBit(2);  //PD.02
delay(2000000);
PDSetBit(3);  //PD.03
delay(2000000);
PDSetBit(4);  //PD.04
delay(2000000);
PDSetBit(7);  //PD.07

/* 配置 NVIC 中断优先级分组 */
NVIC_GroupConfig();
```

```
/*初始化按键为中断模式 */
SZ_STM32_KEYInit(KEY1, BUTTON_MODE_EXTI);
SZ_STM32_KEYInit(KEY2, BUTTON_MODE_EXTI);
SZ_STM32_KEYInit(KEY3, BUTTON_MODE_EXTI);
SZ_STM32_KEYInit(KEY4, BUTTON_MODE_EXTI);
SZ_STM32_KEYInit(PIN1, BUTTON_MODE_EXTI);

LCD_SetFont(pFontTable[3]);//设置字体大小

/* 初始化 TFT-LCD 显示器 */
SZ_STM32_LCDInit();
/* 延迟，间隔 */
delay(32000000);
/* 初始化系统定时器 SysTick,每秒中断 1000 次 */
SZ_STM32_SysTickInit(1000);
/* 初始化脉宽调制输出 */
TIM3_PWM_Init();
/* 清屏 */
LCD_Clear(LCD_COLOR_WHITE);
/* 设置 LCD 的前景色和背景色 */
LCD_SetBackColor(LCD_COLOR_WHITE);
LCD_SetHyaline(HyalineBackEn);
LCD_SetTextColor(LCD_COLOR_GREEN);
LCD_Image2LcdDrawBmp565Pic(0, 0, gImage_fan_bg);    //绘制 LCD 显示的背景
LCD_Image2LcdDrawBmp565Pic(25, 10, gImage_fan_blue_1); //绘制 1 号风扇图标
LCD_Image2LcdDrawBmp565Pic(25, 115, gImage_fan_blue_1); //绘制 2 号风扇图标
LCD_Image2LcdDrawBmp565Pic(25, 220, gImage_fan_blue_1); //绘制 3 号风扇图标
LCD_Image2LcdDrawBmp565Pic(120, 10, gImage_fan_blue_1); //绘制 4 号风扇图标
/* 进入主循环 */
while(1)
{
delay(10000000);//1s 延时
LCD_SetTextColor(LCD_COLOR_GREY);           /*设置 LCD 前景色*/
LCD_SetBackColor(LCD_COLOR_WHITE);          /*设置 LCD 背景色*/
display_dig(FAN1_speed,72,20);              //刷新 1 号风机显示数值
display_dig(FAN2_speed,177,20);             //刷新 2 号风机显示数值
display_dig(FAN3_speed,282,20);             //刷新 3 号风机显示数值
display_dig(FAN4_speed,72,120);             //刷新 4 号风机显示数值
display_dig(FAN5_speed,275,135);            //刷新总号风机显示数值
TIM_SetCompare1(TIM3, 1000-FAN5_speed*4);   //刷新总风机控制信号
}
```

24.2　硬　件　设　计

24.2.1　硬件功能

本项目的前端控制器硬件采用厂商提供的开发板(神舟 IV 号：STM32F107VCT6 + 3.2"TFT

触摸彩屏),硬件部分主要用于接入采集风机转速的中断信号和引出 PWM 风机转速控制信号。为了方便起见,本项目将多路风机硬件接口集成在一块转接板上,如图 24-4(c)所示,共可接入 5 路风机,其中 4 路用于实验台上的风机,1 路用于实验室的出口风机。

由于中断信号输入时,可能会出现干扰,所以在接口板上对每一路风机速度采集信号线做了下拉电阻并联的设计,以降低外部信号的干扰。

24.2.2　硬件实现

1. 五路风机接口

使用 Altium Designer 10 软件进行电路图设计,得到设计图,如图 24-4(a)所示。通过设计图可生成网表。

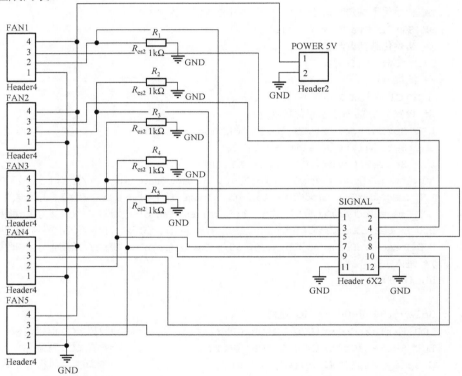

(a) PCB 设计

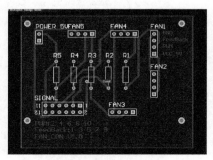

(b) PCB 板布线

(c) PCB 板

图 24-4　五路风机接口

使用 Altium Designer 10 软件新建 PCB 文件，将原理图中生成的网表导入到 PCB 中，进行电路布线后即可生成最终 PCB 文件，如图 24-4(b)所示。

电路布线可以采用自动布线和手动布线，注意软件默认布线较细，在实际应用中，要将布线规则中线宽适当改大，以保证信号质量和负载能力。PCB 板生产完成后，使用连线连接至开发板，即可实现控制系统的初步电路原型。

2. 系统连接

在实际应用中，由于普通的直流电动机只有直流电源线，所以要控制电动机的转速，必须使用功率放大器件，使 PWM 信号直接影响电动机供电的占空比。本控制系统信号通过导线连接至直流调速器，直流调速器起到了功率放大的作用。放大后的电压将最终驱动电动机以需要的转速进行运转，如图 24-5 所示。

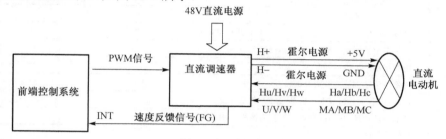

图 24-5　系统结构

直流调速器采用了 ZM-6615 直流无刷控制器，外形如图 24-6 所示。控制系统的 PWM 控制信号通过信号线连接至 ZM-6615 直流无刷控制器的 Ve 引脚上，同时将控制系统的地(GND)与 V-连接(共地)，为直流无刷控制器接入 48V 直流电源，见表 24-1 和表 24-2。再将 ZM-6615 直流无刷控制器相应的输出引脚连接至直流电动机相应的输入引脚，即可驱动控制电动机，见图 24-7 及表 24-3。风机速度信号通过直流无刷控制器的速度反馈，送至控制系统进行采集、显示与计算。配以实际安装设计需要的通风管道以及风扇叶片，即可实现由本系统控制风机转速。

图 24-6　ZM-6615 直流无刷控制器

表 24-1　ZM-6615 直流无刷控制器技术参数

项目		最小	额定	最大	单位
环境温度		−30		60	℃
输入电压(DC)		18		60	V
输出电流		1		15	A
适用电机转速		0		20000	RPM
霍尔信号电压		4.5	5	5.5	V
霍尔驱动电流			10		mA
外接调速电位器			10K		Ω
模拟调速电压(Ve)		0		5	V
PWM 调速信号电压		4.5		5.5	V
PWM 调速信号占空比		0		100	%
控制接口电压	H	3	5	24	V
	L	0	0	0.5	V

表 24-2　ZM-6615 引脚定义

名称	说明
正/负极	直流电源输入，24～60V
U,V,W	电动机线
H+,H–	霍尔电源线，仅限霍尔使用
Hu,Hv,Hw	霍尔信号线
FG	速度反馈信号
ER	错误输出
BK	刹车，悬空或高电平时为正常，低电平刹车
DR	方向，悬空或高电平时为正转，低电平反转
EN	使能，当拨码 SW2 为 off 状态时，悬空或高电平时为正常，低电平待机，当拨码 SW2 为 on 状态时，悬空或高电平为待机，低电平为正常
V–	外接调速参考地
Ve	外接调速信号，可外接电位器、模拟电压或 PWM
V+	外接电位器调速正极，不使用时悬空
电源灯	电源指示，上电后长亮
VSP-RJ	内部电位器调速，顺时针旋转 0～100%
SW1 拨码	内外部调速切换，ON：内部 OFF：外部
SW2 拨码	使能功能切换，ON：高电平悬空为待机，OFF：低电平待机
RV1	堵转保护时间
RV2	限流调制，1～16A

(a) 80BL 电动机

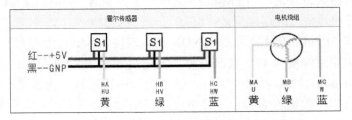

(b) 电动机接线

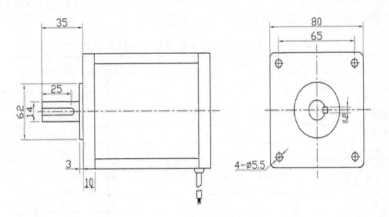

(c) 电动机剖面

图 24-7　80BL 系列直流无刷电动机

表 24-3　80BL 系列直流无刷电动机技术参数

项　　目	参　　数	项　　目	参　　数
额定功率	250W	绝缘电阻	100MΩ
额定电压	DC 48V	绝缘等级	B 级
转速	1～3000 转可调	绕组类型	Y 型接法
使用环境温度	−25～+60℃	霍尔传感角度	120°均匀分布
使用环境湿度	20%～95%		

注意：直流电动机由三根电源线驱动，分别为 U/V/W，若发现电动机转动方向与实际需要的方向相反，则任意对换两根接线位置即可。

24.2.3　外观设计

3D 打印技术是近年比较流行的一种快速成型技术，通过建立模型，3D 打印机能够快速地制造出所需结构。本项目需要实验台上的每台风机有一套安装台和一套封装前端控制系统的外壳，这里使用 3D 打印技术来实现，如图 24-8 所示。

(a) 3D 打印风机安装台模型

(b) 3D 打印前端控制系统外壳模型

(c) 打印出的风机安装台

(d) 打印出的前端控制系统外壳

(e) 风机安装

(f) 前端控制体统安装

图 24-8　项目外观设计

使用 3Dsmax 2012 软件建立盒子与实验台的模型，建立之前需要先测量开发板实际尺寸以确定所需盒子的大小和实验台样机预计的大小，以达到打印出来后能够刚好合适。建立模型一般采用基本几何图形进行高级布尔运算完成。

完成设计之后，需要将文件导出为 STL 格式。由于 3D 打印时候无法自动对破面进行处理，所以在生成打印所需的 STL 文件之前需要进行 STL 检查，无误后方可导出打印。

24.3　软　件　设　计

24.3.1　风机速度检测

STM32F103 控制器通过 PWM 连接线与风机建立连接，一般 PWM 风机都会有一根速度检测输出信号，将中断信号直接使用导线连接至风机中速度脚，在软件中将对应引脚设置为中断输入方式，采用计数上升沿的方式，统计 1s 内触发的次数。

使用变量 FAN1_RPM 进行递加来获取风机转速频率，如图 24-9 所示。

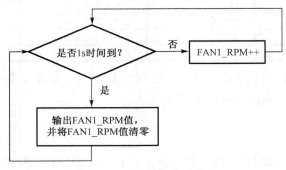

图 24-9　风机速度检测流程

代码解析:

```
/**---------------------------------------------------------
 * @函数名 SysTick_Handler_User
 * @功能 每秒自动调用一次，执行函数内操作
 ***-------------------------------------------------------*/
void SysTick_Handler_User(void)
{
    static uint32_t TimeIncrease = 0;

    if((TimeIncrease%200) == 0)
    {
        if((TimeIncrease%1000) == 0)          //工作状态指示，每2秒亮100ms
        {
            LED4OBB = 0;
            //4号板载LED用于显示1号风扇状态
            if(FAN1_RPM==0)
            {
            LCD_Image2LcdDrawBmp565Pic(75, 10, gImage_STOP);
            fan1_statue = 0;
            FAN1_speed = 0;
            } //如果1号风扇速度为0，显示为STOP图标
            else
            {
            LCD_Image2LcdDrawBmp565Pic(75, 10, gImage_AUTO);
            FAN1_speed = FAN1_RPM;
            FAN1_RPM=0;
            fan1_statue = 1;
            };//如果1号风扇速度不为0，显示为AUTO图标

        FAN5_speed = (FAN1_speed + FAN2_speed + FAN3_speed + FAN4_speed)/4+25;
        }//计算总出风风扇的速度，并通过全局变量传出
        else
```

```
        {
            LED4OBB = 1;
              fan_run();//刷新风扇图标，使其转动
        }
    }
    TimeIncrease++;
/**-------------------------------------------------------
  * @函数名 EXTI4_IRQHandler
  * @功能  四号外部中断信号触发时调用一次，执行函数内操作
***--------------------------------------------------------*/
}
void EXTI4_IRQHandler(void)  /*外部中断函数*/
{
    if(EXTI_GetITStatus(EXTI_Line4) != RESET)
    {
        if(KEY1IBB == 0)
        {
            /*如果中断触发*/
            LED1OBB = ~LED1OBB;   //改变当前板载 LED 显示状态(用于监视当前状态)
              FAN1_RPM++;              //增加计数值
        }
        while(KEY1IBB == 0);
        /*清中断标志*/
        EXTI_ClearITPendingBit(EXTI_Line4);
    }
}
```

24.3.2 显示功能

采集到的风机转速信息将显示在 TFT-LCD 显示屏上，每秒刷新一次，每次刷新之前统计一次，如图 24-10 所示。

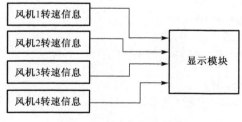

图 24-10 风机转速信息

代码解析：

```
/**-------------------------------------------------------
  * @函数名 fan_run
  * @功能  风扇刷新图片显示
***--------------------------------------------------------*/
void fan_run()
```

```
    {

        if(fan1_statue)
        {
            if(fan1_statue_f1)
            {
                LCD_Image2LcdDrawBmp565Pic(25, 10, gImage_fan_blue_1);
                fan1_statue_f1=0;
            }else{
                LCD_Image2LcdDrawBmp565Pic(25, 10, gImage_fan_blue_2);
                fan1_statue_f1=1;
                };
        }

        if(fan2_statue)
        {
            if(fan2_statue_f1)
            {
                LCD_Image2LcdDrawBmp565Pic(25, 115, gImage_fan_blue_1);
                fan2_statue_f1=0;
            }else{
                LCD_Image2LcdDrawBmp565Pic(25, 115, gImage_fan_blue_2);
                fan2_statue_f1=1;
                };
        }
    }
/**--------------------------------------------------------
  * @函数名 display_dig
  * @功能  转换数字并在对应位置显示
***--------------------------------------------------------*/
void display_dig(uint32_t dig, uint32_t x, uint32_t y)
{
    uint32_t num1 = 0;
    uint32_t num2 = 0;
    uint8_t sStr[5] = {0};
    uint8_t sStrprecent[5] = {0};
    num1 = dig;
    num2 = 10*dig/25;
    if(num2>99) num2= 99;

    sprintf((char *)sStr, "%03d", num1);
    sprintf((char *)sStrprecent, "%02d", num2);
    LCD_SetTextColor(LCD_COLOR_RED);
    LCD_DisplayString(y+40,x, sStr,3);
    LCD_DisplayString(y,x, sStrprecent,2);
}
```

　　注意：计算参数针对不同风机的运转速度，适当调整。获取数据之后，根据每个风机的转速，对总出口风机转速进行计算并输出。

$$
\left.\begin{array}{c}
\text{实验台风机1速度×1号风速加权} \\
+ \\
\text{实验台风机2速度×2号风速加权} \\
+ \\
\text{实验台风机3速度×3号风速加权} \\
+ \\
\vdots \\
\text{实验台风机}n\text{速度×}n\text{号风速加权}
\end{array}\right\} = \text{总风机速度}
$$

对应代码：

```
FAN5_speed = (FAN1_speed + FAN2_speed + FAN3_speed + FAN4_speed)/4+25;
```

24.4 GUI 接口设计

本系统的图形用户接口(GUI)输出采用 3.2 寸的 TFT-LCD 液晶屏作为输出显示，显示内容为风扇片的转动及文字信息。界面通过硬件设备展示给用户从而让用户进行操作以达到人机交互的目的。

文字信息包括：stop、auto 等。

文本信息可以通过英文字库调用，也可以通过直接将文本制作成图片，通过显示图片来实现文本显示。由于 GUI 设计中有背景，为了更好地融合，这里采用了图片方式。

图片通过软件 Img2Lcd 进行转换，转换成为数组，如图 24-11 所示。

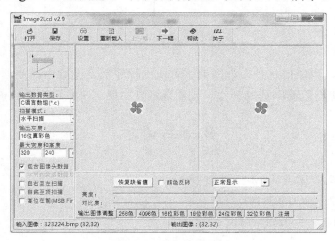

图 24-11 图片数据转换

软件将给我们生成一个文件，文件包含一个数组：

```
const unsigned char gImage_AUTO[1608] = {0X00,0X10,0X28,0X00,0X14,0X00,
            0X01,0X1B,0XFF,…0XDF,0XDF,0XCF,0XFF,0XC7}
```

通过程序调用该数组即可。

```
#include "gImage_fan_bg.h"
LCD_Image2LcdDrawBmp565Pic(0,0,gImage_fan_bg);
```

转化为图像信息的文字：**STOP** 和 **AUTO**。

图形信息包括转速的柱状图和风扇叶，如图 24-12 所示。

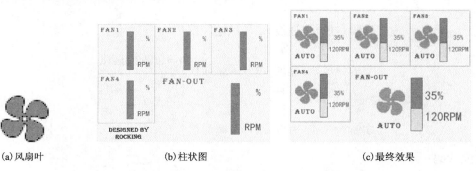

(a) 风扇叶　　　　　　　　(b) 柱状图　　　　　　　　(c) 最终效果

图 24-12　人机交互面板图(4 实验台分扇+1 总出口扇)

风机与前端控制系统之间的硬件连接是通过 PWM 信号线和地两根线进行连接，如图 24-13 所示。每台风机使用一根 PWM 信号控制线，多台风机可共地，然后与前端控制系统的地相连接。风机开关按键直接采用开发板板载按键，本开发板提供了四路按键。实验台上的四台风机的速率根据需要由人用风机提供的旋钮直接调节，实验室总出口风机的开关及风机转速由控制系统自动判别并控制。

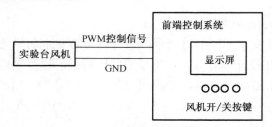

图 24-13　物理连接示意图

在应用环境中，错误信息是在程序调试阶段由程序员定义给出。在调试时，通常在关键节点适当设置 printf 语句输出到控制台，或者直接使用调试工具进行断点调试。

思考与练习

1．简述 Cotex-M3 的特点，并与 ARM-7 进行比较分析。
2．简述 Cotex-M3 与 C51 MCU 的异同点。
3．STM32F103 最多可产生多少路 PWM 信号？

参 考 文 献

法意半导体中国公司.2009. STM32F107 参考手册(中文版)

法意半导体中国公司.2007. STM 固件库使用手册(中文版)

2013.STM32F107 神州 ARM 系列技术开发手册

Joseph Yiu. 2008. Cortex_M3 权威指南，宋岩译

http://www.armjishu.com.